消费品安全标准“筑篱”专项行动——国内外标准对比丛书

家具与建筑卫生陶瓷

国家标准化管理委员会　组编

中国质检出版社
中国标准出版社
北　京

图书在版编目（CIP）数据

家具与建筑卫生陶瓷/国家标准化管理委员会组编. —北京：中国标准出版社，2016.3
（消费品安全标准“筑篱”专项行动——国内外标准对比丛书）
ISBN 978-7-5066-8084-4

Ⅰ. ①家… Ⅱ. ①国… Ⅲ. ①家具-质量管理-安全标准-对比研究-中国、国外②建筑陶瓷-质量管理-安全标准-对比研究-中国、国外 Ⅳ. ①TS664.07②TQ174.76

中国版本图书馆 CIP 数据核字（2015）第 242248 号

中国质检出版社
中国标准出版社 出版发行
北京市朝阳区和平里西街甲 2 号（100029）
北京市西城区三里河北街 16 号（100045）

网址：www. spc. net. cn
总编室：（010）68533533 发行中心：（010）51780238
读者服务部：（010）68523946
中国标准出版社秦皇岛印刷厂印刷
各地新华书店经销

*

开本 787×1092 1/16 印张 15.75 字数 352 千字
2016 年 3 月第一版 2016 年 3 月第一次印刷

*

定价：50.00 元

总 前 言

我国是消费品生产制造、贸易和消费大国。消费品安全事关人民群众切身利益，关系民生民心，关系内需外贸。标准是保障消费品安全的重要基础，是规范和引导消费品产业健康发展的重要手段。为提升消费品安全水平，提高标准创制能力，强化标准实施效益，加强标准公共服务，逐步构建标准化共治机制，用标准助推消费品领域贯彻落实“三个转变”，用标准支撑国内外市场“双满意”，用标准筑牢消费品的“安全篱笆”，2014 年 10 月，国家标准化管理委员会会同相关单位联合启动了消费品安全标准“筑篱”专项行动。

“筑篱”专项的首要任务，就是开展消费品安全国内外标准对比行动。按照广大消费者接触紧密程度、社会舆情关注度、产品安全风险和行业发展规模，首批对比行动由轻工业、纺织工业、电器工业、建筑材料、石油和化学工业等行业的 46 家单位、200 多位专家，收集了 21 个国际标准化组织、相关国际组织、国家和地区的相关法律、法规、标准 770 余项，对其中 3816 项化学安全、物理安全、生物安全和标签标识等相关技术指标进行了对比，并结合近 15 年来典型领域的 WTO/TBT 通报，研究了国外法规、标准的变化趋势。

为更好地共享“筑篱”专项对比行动成果，面向广大消费者、企业和检测机构，提供细致详实、客观准确的消费品安全国内外标准对比信息，我们组织编辑出版了“消费品安全标准“筑篱”专项行动——国内外标准对比”丛书。丛书共有 7 个分册，涉及儿童用品（玩具、童鞋、童装、童车）、服装纺织、家用电器、照明电器、首饰、家具、烟花爆竹、纸制品、插头插座、涂料、建筑卫生陶瓷、消费品基础通用标准等领域。

这套丛书的编纂出版得到了国家标准化管理委员会的高度重视和各相关领域专家的支持配合。丛书编委会针对编写、审定、出版环节采取了一系列质量保障措施，力求将丛书打造成为反映标准化工作成果、体现标准化工作水平的精品书。参与组织、编写和出版工作的人员既有相关职能部门的负责同志，也有专业标准化技术机构的主要人员，还有重大科研项目的技术骨干。他们在完成本职工作的同时，不辞辛苦，承担了大量的组织、撰稿以及审定工作，为此付出了艰辛的劳动。在此，谨一并表示衷心感谢。

从书编委会

2016 年 2 月

前　言

我国家具及建筑卫生陶瓷行业的标准化建设作为行业发展的技术支撑，已涵盖产品的设计、生产、销售及使用等各个阶段，对推动我国家具及建筑卫生陶瓷产业的发展和提升行业的管理水平起到了至关重要的作用。随着家具及建筑卫生陶瓷国际贸易的不断发展，世界主要发达国家都纷纷加强了家具及建筑卫生陶瓷标准化战略的研究，建立了各具特色、较为完善的技术法规和标准化体系，以期在国际贸易中全面提升产品、企业以及产业的国际竞争力。一些国外知名的企业或行业协会，也早已开始通过影响地区乃至国际标准的制修订来达到巩固自身经济利益和行业地位的目的。

目前，如何定位我国自身标准化水平、找准与发达国家的差距，是摆在我国家具及建筑卫生陶瓷标准化工作者面前的重要课题。自 2014 年 10 月起，在国家标准化管理委员会的领导下，上海市质量监督检验技术研究院（全国家具标准化技术委员会秘书处）和全国建筑卫生陶瓷标准化技术委员会，分别承担了消费品安全标准“筑篱”专项行动——家具及建筑卫生陶瓷国内外标准对比的工作。其中，家具部分国内外标准对比工作历时 1 年的时间，对比了家具领域国内外家具产品安全监管体制、国内外家具产品标准化工作机制和体系建设情况，对比的国际组织包括：ISO、EN、ANSI、ASTM、BIFMA，涉及的地区和国家包括欧盟、美国、日本、英国、德国，共计 5 个国际组织、1 个地区、4 个国家。具体对比了 7 项 ISO 标准，12 项 EN 标准，2 项 ANSI/BIFMA 标准，2 项 ASTM 标准，1 项英国（BS）标准，与之对比的是 18 项国内标准（国标和行标）。最终，从物理结构安全、软体家具阻燃性能、软体家具阻燃等级、可挥发性有害物质测试方法等角度，针对 21 个检测方法及 120 项指标及方法进行了对比分析。

建筑卫生陶瓷部分国内外标准对比工作历时 8 个月，共对比了陶瓷砖、卫生陶瓷、陶瓷片密封水嘴 3 个产品，对比了 ISO、欧盟、美国、德国和日本 5 个国际组织和国家的建筑卫生陶瓷领域标准 15 个、安全指标 42 个，涉及 17 个检测方法。

通过此次对比工作，基本明确了我国家具标准体系建设在国际上的领先位置，相对于欧美等发达国家，我国在家具标准体系规划上具有明确的顶层设计，覆盖广度优于主要对比国家。在“摸清家底、认清水平”的同时，此次对比行动也找出了不少相比发达国家存在的不足之处，为今后我国家具标准制修订工作找到了重要的突破方向。在建筑卫生陶瓷方面，总体上看，我国建筑卫生陶瓷安全标准体系比较全面和系统，建筑卫生陶瓷的 3 个主要产品——陶瓷砖、卫生陶瓷、陶瓷片密封水嘴均不同程度地采用了国际标准和国外先进标准，整体水平达到国际先进水平。通过对比，进一步摸清了我国建筑卫生陶瓷行业的标准化现状，我国建筑卫生陶瓷行业采标程度较高，通过采标提升了我国建筑卫生陶瓷标准化水平与国际标准的一致性程度。同时，也看到了我国建筑卫生陶瓷标准与国外标准的差异，为今后建筑卫生陶瓷标准化工作提出了新的要求，促使我们进一步提高标准水平，为我国的建筑卫生陶瓷标准走出去奠定基础。

本书由上海市质量监督检验技术研究院（全国家具标准化技术委员会联合秘书处）的罗菊芳、刘晨光承担第一篇家具部分的撰写，由全国建筑卫生陶瓷标准化技术委员会的王博承担第二篇建筑卫生陶瓷部分的撰写。本书的内容为前期工作的阶段性总结与回顾，其中涉及的国内外标准数量众多，细节之处也难免挂一漏万，希望行业有识之士多提宝贵建议，共勉之。

本册编委会

2015 年 10 月

目　录

第一篇　家　　具

第二篇　建筑卫生陶瓷

第一篇

家　具

第1章 现状分析

1 家具产品安全监管体制概况

家具安全关系到广大消费者的人身健康和消费安全，随着一系列家具安全事件的发生，家具安全问题日益突出。生活水平的不断提高，使消费者对家具产品不再局限于基本功能的满足，而更加强调家具的安全性；科技水平的快速发展，带来了更多未知隐患，使人类在消费过程中面临更多的不确定性。消费需求变迁的拉动和科学技术发展的推动，使家具安全成为政府关注和社会关心的热点问题。

家具安全包含两个方面的内容，既包含家具产品的本质安全，也包含家具使用过程的安全，是家具本质安全和消费过程安全的统一。要保证家具产品安全，政府应发挥公共管理职责，通过立法、伤害监控和风险评估等建立有效的安全预防、监控和处置体系，企业应保证产品设计的安全符台性和产品生产的技术符合性，树立企业诚信；消费者应在购买和使用消费品过程中，提高自我保护意识，增强消费的自律性和谨慎性。

由于安全问题的“外部性”特征，使得单纯依靠市场机制难以保证消费品安全问题，因此政府公共管理发挥着非常重要的作用，是保证家具安全的关键。我国政府在家具安全方面做了大量的工作，已经构建了完整的安全保障体系，但在相关的法律规范、机构设置和协调机制等方面尚需不断完善。美国、欧盟等发达国家在家具安全监管体系构建及其运行机制方面相对比较完善，因此通过对家具安全监管模式的研究，可以为进一步完善我国家具安全监管体系提供有益的启示和参考。

1.1 美 国

美国有众多的产品质量安全监管机构，其中主要有食品药品监督管理局（FDA）、消费者产品安全委员会（Consumer Product Safety Committee，缩写 CPSC）、美国农业部（USDA）和联邦贸易委员会（FTC）等。其中，与家具安全有关的监管机构主要是消费者产品安全委员会（CPSC）。

根据美国消费者产品安全委员会（CPSC）公布的信息，其职责范围内管辖的产品包括电动工具、儿童玩具、纺织品、家具等在内的15000余种产品。

CPSC 是根据 1972 年颁布的《消费者产品安全法》设立的，是负责对任何有潜在危险的消费品实施质量监管的职能部门，专门负责监管具有潜在危险的消费品的生产和销售，并协助消费者对消费品的安全性进行检查鉴定，进而制定统一的消费品安全标准。CPSC 的监管领域较宽，要实现诸多的监管目的：保护消费者抵制与消费品有关的不合理伤害风险；帮助消费者评估消费品的相对安全性；制定统一的消费品安全标准；协调地方消费品安全监管等。消费者产品安全委员会负责对家具安全进行监管。

CPSC 通过有关产品质量标准来规范家具的标签和包装，对家具的标签和包装都有具体的要求。对进口家具产品要求非常严格，要求所有进口家具产品必须符合法定标准，要求海关对进口产品进行抽样检查，并在该委员会的实验室进行检验。对于不符合标准的产品，CPSC 可命令入境港口扣留，并禁止进口商的进口，将已经投放到市场中的产品追回，进行销毁或退回出口国。

此外，美国产品质量安全方面的立法比较健全，政府监管内容比较具体，可操作性强。例如 1972 年颁布、1974 年再次修订的《消费者产品安全法》制定了产品统一安全标准，规定凡是货物没有达到安全标准，不得进口、不得在市场上销售，否则将要受到处罚。各种产品的安全标准，由 CPSC 根据实际情况随时调整，用以保护消费者免于因缺陷产品所造成的人身伤害。1975 年的《马克尤逊—摩西保证法》对生产者保证责任作了明确规定，要求生产者对有缺陷产品承担修复及更换的责任。1979 年的《美国统一产品责任示范法》对产品制造者、销售者的责任、消费者的权利、规制机构的职责、仲裁规则等都作了比较详尽的规定。1982 年在《美国统一产品责任示范法》的基础上又颁布了更具法律效力的《产品责任法》。

美国严格的产品责任制使家具产品从研发、开发、制造到销售，只要发现有任何缺陷，任何一个环节的企业都逃脱不了责任。消费者在能够指明供应商和证明家具产品存在缺陷的情况下就能获得赔偿，美国法律对人身财产伤害的保护很重视，消费者遭遇侵权所能获得的赔偿主要包括：被害人的医疗费、生活费、抚育费、误工费等直接经济损失，这部分费用相对较少；被害人的精神痛苦折磨赔偿，这部分费用相对较高；对故意侵权行为进行惩罚性赔偿，这部分的赔偿金额有时能达到天文数字。

1.2 欧 盟

欧盟于 2001 年 12 月通过了新的《通用产品安全指令》(General Product Safety Directive，简称 GPSD 2001/95/EC)，要求各成员国从 2004 年 1 月 15 日开始全面实施。GPSD 提出了产品质量安全的基本要求，适用于家具产品。

根据 GPSD 第 11 条和第 12 条的规定，欧盟委员会健康和消费者保护总理事会于 2004 年 2 月正式启动了“非食品类消费品快速预警系统（RAPEX: the Rapid Alert System for non-food consumer products)”。RAPEX 强调信息的快速交换，即当家具产品对消费者的安全和健康存在“严重和紧迫的危险”，成员国采取或拟采取紧急措施以阻止或限制该产品在其领土销售和使用时，成员国应立即通知欧盟委员会。委员会收到信息后，会立即检查采取紧急措施，然后将信息转发给其他成员国。通过这样的信息双向传递机制，可以确保在市场上被确认为危险家具产品的相关信息能够在欧盟成员国间得到迅速共享，防止并限制向消费者供应这些产品。

欧盟各成员国都确定了本国市场监督的主管部门，并赋予这些部门对家具产品安全进行监管所必须的能力（如实验、检测能力）和权力（强制企业召回产品）。另外，每一个参与 RAPEX 系统的国家都建立了单独的 RAPEX 联系点，用以在国家层面协调运作。当国家政府或生产商及销售商采取措施防止或限制危险产品的流通和使用时，该国联系点将使用标准通报形式向欧盟委员会报告关于这类产品的信息。

对各个成员国上报的通报信息进行核实后，RAPEX 会将其转发至其他国家的联系点，这些联系点再将这些信息告知本国主管部门，主管部门根据通报信息的内容检查该产品在本国市场的流通情况，根据检查结果确定应采取的措施。

在评估家具产品安全风险方面，生产商和销售商发挥着非常重要的作用。因为他们不仅掌握着专业的技术知识，同时也与消费者直接接触，因此 RAPEX 鼓励企业在没有政府干预的情况下主动对家具产品安全进行风险评估。当生产商和制造商认为在市场销售的产品存在安全隐患时，必须迅速告知本国的主管部门和 RAPEX 联系点，联系点再按照规定的程序对这些信息进行通报。如果生产商和销售商拒绝采取撤回产品等相应措施，或者忽视产品可能构成的危险，将受到欧盟的严厉处罚。

欧盟及其成员国由于经济、技术实力普遍较高，因而各国的技术标准水平较高，法规较严，尤其是对产品的环境标准要求，让一般发展中国家的产品望尘莫及。英国法律规定所有在英国销售的软体家具必须符合英国防火安全技术法规要求，在标签上应说明。法国政府规定，凡进口或在法国销售的所有进口木质产品防腐剂必须符合法国政府颁布的木质产品防腐处理 NFB 51-297-2004 强制性标准，所有进口玩具必须符合政府颁布的 NFS 51-202 和 NFS 51-203 法令中强制性安全标准。

欧盟各成员国对卫生、安全技术不尽相同，质量一般要求较高，对涉及安全、生态环保、卫生等方面的要求特别严格，如对不同形态软体家具的耐燃性安全要求特别严格。软体家具使用的材料必须满足欧共体建筑产品的指令和各种防火试验，对软体家具有统一的防火安全规则。意大利制定了旅馆家具覆盖物、褥（垫）和地板覆盖物等纺织品的安全法规。英国、爱尔兰制定安全法规的依据是香烟试验和火柴试验，并禁止使用聚氨酯材料。在质量标准方面，欧洲共同体规定进口商品的质量必须符合 ISO 9000 国际质量标准体系。随着欧盟对食品安全和消费者健康安全的日益重视，有关安全、卫生、环保和消费者保护的技术法规、标准也将越来越严格。如欧盟通过的 REACH 制度（《关于化学品注册、评估、授权与限制制度》），从 2007 年 4 月 1 日起正式生效，中国的制药、农药及广泛应用化学品的纺织、服装、鞋、玩具、家具等下游产业都将受到牵连，家具生产过程中使用到许多化学用品而受到 REACH 制度的约束。

1.3 日 本

二战后的日本以贸易立国，通过大力发展民族工业和商品贸易，成功地促进了经济发展，同时也成功地保护了民族工业，这与日本带有强烈保护色彩的产品技术标准和法规是分不开的。

日本有名目繁多的技术法规和标准，其中，只有少数是与国际标准一致的。当外国产品进入日本市场时，不仅要求符合国际标准，还要求与日本的标准相吻合。日本凭借本国先进的技术水平和强大的经济实力，对进口工业产品、消费品和农产品，在有关安全、卫生、环保、包装、标识标签等方面提出严格的要求和审核程序，如 2008 年重新公布了工业产品进口条例手册（HANDBOOK FOR INDUSTRIAL PRODUCTS

IMPORT REGULATIONS 2008 March）和消费品进口条例手册（HANDBOOK FOR CONSUMER PRODUCTS IMPORT REGULATIONS 2008 March）在进口条例手册中规定了进口产品要求符合相应的技术法规，只要有其中一项指标不合格，日方就可以以质量不达标为由将其拒之门外。

日本依据各种法规，如《食品卫生法》、《消费品安全法》等以及检验及检疫要求、标准等对进口商品进行严格管制。《消费品安全法》、《日本进口消费品法规指南》要求对家具、玩具等消费品进行严格的安全检测。日本对很多商品的技术标准要求是强制性的，并且通常要求在合同中体现出来，还要求附在信用证上，进口货物入境时要由日本官员检验或指定日本机构检验是否符合各种技术性标准。

进入日本市场的商品，其规格要求很严格，这些商品分为两种规格：一是强制型规格，主要指商品在品质、形状、尺寸和检验方法上均须满足日本特定的标准，否则就不能在日本制造与销售；二是任意型规格，这类商品主要是每年在日本市场消费者心目中自然形成的产品成分规格形状等，此规格又分为国家规格、团体规格、任意质量标志3种。由于这些标准在日本消者心目中有明显地位，如果外国商品不能满足这些标准的要求，将很难得到日本消费者的信赖，难以打开日本市场，形成了事实上的壁垒。日本法规中有关安全与健康标准所适用的范围越来越广，内容越来越细。

1.4 中　国

我国家具产品质量安全监管的主要方式有：行政许可制、标准认证、监督检查等，对违反产品相关规定的厂商以行政处罚为主，而针对产业主要采用的是标准认证和监督检查等。

1.4.1 标准认证

标准认证是规范厂商行为、保护消费者安全健康的重要工具，也是政府监管力图通过市场力量促使优劣产品分开，在产品市场中实现分离均衡的重要步骤。产品质量监管机构在产品、服务、劳动场所安全性等可能产生社会性危害的方面对厂商的经济活动制定了一系列标准，其目的在于保障消费者的利益、安全和身体健康。

按照《中华人民共和国标准化法》及其实施细则的规定，国家标准、行业标准分为强制性标准和推荐性标准，其中保障人体健康，人身、财产安全的标准和法律、行政法规规定强制执行的标准是强制性标准，强制性家具标准是必须执行的，不符合强制性标准的家具产品，禁止生产、销售和出口。其他标准是推荐性标准，国家鼓励企业自愿采用。

1.4.2 监督检查

监督检查是产品质量监管机构依据有关的法律、法规、政策和质量标准对厂商进行监督、检查、检验、鉴定、评价，必要时采取紧急控制的措施。对产品质量安全进行监督检查是产品质量安全监管的关键环节，是产品质量安全监管能否发挥预期效果的重要保证。只有在监督检查执行状况良好的情况下，才能真正落实产品质量安全监管制度，确保厂商遵照相关规定进行合格产品的生产经营活动。我国对家具产品质量安全监督检查的方式主要包括以下 3 种。

（1）抽 查

根据我国《产品质量法》第十五条的规定，国家对产品质量实行以抽查为主要方式的监督检查制度，监督抽查工作由国务院产品质量监督部门规划和组织。县级以上地方产品质量监督部门在本行政区域内也可以组织监督抽查。国家监督抽查的产品，地方不得另行重复抽查；上级监督抽查的产品，下级不得另行重复抽查。

监管机构进行抽查时，抽查的样品应当在市场上或者企业成品仓库内的待销产品中随机抽取，检验抽取样品的数量不得超过检验的合理需要，并不得向被检查人收取检验费用，监督抽查所需检验费用按照国务院规定列支。生产者、销售者对抽查检验的结果有异议的，可以自收到检验结果之日起 15 日内向实施监督抽查的产品质量监督部门或者其上级产品质量监督部门申请复检，由受理复检的产品质量监督部门作出复检结论。

根据抽查的具体过程，我们可以将其大致分为两种。一是国家监督抽查。国家监督抽查是指国家质量监督检验检疫总局每季度都要对产品质量组织抽查，并按季度或专项任务发布抽查公告，其涉及的范围主要包括可能危及人体健康和人身、财产安全的产品，影响国计民生的重要工业产品以及消费者、有关组织反映有质量问题的产品。被抽查企业的名单由国家质量技术监督检验检疫总局随机选定，企业无正当理由不得拒绝国家抽查，否则按不合格论处。经国家抽查的产品，自抽样之日起 6 个月内免于其他监督性抽查。承担抽查的机构必须是依法设置或依法授权的检验机构，其他机构的抽查活动不得冠以“国家监督抽查”的字样。二是地方监督抽查。地方监督抽查是指地方质检部门依据市场产品质量状况和消费者及其团体对产品质量的举报，选择抽查重点厂商的重点产品。地方监督抽查可以定期或不定期进行。

（2）家具产品质量统一检查

家具产品质量统一检查制度是从 1983 年起实行的，指的是质量监管部门每年选取若干种家具产品，在统一的时期内，采用统一的检验方法，对统一的家具产品进行检查。采取这种统一检查的目的在于了解各地区产品质量状况，以便针对各地区产品质量状况进一步采取区域性措施。

（3）日常监督检查

家具产品质量的日常监督检查主要是由地方一级质量监管机构负责，对本地区的家具产品进行经常性的质量监管。

我国产品质量安全监督实行的是分级管理体制，地方产品质量安全监督部门实行的是垂直管理体制。根据《产品质量法》的规定，国务院产品质量监督部门主管全国产品质量监督工作。国务院有关部门在各自的职责范围内负责产品质量监督工作。全国质量工作由国家质量监督检验检疫总局管理，地方则由质量技术监督部门、商品检验部门、出入境检验检疫部门 3 个部门监管。

1.5 国内外监管体制差异性分析

1.5.1 缺少相关立法

根据中国消费者协会的统计，2015 年上半年接受理消费者关于家具质量问题的相关投诉 5949 件，虽然同比 2014 年有所下降，但家具产品总体质量仍不容乐观。目前的《消费者权益保护法》更多强调对消费者造成损失的救济，不具备预防消费品危险的功能，因此，现在急需制定中国的《消费品安全法》，对消费品定义、适用范围、管理主体、政府职责、生产商义务、消费者权利、监督管理和法律责任进行明确规定，从而达到提前消除消费品潜在危害，预防对消费者可能造成伤害的立法目的。

1.5.2 欠缺多部门信息共享机制

家具产品是否处于安全状态，可以从事前的检验和事后的处置两个方面反映。由于家具产品种类繁多，因此从事前检验来考察其安全性往往局限在非常小的范围内，反映家具产品安全性更多是从事后的角度进行考察。在家具产品安全管理方面，欧盟的 RAPEX 和美国的消费品安全管理委员会都是从事后的角度来反映家具产品的安全，通过信息共享来确保被确认为不安全的产品的相关信息能够及时传达给相关方。

从信息共享的方式来看，包括所有欧盟成员国和一些欧盟经济区域国家在内的近 30 个国家加入了欧盟的 RAPEX 系统，从而实现了国家层面上的信息共享。美国与 15 个国家签署了产品安全协议备忘录，通过这些协议可以共享消费品安全方面的大量信息并及时开展联合行动，且在美国国内建立了以总统为领导的跨部门进口产品安全工作组，强调各部门之间的信息共享。我国目前的家具产品安全信息分布于卫生（消费者伤害数据）、工商（消费者投诉数据）和质检（产品抽查合格数据）等多个部门，缺少对数据进行系统分析和资源共享的平台。

1.5.3 安全风险评估待完善

为确保家具产品安全，需要在家具产品合理使用和可预见错误使用情况下，对家具产品中的物理类、化学类和生物类危害进行风险评估。在发达国家中，目前欧盟的风险评估技术处于领先地位。欧盟的风险评估最早起源于食品，在 2002 年 1 月颁布的关于食品安全的第 178 号管理规定中，提出通过风险评估、风险管理和风险信息通报来保证消费品的风险控制在可以接受的范围。欧盟委员会认识到，在 RAPEX 运行过程中，要保证 GPSD 的稳定施行，就需要采用一致的风险评估技术对家具产品安全进行评估。为提高欧盟风险评估技术的有效性和可操作性，欧盟于 2006 年成立一个由来自多个国家的专家组成的工作组，以完善风险评估指南，该工作小组已经于 2007 年形成了新的风险评估指南的草稿。近年来，我国家具产品安全管理部门和生产企业对家具产品安全风险的意识不断提高，但风险评估工作目前还仅仅处于理论引入阶段，并没有很好地运用于消费品安全风险评估的实践中。因此，结合我国的实际情况，建立和完善家具产品安全风险评估的技术体系，应成为我国家具产品安全管理的关键环节。

2　标准化工作机制和标准体系建设情况

2.1　ISO

2.1.1　ISO 的组织机构

ISO 是一个由各国标准化机构组成的世界范围的联合会。根据该组织章程，每个国家只能有 1 个最具代表性的标准化团体作为其成员。

ISO 成员包括成员团体、通信成员和注册成员。成员团体是在各国具有最广泛的代表性并按照议事规则被接纳为本组织成员的国家标准化团体，可以参加 ISO 的各项活动，有投票权。通信成员或注册成员是对标准化感兴趣而本国又没有成员团体的国家团体，可以按照理事会规定的程序，登记为无投票权的通信成员或注册成员。他们只需交纳少量会费，作为观察员参加 ISO 会议并得到其感兴趣的信息。ISO 的主要机构有全体大会、理事会、技术管理局、技术委员会和中央秘书处，见图 1-1。

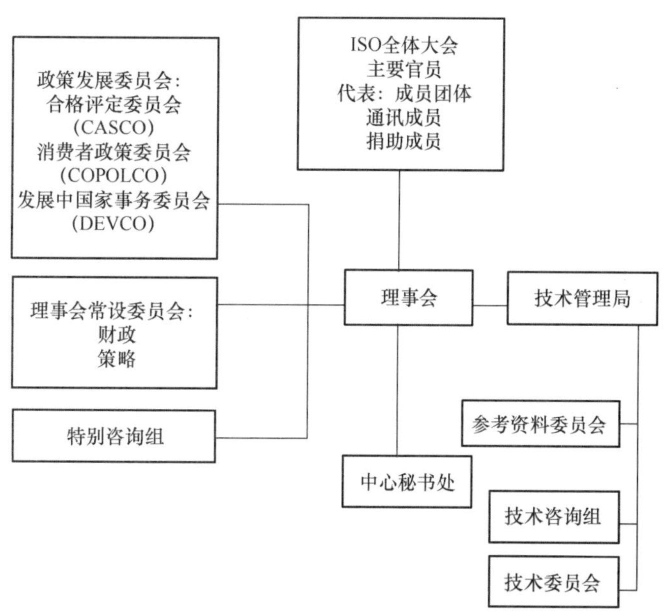

图 1-1　ISO 组织结构图

ISO 的官员有 5 位，即主席 1 名、主管政策的副主席 1 名、主管技术的副主席 1 名、司库 1 名、秘书长 1 名。

2.1.2　ISO/TC 136 家具标准化技术委员会

ISO/TC 136 是 ISO 家具标准化技术委员会，现拥有 28 名 P 成员国以及 31 名观察员国。ISO/TC 136 负责的标准化范围包括：家具的术语和定义、家具的性能、安全及尺寸要求、家具具体零件的要求（如五金件）、测试方法等。目前，ISO/TC 136 共发布

ISO 家具标准 25 项，其中涉及家具安全的为 18 项。

2.1.3 ISO/TC 136 家具安全标准体系

ISO/TC 136 发布的涉及家具安全的标准见表 1-1。

表 1-1 ISO 涉及家具安全的标准

序号	标准名称	中文名称	标准编号
1	Furniture—Storage units—Determination of strength and durability	家具 柜类 强度耐久性测试方法	ISO 7170：2005
2	Furniture—Storage units—Determination of stability	家具 柜类 稳定性测试方法	ISO 7171：1988
3	Furniture — Tables — Determination of stability	家具 桌 稳定性测试方法	ISO 7172：1988
4	Furniture — Chairs and stools — Determination of strength and durability	家具 椅凳类 强度耐久性测试方法	ISO 7173：1989
5	Furniture — Chairs — Determination of stability—Part 1: Upright chairs and stools	家具 椅 稳定性测试方法 第 1 部分：直背椅和凳	ISO 7174-1：1988
6	Furniture — Chairs — Determination of stability—Part 2: Chairs with tilting or reclining mechanisms when fully reclined and rocking chairs	家具 椅 稳定性测试方法 第 2 部分：完全倚靠时具有斜倚和倚靠功能的椅和摇椅	ISO 7174-2：1992
7	Children's cots and folding cots for domestic use—Part 1: Safety requirements	家用童床和折叠小床 第 1 部分：安全要求	ISO 7175-1：1997
8	Children's cots and folding cots for domestic use—Part 2: Test methods	家用童床和折叠小床 第 2 部分：测试方法	ISO 7175-2：1997
9	Furniture — Assessment of the ignitability of upholstered furniture — Part 1: Ignition source: smouldering cigarette	家具 软体家具燃烧性能评价 第 1 部分：火源：阴燃的香烟	ISO 8191-1:1987
10	Furniture—Assessment of ignitability of upholstered furniture — Part 2: Ignition source: match-flame equivalent	家具 软体家具燃烧性能评价 第 2 部分：火源：模拟火柴火焰	ISO 8191-2：1988
11	Bunk beds for domestic use — Safety requirements and tests — Part 1: Safety requirements	家用双层床 安全要求个测试 第 1 部分：安全要求	ISO 9098-1：1994
12	Bunk beds for domestic use — Safety requirements and tests — Part 2: Test methods	家用双层床 安全要求个测试 第 2 部分：测试方法	ISO 9098-2：1994
13	Furniture—Children's high chairs—Part 1: Safety requirements	家具 儿童高椅 第 1 部分：安全要求	ISO 9221-1：1992
14	Furniture—Children's high chairs—Part 2: Test methods	家具 儿童高椅 第 1 部分：测试方法	ISO 9221-2：1992

表 1-1（续）

序号	标准名称	中文名称	标准编号
15	Foldaway beds — Safety requirements and tests—Part 1: Safety requirements	折叠翻靠床　安全要求和测试 第 1 部分：安全要求	ISO 10131-1：1997
16	Foldaway beds — Safety requirements and tests—Part 2: Test methods	折叠翻靠床　安全要求和测试 第 2 部分：测试方法	ISO 10131-1：1997
17	Office furniture—Office work chairs—Test methods for the determination of stability, strength and durability	办公家具　办公椅　稳定性、强度和耐久性测试方法	ISO 21015：2007
18	Office furniture—Tables and desks—Test methods for the determination of stability, strength and durability	办公家具　办公桌　稳定性、强度和耐久性测试方法	ISO 21016：2007

由表 1-1 可以看出，ISO 的家具安全标准目前主要是侧重结构安全、防火性能等物理安全方面的要求及测试方法，对于甲醛、TVOC、重金属等化学安全方面的要求及测试方法仍是空白。

2.2　美　国

2.2.1　家具标准化工作机制

2.2.1.1　美国的家具标准体系

美国的标准体系是自愿性和分散性的体系，即各有关部门和机构自愿编写、自愿采用。在自愿性国家标准体系中，美国国家标准学会（ANSI）充当协调者，但并不制定标准，专业和非专业标准制定组织、各行业协会和专业学会在标准化活动中发挥着主导作用。美国标准技术研究院（NIST）是美国标准化领域惟一的官方机构，在协调管理各类组织的标准化工作方面发挥着重要的作用，同时也为美国的标准化工作提供了坚实的技术基础。各级政府部门（如国防部、农业部等）也可制定其各自领域的标准，但是这些标准属于强制性标准，属技术法规的范畴或是技术法规的一部分。主要的民间标准制定机构包括:美国试验与材料协会（ASTM），美国机械工程师协会（ASME）、电气和电子工程师研究院（IEEE）以及 UL、FM 公司等认证和测试机构。其中，ASTM、BIFMA、UL 等国际知名标准化机构制定了大量的民间家具标准。

2.2.1.2　美国家具标准体系的特点

美国的家具标准体系有以下特点：

（1）科学性。标准的编写、审批，都必须经过技术委员会。技术委员会是由一批懂行的专家组成，这里不是凭长官意志办事（政府机构的专家参加技术委员会也是以个人身份出现，作为一个成员，而不是“领导”），也不能由大公司拍板（生产部门的代表不能当技术委员会的主席）。其次，标准内容必须经过科学试验，必须有测试资料（在这方面，美国 NIST 及其他研究机构作了大量的工作，为制定标准提供了大量的测试资料），一个草案出来后，技术委员会的成员首先就是回到自己的实验室去做反复的大量的测试，然后集中大家的测试结果，再来进行研究、比较。

（2）民主性。标准草案必须经过民主讨论；草案出来后要公布于众，广泛征求意见；标准的技术内容对所有来访者公开；对反对意见必须慎重考虑（有的重要标准如锅炉安全标准，只要有一个人反对，就返回到技术委员会去重新讨论）；在技术委员会中，非生产者代表占多数，非生产者代表当主席，以避免生产者代表掌握领导权，防止生产者“说了算”。标准注意维护消费者的利益，技术委员会中一定要有消费者（或使用者）代表参加。ANSI 批准美国国家标准，即把团体标准提升为国家标准时，掌握两条原则：一是否符合规定程序；二是否协商一致。ANSI 设立的标准审查委员会，其任务就是判断标准是否应该批准。如果提出标准的单位对审查委员会的决定有不同意见，可向申诉委员会申诉。每年批准大约 1500 个标准，提出申诉的只有十几个，工作较为顺利。

2.2.1.3 ANSI 批准美国国家家具标准的 3 种方法

（1）“委任团体法”：即由 ANSI 委任某一标准制定团体（如 ASTM，ASME 或……）制定某项标准作为国家标准，要求必须符合 ANSI 规定的一些程序和准则，并与有关各方协商。实际情况往往是，这些标准制定团体将自己的标准推荐给 ANSI 作为国家标准，ANSI 批准后在标准编号上即冠以 ANSI 字样，如：ANSI/ASTM × × × 、ANSI/ASME × × × 。

（2）“美国国家标准委员会法”：某项标准找不到一个合适的团体制定时，就由 ANSI 授权建立一个特别委员会来制定，有关各方都必须有代表参加，也可由一个有能力有经验的团体担任秘书服务工作。ANSI 对委员会负责，要求按照 ANSI 规定的程序来制定标准。

（3）“征集意见法”：在一家标准制定团体或其他有关方面希望将一项现有的标准或标准草案经审议后批准为美国国家标准时，可使用这一方法。提出标准者向有关团体征求意见或征集通信投票，然后将该标准连同征求意见的结果一起提交 ANSI 审议，ANSI 由标准管理部（SMB）审查，看意见有否遗漏，反对意见是否解决，再决定是否批准为美国国家标准。当然在征求意见时，还须提交公众，向公众征求意见。

由于美国高度分散化、自愿化的标准化体制，美国不存在所谓的“强制性标准”，但政府部门制定的许多法规却具有强制性，相当于我国的强制性标准。民间标准虽然数量众多，但主要可以分为 ANSI 批准的国家标准以及非国家标准两类。“强制标准”方面，美国政府机构主要是 CPSC 在过去 15 年里与相关民间 SDO（标准制定机构）合作制定了 300 多个 VCS（自愿协调一致标准），目前共发布了 10 项与家具有关的强制性法规（强制性标准），另有 1 项在研。此外，美国联邦贸易委员会（FTC）、美国环境保护局（EPA）等也发布了数项与家具相关的强制法规（强制标准）。总而言之，美国家具安全标准主要由两个部分组成：一是由相关的政府部门制定的少数强制性法规，也就是强制性标准。二是由大量的民间协会、学会、企业制定的各类非强制性标准，也就是自愿协调一致标准。当然，上面所说的“美国标准”指的是美国联邦标准，由于美国各州的州权力也很大，因此各州制定的家具安全强制标准在所在州也具有强制性。

2.2.2　家具标准体系建设情况

美国联邦强制性家具安全标准见表 1-2。

表 1-2　美国联邦强制性家具安全标准（法规）

序号	中文名称	法规号	制定部门
1	双层床防夹持风险安全标准	16 CFR Part 1213	美国消费品安全委员会
2	儿童床安全标准	16 CFR Part 1217	
3	全尺寸婴儿床安全标准	16 CFR Part 1219	
4	非全尺寸婴儿床安全标准	16 CFR Part 1220	
5	便携式床栏杆安全标准	16 CFR Part 1224	
6	禁止含铅油漆以及部分含铅油漆的产品	16 CFR Part 1303	
7	危险物质与物件；管理和强制执行规定	16 CFR Part 1500	
8	双层床要求	16 CFR Part 1513	
9	床垫和软垫燃烧性能标准	16 CFR Part 1632	
10	床垫套件明火燃烧标准	16 CFR Part 1633	
11	家用软体家具燃烧性能标准（在研）	16 CFR Part 1634	
12	纺织纤维制品鉴别法案	16 CFR Part 303	联邦贸易委员会
13	使用环保营销声明指南	16 CFR Part 260	
14	抗菌织物：杀虫剂、杀菌剂、杀鼠剂法案	Title 7, Unites States Code, Chapter 6. Section 121-134	美国环保局
15	家具用木质材料：高密度纤维板甲醛释放量	Title VI（Limiting Formaldehyde Emissions）to the Toxic Substances Control Act （TSCA）	
16	有害空气污染物释放标准：金属家具表面涂层	40 CFR Part 63	
17	原产地标志要求	19 CFR 134	美国海关和边境保护局
18	有机纤维产品：有机食物产品法案1990	7 CFR Part 205	美国农业部

在美国，许多州的法律和强制性规范甚至比联邦的还要严格，这些法律或规范有些涉及家具产品、包装、标签、化学危害等，加州和纽约州对家具产品有更高的要求。美国部分州家具安全相关标准及负责部门见表 1-3。

表 1-3　美国部分州家具安全强制性标准

政府机构名称	中文名称	影响内容
State Authorities Responsible for Weights and Measures	各州计量部门	家具标签
Toxics in Packaging Clearinghouse （TPCH）	环保包装测试	家具包装
International Association of Bedding and Furniture Law Officials （IABFLO）	国际床上用品和家具法律官员协会	家具标签
California Air Resources Board （ARB or CARB）	加州空气资源局	木材中甲醛释放量
California Bureau of Electronics and Appliance Repair, Home Furnishings and Thermal Insulation （BEARHFTI）	加州电子产品、电器维修、室内陈设和热绝缘局	软体家具燃烧性能
California Office of Environmental Health Hazard Assessment（OEHHA）	加州环境卫生风险评估办公室	有毒化学品
Illinois Department of Public Health	伊利诺伊州公共卫生部	铅含量标签
Several states	个别州	阻燃剂限量
Washington Department of Ecology	华盛顿生态署	儿童家具中的铅、镉、邻苯二甲酸酯

从表 1-2 和表 1-3 可以看出，美国联邦及部分州的家具安全强制标准主要强调对于儿童的保护，以及成人家具的阻燃性及化学危险物质方面。总的来说，美国的家具安全强制性标准数量并不多，但有明确的侧重点。这也与美国自愿性和分散性的标准体系以及依法进行消费品安全监管的体制相符。

当然，美国民间的很多自愿采用的家具安全标准也是种类繁多，涉及家具安全的各个方面，具体见表 1-4。

表 1-4　部分美国民间家具安全标准

序号	英文名称	中文名称	标准编号
1	Specification for Flexible Cellular Materials - Urethane for Furniture and Automotive Cushioning, Bedding and Similar Applications	软质泡沫材料规范.家具、汽车软垫、床垫及类似用途用氨基甲酸乙酯	ANSI/ASTM D3453-2001
2	Test Methods For Cigarette Ignition Resistance of Mock-Up Upholstered Furniture Assemblies	软体家具模型组装件的抗香烟引燃性的试验方法	ANSI/ASTM E1352-2002
3	Test Methods For Cigarette Ignition Resistance of Components of Upholstered Furniture	软体家具部件抗香烟引燃性试验方法	ANSI/ASTM E1353-2002
4	Test Method for Fire Testing of Upholstered Furniture	软体家具燃烧测试的试验方法	ANSI/ASTM E1537-2007

表 1-4（续）

序号	英文名称	中文名称	标准编号
5	Guide for the Fire Hazard Assessment of the Effect of Upholstered Seating Furniture Within Patient Rooms of Health Care Facilities	对医疗保健设施的病房内用的软体座椅家具受火灾影响进行评估的指南	ANSI/ASTM E2280-2003
6	Office Seating	办公椅	ANSI/BIFMA X5.1
7	Vertical Files	档案柜	ANSI/BIFMA X5.3
8	Lounge and Public Seating	躺椅和公共座椅	ANSI/BIFMA X5.4
9	Desk Products	办公桌	ANSI/BIFMA X5.5
10	Panel Systems	板材系统	ANSI/BIFMA X5.6
11	Standard for Office Furniture Storage Units	柜类家具	ANSI/BIFMA X5.9
12	Educational Seating	教育用椅	ANSI/BIFMA X6.1
13	Small Office/Home Office	小办公室、家庭办公室家具	ANSI/SOHO S6.5
14	Standard Test Method for Determining VOC Emissions	VOC 释放量检测方法	ANSI/BIFMA M7.1
15	Standard for Formaldehyde and TVOC Emissions	甲醛和 TVOC 释放标准	ANSI/BIFMA X7.1
16	e3 Furniture Sustainability Standard	家具可持续性标准	ANSI/BIFMA
17	Cigarette Ignition Resistance of Components of Upholstered Furniture	软体家具的部件对香烟烟火的阻燃性	ANSI/NFPA 260-2003
18	Resistance of Mock-Up Upholstered Furniture Material Assemblies to Ignition by Smoldering Cigarettes	软体家具材料组件对香烟烟火的阻燃性	ANSI/NFPA 261-2003
19	Method of Test for Heat Release Rates for Upholstered Furniture Components or Composites and Mattresses Using an Oxygen Consumption Calorimeter	用耗氧式量热计测量软体家具零部件或其组合体和坐垫放热率的试验方法	ANSI/NFPA 264A-1994
20	Healthcare Furniture Design - Guidelines for Cleanability	医疗家具设计 除尘性指南	BIFMA HCF 8.1
21	Ergonomics Guideline for Furniture	家具人体工学指南	BIFMA G1
22	Color Measurement	颜色测量	BIFMA Color -2005
23	BIFMA PCR for Seating: UNCPC 3811	椅类产品分类原则	Product Category Rules

表 1-4（续）

序号	英文名称	中文名称	标准编号
24	BIFMA PCR for Storage: UNCPC 3812	柜类家具分类原则	Product Category Rules
25	Mechanical Test Standards — Compiled Definitions	力学实验标准 定义	BIFMA PD-1-2011
26	Standard Practice for Evaluation of Furniture Polish	家具抛光剂评定的标准实施规范	ASTM D 3751-1994
27	Standard Performance Specification for Knitted Upholstery Fabrics for Indoor Furniture	室内家具编织装饰用纤维的标准性能规范	ASTM D 4771-2002
28	Standard Terminology Relating to Floor Coverings and Textile Upholstered Furniture	地板覆盖物和纺织材料装饰家具的相关标准术语	ASTM D 5253-2004
29	Standard Terminology Relating to Home Furnishings	与家用家具相关的标准术语	ASTM D 7023-2006
30	Standard Test Methods for Cigarette Ignition Resistance of Components of Upholstered Furniture	装饰性家具部件的耐香烟点燃性的标准试验方法	ASTM E 1353-2002
31	Standard Test Method for Determining the Heat Release Rate of Upholstered Furniture and Mattress Components or Composites Using a Bench Scale Oxygen Consumption Calorimeter	用小型耗氧热量计测定装饰家具和床垫部件或组件的放热率的标准试验方法	ASTM E 1474-2007
32	Standard Test Method for Fire Testing of Upholstered Furniture	软垫家具着火测试的标准试验方法	ASTM E 1537-2007
33	Standard Consumer Safety Specification for High Chairs	高椅消费者安全规范	ASTM F404 - 10
34	Standard Consumer Safety Specification for Full-Size Baby Cribs	全尺寸婴儿床消费者安全规范	ASTM F1169-11
35	Standard Consumer Safety Specification for Bunk Beds	双层床消费者安全规范	ASTM F1427-07
36	Standard Performance Requirements for Multipositional Plastic Chairs with Adjustable Backs or Reclining Mechanisms for Outdoor Use	户外用具有可调式后背和倾斜结构的多位置使用的塑料椅性能要求	ASTM F1858-98（2008）
37	Standard Performance Requirements for Plastic Chairs for Outdoor Use	户外用塑料椅性能要求	ASTM F1561-03（2008）
38	Standard Consumer Safety Specification for Toddler Beds	童床消费者安全规范	ASTM F1821-11a
39	Standard Performance Requirements for Child's Plastic Chairs for Outdoor Use	户外用儿童用塑料椅性能要求	ASTM F1838-98（2008）
40	Standard Performance Requirements for Plastic Chaise Lounges,With or Without Moving Arms With Adjustable Backs, for Outdoor Use	户外用带或不带可调式扶手、带可调式后背的塑料躺椅性能要求	ASTM F1988-99（2008）

表 1-4（续）

序号	英文名称	中文名称	标准编号
41	Standard Safety Specification for Chests, Door Chests and Dressers	橱、门橱和抽屉安全规范	ASTM F2057-09b
42	Standard Consumer Safety Specification for Bassinets and Cradles	摇篮消费者安全规范	ASTM F2194-10
43	Standard Consumer Safety Specification for Baby Changing Tables for Domestic Use	家用婴儿换尿布桌消费者安全规范	ASTM F2388-09
44	Standard Consumer Safety Specification for Clothing Storage Chests	衣柜消费者安全规范	ASTM F2598-09
45	Standard Consumer Safety Specification for Children's Folding Chairs	儿童折叠椅消费者安全规范	ASTM F2613-10
46	Standard Consumer Safety Specification for Non-Full-Size Baby Cribs/Play Yards	非全尺寸儿童床、游戏围栏消费者安全规范	ASTM F406-11b
47	New Specification for Consumer Safety for Glass Furniture	玻璃家具消费者安全规范	ASTM WK22334
48	Office furnishings	办公陈设	UL 1286-1999
49	Household and commercial furnishings	家用和商用陈设	UL 962-2003

注：本表格前 19 项标准为 ANSI 批准的美国国家标准。

2.3 欧 盟

2.3.1 家具标准化工作机制

欧盟针对家具产品的法律体系主要由三大部分组成：①欧盟的基础条约和后续条约，如 1987 年的《统一欧洲法案》、1992 年的《欧洲同盟条约》和 1997 年的《阿姆斯特丹条约》。②欧盟理事会和委员会制定的各种条例、指令、决定等法律文件。③不成文形式的欧洲联盟法。其中，涉及商品技术层面的最常用、最常见的是条例、指令、决定、建议和意见等。

欧盟技术法规通常由欧盟委员会提出，经欧盟理事会和欧洲议会讨论通过，然后再颁布实施。目前，欧盟技术法规有 2000 多个，内容涉及机械设备、交通运输、农产食品、医疗设备、化学产品、建筑建材、通信设备以及动植物检验检疫等许多方面。而涉及安全、健康、环境和消费者保护的新方法指令则是欧盟技术法规的一个重要组成部分。欧盟指令规定的是“基本要求”，即商品在投放市场时必须满足的保障健康和安全的基本要求。而欧洲标准化机构的任务是制定符合指令基本要求的相应的技术规范（即“协调标准”）。符合这些技术规范便可以推定（产品）符合指令的基本要求。

2.3.2 主要家具技术法规

2.3.2.1 欧盟有害物质限制指令 76/769/EEC

76/769/EEC 限制指令是 1976 年欧盟理事会通过的“关于统一各成员国有关限制销

售和使用某些有害物质和制品的法律法规及管理条例的理事会指令”。该指令覆盖包括玩具、家具产品在内的所有产品，是欧盟指令中非常重要的涉及限制使用有害物质的指令。该指令限制的有害物质范围很广，包括无机、有机化学物质，并及时对某些产品或项目修订指令。

依据 76/769/EEC 指令而修订，涉及木制品及家具产品的指令有：

（1）软体家具中纺织皮革材料的禁用偶氮染料 Azo-dyes（2002/61/EC）：

① 在还原条件下可释放出的附录所列芳香胺的浓度≤30ppm[①]。

② 2003/02/EEC 指令是关于禁止含有靛蓝染料有害偶氮染料的皮革和纺织制品投放市场的指令。该指令在欧盟官方公报上公布之日生效，要求成员国制定并实施与该指令相一致的本国法律、法规或行政规章。

（2）软体家具中的禁用含溴阻燃剂（五溴二苯醚和八溴二苯醚≤0.1%，79/769/EC、83/264／EC、2003/11/EC）：

① 2003/11/EC 指令规定，禁止使用和销售五溴二苯醚或八溴二苯醚含量超过 0.1%的物质或制剂。同时，任何产品中若含有含量超过 0.1%的上述两种物质也不得使用或在市场上销售。

② 该指令要求所有成员国在 2004 年 2 月 15 日前将此禁令转化成本国的法律、法规或行政命令，并且最迟不晚于 2004 年 8 月 15 日付诸实施。

（3）木材防腐剂五氯苯酚 PCP（PCP≤5ppm，91/173/EC、1999/5l/EC、89/106/EC）。

（4）木制品及家具产品中甲醛（E1、E2 级，76/769/EC、89/106/EC）。

（5）木材杀菌防霉剂中的有机锡（TBT≤0.5ppm，89/677/EC、1999/51/EC，2001，570/EC 指令）。

（6）重金属镉（涂料中镉≤0.01%，91/338/EC、1999/51/EC）。

（7）镍指令（身体接触的金属制品，500ppm 或 0.5μg/cm^2/week 94/27/EC）。

（8）禁砷指令（As≤5ppm，2003/02/EC 指令、89/654/EEC）。

2.3.2.2 **欧盟一般产品安全指令** The General Product Safety Directive （GPSD）2001/95/EC

（1）一般产品安全指令 2001/95/EC

2001 年，欧盟部长理事会通过了一项决议 2001/95/EC 指令，要求对输入欧盟的产品加强安全检查，不管从哪个成员国口岸进来，均需根据统一标准接受安全和卫生检查。任何一个海关，只要在检查时发现进口的产品不符合欧盟的标准，可能会危及消费者的健康和安全，不仅有权中止报关手续，还应该立即通知其他海关口岸。欧盟主要加强对进口玩具、食品、药品、自行车、家具、灯具等日用消费品的卫生、安全检查。

GPSD 共有七章、二十四条、四个附件，界定了产品安全等基本概念，规定了产品安全基本要求、合格评定程序和标准的采用，明确了产品生产者、经营者以及各成员国关于产品安全的法律责任。CPSD 目的是为了确保欧盟市场产品的质量安全。即确保投

① 注：1ppm=1×10^{-6}，下同。

放欧盟市场上的产品，在正常或可预见的条件下使用时不会出现危险。并将产品附带的风险提醒使用者或消费者，从而保护消赞者的健康安全，同时要促进欧盟内部统一市场的正常运行，其适用于一切消费产品或可能被消费者使用的产品。CPSD 是一系列产品安全专门法规的基础，从产品风险控制、产品安全责任等方面对这些专门法规进行了补充和完善。

2001/95/EC 指令内容，可以概括为以下几方面：①只允许符合安全标准的产品进入市场；②产品符合成员国的国家法律规定或自愿性执行国家标准，才可视为符合安全；③产品如未能通过一般安全规定而引致风险，生产商及分销商必须向执法机关汇报；④生产商必须于情况需要时，有效处理回收工作；⑤分销商必须保存文件记录，以便发现不安全产品时，可追踪产品的流向或来源；⑥如有需要，执法机关可下令进行产品召回；⑦在紧急措施执行期间（如产品召回），有关产品不得从欧盟地区出口。

根据一般产品安全指令规定，生产商或流通者有责任确保在市场上销售的产品均属安全（符合安全要求）。这项规定适用于在市场销售的所有产品，或以其他方式向消费者供应的一切产品。有关当局或法庭（倘有争议）须根据下列几项因素确定产品是否安全：

① 产品的特点，包括成分、包装，以及装配、安装及保养说明；

② 外观，包括标签、有关使用及弃置的任何警告或说明，以及任何其他说明或资料（如生产商资料）；

③ 产品可能对其产生危险的消费者类别（儿童或老人）。

生产商必须承担责任，确保在市场供应及销售的产品安全可靠，如提供资料及警告。此外，假如产品可能引起危险，生产商必须采取适当行动，如将产品从市场收回、给予消费者足够或有效警告，或向消费者收回产品。

《欧盟一般产品安全指令》（2001/95/EC）在欧盟内是一项规章性的指令，该指令适用于在欧盟规定中没有适合的产品安全规定的情况下以确保在市场上销售的产品都是安全的。如果产品已存在具体的产品安全法律要求，如欧盟内的《玩具指令》，那么《殴盟一般产品安全指令》将仅适用于《玩具指令》中没有涉及的产品危险。如产品出现欧盟指令中没有涉及的产品危险，有关机构可根据《欧盟一般产品安全指令》阻止这些不安全产品的流通。

例如，某些欧洲国家（英国、瑞士等）投诉我国生产的皮沙发引起消费者皮肤过敏事件。本来世界各国对皮沙发中的富马酸二甲酯防霉剂都无任何明确的技术法规或标准进行限制或禁止使用，可当欧洲某些消费者有皮肤过敏现象发生，这些国家说是使用中国制造的沙发引起的，当不能拿出具体技术法规或标准时，就只能拿《欧盟一般产品安全指令》说事，说不符合该指令要求。因此，可以说该指令的杀伤力和影响力比欧洲其他指令还厉害，范围更大，可以适用于任何消费品。

（2）一般产品安全指令 2001/95/EC 涉及的产品及其标准

2006 年 7 月 22 日，欧盟公布了第 2001/95/EC 号指令（一般产品安全指令）的新欧洲安全标准清单，取代以前公布的所有官方标准清单。有关标准由欧洲标准化组织按欧委会指示制定，涵盖运动设备、童装、奶嘴、打火机、自行车、家具（包括折叠床）

等产品。

2006 年 7 月 22 日公布的新欧洲安全标准清单，其中与家具相关的如下：

① 户外家具 供露营、家居使用及租用的桌、椅 第 1 部分：一般安全规定（参照欧洲标准化委员会 EN 581-1: 2006）;

② 家具 折叠床 安全规定及测试 第 1 部分：安全规定（参照欧洲标准化委员会 EN 1129-1: 1995）;

③ 家具 折叠床 安全规定及测试 第 2 部分：测试方法（参照欧洲标准化委员会 EN 1129-2: 1995）;

④ 家具 家用童床及摇篮 第 1 部分：安全规定（参照欧洲标准化委员会 EN 1130-1: 1996）;

⑤ 家具 家用童床及摇篮 第 2 部分：测试方法（参照欧洲标准化委员会 EN 1130-2: 1996）。

2.3.3 家具标准体系建设情况

2.3.3.1 家具标准介绍

20 世纪 60 年代初，欧洲标准委员会（CEN）和欧洲电子技术标准委员会（CENELEC）成立，现在欧盟及其成员国均是两个委员会的成员，共同制定欧洲标准（EN）。根据规定，任何一项欧洲标准必须为以上两个委员会接受，成员国接受一项标准后，与此相对应的原国家标准应该取消。鉴于欧洲标准在欧洲的权威性，一旦有 CEN 标准出台，欧盟国家都要采纳。欧洲标准组织非常重视家具检测方法标准的制定，产品质量标准相对较少。

欧盟成员国均有自己的国家标准，如德国的 DIN 标准、意人利 UNI 标准、英国 BS 标准、法国 NF 标准等。德国的技术标准是由德国标准研究院（Deutsches Institut fuer Normung e.v. DIN）公布的 DIN 标准。德国是欧洲标准组织重要成员国，它规定凡是来自国际标准组织、由欧洲采纳为欧洲标准的国际标准，必须成为德国标准，其标志为 DIN-EN-ISO。同时，DIN 可以直接将其认可的国际标准收进 DIN 标准，标志为 DIN-ISO。同时，德国标准是世界上是严格的标准之一，非常注重保护自然环境和消费者健康，德国政府参照欧盟有关规定制定了一系列法律、法规。例如在皮革业，德国政府率先在 1994 年推出关于禁止使用对人体有害的偶氮染料的规定，并于 1996 年 4 月正式实施。正是在德国的影响下，欧盟于 2002 年 9 月颁布了 2002/61/EC 指令，在整个欧洲全面禁止使用偶氮染料以及使用了偶氯染料的皮革、皮革制品以及纺织品。

2.3.3.2 欧洲主要家具标准（EN 标准）

欧洲主要家具标准见表 1-5。

表 1-5 欧洲主要家具标准列表

序号	英文名称	中文名称	标准编号
1	Outdoor furniture. Seating and tables for camping, domestic and contract use. General safety requirements	户外家具.野营、家用和商用座椅和桌子.一般安全要求	EN 581-1-2006

表 1-5（续）

序号	英文名称	中文名称	标准编号
2	Outdoor furniture. Seating and tables for camping,domestic and contract use. Mechanical safety requirements and test methods for seating	户外家具.野营、家用和商用座椅和桌子.机械安全要求和测试方法	EN 581-2-2009
3	Outdoor furniture. Seating and tables for camping,domestic and contract use. Part 3:Mechanical safety requirements and test methods for tables	户外家具.野营、家用和商用座椅和桌子 机械安全要求和试验方法	EN 581-3-2007
4	Furniture - Assessment of the ignitability of upholstered furniture-Part 1 ignition source: smouldering cigarette	家具．软体家具 燃烧性能评价 阴燃的香烟	EN 1021-1-2006
5	Furniture - Assessment of ignitability of upholstered furniture - Part 2 ignition source: match -flame equivalent	家具．软体家具 燃烧性能评价 模拟火柴火焰	EN 1021-2-2006
6	Domestic furniture. Seating. Determination of stability	室内家具．座椅．稳定性测定	EN 1022-2005
7	Office furniture. Screens. Dimensions	办公家具．屏风．尺寸	EN 1023-1-1997
8	Office furniture. Screens. Mechanical safety requirements	办公家具．屏风．机械安全性要求	EN 1023-2-2000
9	Office furniture. Screens. Test methods	办公家具．屏风．试验方法	EN 1023-3-2000
10	Furniture. Foldaway beds. Safety requirements and testing. Safety requirements	家具．折替床．安全技术要求和试验方法．安全性要求	EN 1129-1-1995
11	Furniture. Foldaway beds. Safety requirements and testing. Test methods	家具．折叠床．安全技术要求和试验方法．试验方法	EN 1129-2-1995
12	Furniture. Cribs and cradles for domestic use. Safety requirements	家具．家用框形物和摇篮．安全性要求	EN 1130-1-1997
13	Furniture. Cribs and cradles for domestic use. Test methods	家具．家用框形物和摇篮．试验方法	EN 1130-2-1996
14	Changing units for domestic use Part 1:Safety requirements	家用更换部件．安全要求	EN 12221-1-2000
15	Changing units for domestic use Part 2:Test methods	家用更换部件．试验方法	EN 12221-2-2000
16	Playpens for Domestic Use-Part 1:Safety Requirements	家用婴儿围栏．安全要求	EN 12227-1-1999
17	Playpens for Domestic Use-Part 2:Test Methods	家用婴儿围栏．试验方法	EN 12227-2-1999
18	Furniture. Strength,durability and safety. Requirements for domestic seating	家具．座椅．强度、耐久性和安全要求	EN 12520-2010

表 1-5（续）

序号	英文名称	中文名称	标准编号
19	Furniture. Strength,durability and safety. Requirements for domestic tables	家具．桌．强度、耐久性和安全要求	EN 12521-2009
20	Furniture Removal Activities-Furniture Removal for Private Individuals-Part 1：Service specification	家具搬运业．私人家具搬运．服务规范	EN 12522-1-1998
21	Furniture Removal Activities-Furniture Removal for Private Individuals-Provision of service	家具搬运业．私人家具搬运．服务条款	EN 12522-2-1998
22	Furniture-Assessment of surface resistance to cold liquids	家具．表面耐冷液性评估	EN 12720-1997
23	Furniture-Assessment of surface resistance to wet heat	家县．表面耐湿热评估	EN 12721-1997
24	Child Care Articles-Table Mounted Chairs-Safety requirements and test methods	儿童护理产品．装有椅子的桌子．安全要求和试验方法	EN 1272-1998
25	Furniture-Assessment of Surface Resistance to Dry Heat	家具．表面耐干热评估	EN 12722-1997
26	Furniture - Ranked seating - Test methods and requirements for strength and durability	家具．成排座椅．强度、耐久性要求和试验方法	EN 12727-2000
27	Child care articles. Reclined cradles	护理儿童用品．摇篮	EN 12790-2009
28	Workbenches for Laboratories-Dimensions,Safety Requirements and Test Methods	试验室工作台．尺寸．安全要求和试验方法	EN 13150-2001
29	Furniture - Operating mechanisms for seating and sofa-beds - Test methods	家具．座位和沙发床用操作机构．试验方法	EN 13759-2012
30	Domestic furniture - Beds and mattresses - Methods of measurement and recommended tolerances	家具．床和床垫．测量方法和推荐公差	EN 1334-1996
31	Office furniture - Office work chair Part 1：Dimensions	办公家具．办公椅．尺寸	EN 1335-1-2000
32	Office furniture - Office work chair - Part 2：Safety requirements	办公家具．办公椅．安全要求	EN 1335-2-2000
33	Office furniture - Office work chair Part 3：Safety test methods	办公家具．办公椅．安全性试验方法	EN 1335-3-2000
34	Furniture-Assessment of the surface reflectance	家具．表面反射性的评定	EN 13721-2004
35	Furniture-Assessment of the surface gloss	家具．表面光泽度的评定	EN 13722-2004
36	Laboratory furniture – Recommendations for design and installation	实验室家具．设计和安装建议	EN 14056-2003
37	Office furniture - Storage furniture - Safety requirements	办公家具．储存用家具．安全要求	EN 14073-2-2004

表 1-5（续）

序号	英文名称	中文名称	标准编号
38	Fume cupboards. Type test methods	通风柜橱．定型试验方法	EN 14175-3-2003
39	Fume cupboards. On-site test methods	通风柜橱．现场试验方法	EN 14175-4-2004
40	Fume cupboards. Variable air volume fume cupboards	通风柜橱．空气变量通风柜橱	EN 14175-6-2006
41	Step stools	脚踏凳	EN 14183-2003
42	Furniture - Links for non-domestic seating linked together in a row - Strength requirements and test methods	家具.非家用座椅连成一排的连接件.强度要求和试验方法	EN 14703-2007
43	Laboratory furniture. Storage units for laboratories. Requirements and test methods	实验室设备．实验室用存储设备．要求和试验方法	EN 14727-2005
44	Domestic and kitchen storage units and worktops - Safety requirements and test methods	家用和厨房用储藏设备和橱柜台面．安全要求和试验方法	EN 14749-2006
45	Furniture removal activities - Storage of furniture and personal effects for private individuals - Part 1: Specification for the storage facility and related storage provision	家具搬运工作．家具的存储以及人为影响．第 1 部分：存储设施规范以及相关存储规定	EN 14873-1-2005
46	Furniture removal activities - Storage of furniture and personal effects for private individuals - Part 2: Provision of the service	家具搬运工作．家具的存储以及人为影响．第 2 部分：服务条款	EN 14873-2-2005
47	Children's high chairs Part 1:Safety requirements	儿童高椅．安全要求	EN 14988-1-2006
48	Children's high chairs Part 2:Test methods	儿童用高椅．试验方法	EN 14988-2-2006
49	Furniture - Assessment of the effect of light exposure	家具．曝光量的影响评估	EN 15187-2006
50	Furniture - Strength, durability and safety - Requirements for non-domestic seating	家具．强度、耐久性和安全．非家用座椅安全	EN 15373-2007
51	Domestic furniture Seating Test methods for the determination of strength and durability	家具．座椅．强度和耐久性测定方法	EN 1728-2001
52	Furniture. Tables. Test methods for the determination of stability,strength and durability	家具．桌子．强度、耐久性和稳定性测定的试验方法	EN 1730-2012
53	Furniture. Beds and mattresses. Test methods for the determination of functional characteristics and assessment criteria	家具．床和床垫．功能特性测定方法	EN 1957-2012
54	Adjustable beds for disabled persons -Requirements and test methods	残疾人用可调整的床．要求和试验方法	EN 1970-2000
55	Office furniture. Work tables and desks. Dimensions	办公家具．工作桌和写字台．尺寸	EN 527-1-2000

表 1-5（续）

序号	英文名称	中文名称	标准编号
56	Office furniture. Work tables and desks. Mechanical safety requirements	办公家具．工作台和写字台．机械安全要求	EN 527-2-2003
57	Office furniture - Works tables and desks - Part 3 : Methods of test for the determination of the stability and the mechanical strength of the structure	办公家具．工作台和写字台．结构的稳定性和机械强度测定的试验方法	EN 527-3-2003
58	Furniture - Assessment of the ignitability of mattresses and upholstered bed bases -Part 1: Ignition source: smouldering cigarette	家具.床垫和软包床基燃烧性能评价.火源:阴燃香烟	EN 597-1-1995
59	Furniture - Assessment of the ignitability of mattresses and upholstered bed bases - Part 2 Ignition source match flame equivalent	家具.床垫和软包床基燃烧性能评价.火源:模拟火柴火焰	EN 597-2-1995
60	Furniture – Children'cots and folding cots for domestic use Part 1 Safety requirements	家具.家用童床和折叠小床 安全要求	EN 716-1-2008
61	Furniture – Children's cots and folding cots for domestic use Part 2 Test methods	家具.家用童床和折叠小床 试验方法	EN 716-2-1996
62	Furniture - Bunk beds and high beds for domestic use Part 1 Safety, strength and durability requirement	家具.双层床和高床 安全、强度和耐久性要求	EN 747-1-2007
63	Furniture. Bunk beds and high beds. Test methods	家具．双层床和高床．试验方法	EN 747-2-2007
64	Furniture. Strength,durability and safety. Requirements for domestic seating	家用家具．座椅．机械和结构安全要求	EN 12520-2010
65	Furniture. Strength,durability and safety. Requirements for domestic tables	家用家具．桌子．机械和结构安全要求	EN 12521-2009
66	Furniture. Operating mechanisms for seating and sofa-beds. Test methods	家具．座椅和沙发床操作机构的耐用性测定的试验方法	EN 13759-2012
67	Castors and wheels. Castors for furniture. Castors for swivel chairs. Requirements	脚轮和轮子.家具用脚轮.转椅用脚轮.要求	EN 12529-1999

英国、德国家具标准详见表 1-6 和表 1-7。

表 1-6 英国家具标准

序号	英文名称	中文名称	标准编号
1	Specification for hospital ward cots for children	医院儿科病床规范	BS 1694-1990
2	Hospital bedside lockers -Part 1: Specification for general purpose bedside lockers for patients	医院床头柜规范．第 1 部分：医院用一般用途床头柜	BS 1765-1-1990
3	Specification for overbed tables	跨床式小桌规范	BS 2483-1977

表 1-6（续）

序号	英文名称	中文名称	标准编号
4	Specification for fixed height couches	诊查床. 第 1 部分：定高诊查床规范	BS 2838-1-1988
5	Guide to ergonomics principles in the design and selection of office furniture	办公室家具设计和选择的人类工效学原理指南	BS 3044-1990
6	Specification for spring units for mattresses	床垫用弹簧组合件规范	BS 3173-1996
7	Specification for general purpose stools and anaesthetists' chairs for hospital use	医院一般用途凳子和麻醉师用椅子规范	BS 3622-1975
8	Specification for clothes lockers	小衣柜规范	BS 4680-1996
9	Mobile sanitary chairs	活动卫生椅	BS 4751-2005
10	Strength and stability of furniture- Part 1 Requirements of Strength and durability of the structure of domestic seating	家具的强度和稳定性. 家用座椅结构的强度和耐久性要求	BS 4875-1-2007
11	Strength and stability of furniture- requirement for strength,durability and stability of tables and trolleys for domestic and contract use	家具的强度和稳定性. 家用和定做用桌子及小台车的强度、耐用性和稳定性要求	BS 4875-5-2001
12	Strength and stability of furniture - Part 7: Domestic and contract storage furniture - Performance requirements	家具的强度和稳定性. 家用和定做储藏家具. 性能要求	BS 4875-7-2006
13	Strength and stability of furniture Part 8: Methods for determination of strength and stability of non-domestic storage furniture	家具的强度和稳定性. 测定非家用储存家具强度和稳定性的方法	BS 4875-8-1998
14	Specification for performance requirements and tests for office furniture	办公室家具的性能要求与试验规范	BS 5459-2-2000
15	Methods of test for assessment of the ignitability of upholstered seating by smouldering and flaming ignition sources	用闷燃和燃烧点火源对软座进行易燃性评价的试验方法	BS 5852-2006
16	Educational furniture. Specification for strength and stability of storage furniture for educational institutions	教育用家具. 第 4 部分：教育机构用储存柜强度及稳定性规范	BS 5873-4-1998
17	Domestic kitchen equipment. Performance requirements for durability of surface finish and adhesion of surfacing and edging materials Specification	家用厨房设备. 表面光饰的耐久性及表面处理和边饰材料附着力的性能要求规范	BS 6222-3-1999
18	Domestic Kitchen Equipment Part 5:Specification for Strength Requirements and Methods of Test for Peninsular Units,Island Units and Breakfast Bars	家用厨房设备. 第 5 部分：半岛状厨房用具、岛状厨房用具和早餐台的强度要求和测试方法	BS 6222-5-1995
19	Methods of Test for Assessment of the Ignitability of Mattresses,Upholstered Divans and Upholstered Bed Bases with Flaming Types of Primary and Secondary Sources of Ignition	一次和二次点火源燃烧类型床垫、软包沙发床及软床可燃性评估的试验方法	BS 6807-2006

表 1-6（续）

序号	英文名称	中文名称	标准编号
20	Specification for resistance to ignition of upholstered furniture for non-domestic seating by testing composites	采用测试复合料的非家用座椅用装饰家具的耐燃性规范	BS 7176-2007
21	Specification for safety requirements for children's travel cots of internal base length not less than 900 mm	床身长度不小于 900mm 的儿童旅行帆布床安全要求规范	BS 7423-1999
22	Safety requirements and test methods for children's bed guards for domestic use	家用儿童床护栏的安全要求和试验方法	BS 7972-2001
23	Furniture. Chairs with electrically operated support surfaces. Requirements	家具．带电力驱动支持表面的椅子．要求	BS 8474-2006
24	Fume cupboards - Recommendations for installation and maintenance	通风柜橱．安装和维修推荐标准	BS DD CEN/TS 14175-5-2007

表 1-7　德国家具标准

序号	英文名称	中文名称	标准编号
1	Office furniture - Tables for upright working position - Part 1: Dimensions	办公家具．腰背挺直式工作位置写字台．第 1 部分：尺寸	DIN 16550-1-2002
2	Hospital children's cots made from metal and plastic - Safety determinations and testing	医院儿童用金属和塑料制小床．安全性测定和试验	DIN 32623-2002
3	Office furniture - Self-supporting energized devices for the height adjustment of office work chairs - Safety requirements, testing	办公家具．调节办公座椅高度用承重增能装置．安全要求和检验	DIN 4550-2004
4	Hardware for furniture - Cabinet suspension - Determination of nominal load carrying capacity	家具五金件．橱柜悬架．标称承载量的测定	DIN 68840-2004
5	Hardware for furniture - Flap stays - Requirements and testing	家具五金件．折板支撑．要求和检验	DIN 68841-2004
6	Hardware for furniture - Furniture locks and locking systems - Terms and definitions	家具五金件．家具锁和锁紧系统．术语和定义	DIN 68851-2004
7	Hardware for furniture - Furniture locks - Requirements and testing	家具五金件．家具锁．要求和检验	DIN 68852-2004
8	Hardware for furniture - Terms and definitions - Part 1: Assembly fittings, shelf supports and hanging rails	家具五金件．术语和定义．第 1 部分：组合配件、搁板支撑物和吊架轨	DIN 68856-1-2004
9	Hardware for furniture - Terms and definitions - Part 2: Furniture hinges and flap hinges	家具五金件．术语和定义．第 2 部分：家具铰链和襟翼铰链	DIN 68856-2-2004
10	Hardware for furniture - Terms for furniture fittings - Part 4: Holding devices, flap stays, lid stays	家具用五金件．家具装配附件术语．闩、挂钩．调节器	DIN 68856-4-1983

表 1-7（续）

序号	英文名称	中文名称	标准编号
11	Hardware for furniture - Terms for furniture fittings - Part 5: Height adjusters, furniture legs, underframes	家具用五金件．家具装配附件术语．高度调节螺钉、家具腿、底架	DIN 68856-5-1983
12	Hardware for furniture - Terms for furniture fittings - Part 6: Shelf supports, hanging rails, cabinet suspension brackets	家具五金件．术语和定义．第6部分：橱柜悬架托架	DIN 68856-6-2004
13	Hardware for furniture - Terms for furniture fittings - Part 7: Handles, knobs, escutcheons, escutcheon insets	家具用五金件．家具装配附件术语．拉手、球形把手、钥匙孔盖、钥匙孔盖镶件	DIN 68856-7-1983
14	Hardware for furniture - Terms for furniture fittings - Part 9：castors and glides	家具用五金件．家具装配附件术语．家具用脚轮和滑道	DIN 68856-9-1983
15	Hardware for furniture - Roller fittings for sliding doors – Requirements and testing	家具五金件．推拉门用滑轮配件．要求和检验	DIN 68859-2004
16	Furniture surfaces - Part 1: Behaviour at chemical influence	家具表面 第1部分：受化学制品影响的性能	DIN 6861-1-2001
17	Furniture surfaces - Part 7: Behaviour on subjection to dry heat	家具表面．第 7 部分：干热反应	DIN 6861-7-2001
18	Furniture surfaces - Part 8: Behaviour on subjection to wet heat	家具表面．第 8 部分：湿热反应	DIN 6861-8-2001
19	Furniture - Designations	家具名称	DIN 68871-2001
20	Shelves and shelf bearers in cabinet furniture - Requirements and testing when mounted in the cabinet	柜橱家具用搁板和搁板托架．要求和检验	DIN 68874-1-1981
21	Swivel chair for housework, adjustable in height; safety requirements, testing	做家务活用的可调转椅．安全性要求．试验	DIN 68876-1980
22	Swivel work chair; safety requirements, testing	工作转椅．安全要求、检验	DIN 68877-1981
23	Wardrobes for domestic use - Fitness for purpose requirements - Testing	家用衣柜 适用性要求 测试	DIN 68890-2009
24	Kitchen furniture - Requirements, Testing	厨房家具．要求和试验	DIN 68930-1998
25	Coordinating dimensions for bathroom furniture, appliances and sanitary equipment	浴室家具．浴具和卫生设备的配合尺寸	DIN 68935-1999

2.3.3.3　欧盟生态家具标准

在家具生产过程中，必须使用油漆、涂料、胶粘剂、防腐剂等化学用品，这些配套辅助材料都不同程度的含有甲醛、甲苯、苯酚、重金属等有毒有害物质，处理不好将引起消费者身体不适，造成环境污染，欧盟对家具生产有关于自然资源与能源节省情况、废气（液、固体）排放情况及废物和噪声排放情况的严格规定。因此，要积极倡导绿色概念，尽量少用或不用含有害物质的材料，保障人们身体健康，注重环保安全。

（1）生态标签

生态标签是欧盟规定的一种自愿性产品标志，为鼓励在欧洲地区生产及消费“绿色产品”，欧盟于 1992 年出台了生态标签体系。因该标签呈一朵绿色小花图样，获得生态标签的产品也常被称为“贴花产品”，生态家具标准现已发布。

与其他生态要求一样，欧盟对生态家具的限制物质包括：

① 禁用偶氮染料（Azo Dyes）；

② 五氯苯酚（Pentachlorophenol（PCP）is also regulated in several countries）；

③ 甲醛（Formaldehyde）；

④ 阻燃剂（Flame retardants）；

⑤ 有机锡化合物（Organic tin compounds）；

⑥ 其他杀虫剂（Other pesticides）；

⑦ 分散染料（Disperse dyes）；

⑧ 重金属含量（Heavy metal content, chlorinated carrier and others）。

（2）主要有害物限量表（见表 1-8）

表 1-8 主要有害物质限量表

元素或化合物	限量/（mg/kg）	测试方法
砷 Arsenic	2	A wet destruction via H2SO4 or HNO3 or H2O2. The determination is carried out via Atomic Absorption Spectroscopy（ASS）.（用硫酸、硝酸或者双氧水进行溶解，利用原子吸收分光光度法进行测定）
镉 Cadmium	25	Destruction via incineration. Thereafter dissolve the ash in HNO3. Determination: Flame Atomic Absorption Spectroscopy（FAAS）or via Electro Thermal Atomic Absorption Spectroscopy（ETAAS）, depending on the concentration in the extract. For mercury ETAAS is used.（将样品焚化接着用硝酸溶解灰烬。采用火焰原子吸收光谱法或电热原子吸收光谱法进行测定，汞采用电热原子吸收光谱法进行测定）
铬 Chromium	25	
铜 Copper	20	
铅 Lead	30	
汞 Mercury	0.4	
氟利昂 Fluorine	100	
含氯化合物 Chlorine	600	European Standard EN 24260 （Wickbold combustion method）.（采用 EN 24260 中的方法）
五氯苯酚（PCP）	5	Prepare sample and standard solutions. Determination: gas liquid chromatography（GLC）.（准备样品和标准溶液，采用气液色谱法进行测定）
杂酚油 Creosote Benzo（a）pyrene	0.5	Sampling: EN 1014-2. Use hexane instead of toluene as a reagent. For determination, use the European Standard EN 1014-3. High performance liquid chromatography （HPLC）issued.（采样用 EN 1014-2 的方法，用乙烷代替甲苯作反应剂。测定方法采用 EN 1014-3，采用高效液相色谱仪）

（3）生态家具标准的其他要求

该标准不仅对家具原材料中可能出现的对环境有害的化学成分加以限制，同时对保护森林生态资源也提出了初步要求。其主要内容还包括以下几个方面。

① 木 材

木材本身对环境没有任何负面影响，但加工过程中可能采用灭菌防腐处理，防腐剂残留对人和动物引起伤害、环境污染，灭菌剂使用后能放出有害气体。用干燥法也能避免细菌侵蚀。标准规定，生态标志产品不许使用经防腐灭菌剂处理过的木制材料。

② 塑 料

塑料在家具中常以构件的形式出现，如抽屉、拉手、铰链等。使用最多的是尼龙和 ABS 塑料，PVC 也用。塑料对环境的影响主要是由它的添加剂决定的，其添加剂包括一系列的稳定剂、软化剂、颜料和防火剂。标准禁止使用以下三类化学品为基础的添加剂：镉、铬、铅或汞等重金属或它们的化合物；阻燃剂大于 0.1%，氯化、卤化烷烃，或溴化二苯醚等有机物；具有甲基、乙基、丙基，丙基等烷基族的酞。重金属和上述卤化有机物被归类为有害物，或推断为有害物，它们可溶解于脂肪，被带入食物链，并存储于脂肪组织中。

③ 金属材料

钢和铝常用来生产铰链、滑道和其他构件。其表面处理有电镀或涂饰两种方法。电镀可导致镉、铬、镍或锌的化合物，它们以排放入水的形式造成较大的环境危害。脱脂等工艺可能使用有毒的氯化有机溶剂。当前，金属涂饰的无溶剂工艺或水性涂料使用日益增多，它们对环境少有危害。标准规定金属加工和表面处理不许使用卤化有机溶剂；除了如螺钉、铰链、饰件等小部件外，金属不应使用镉、铬、镍和它们的化合物进行电镀；金属涂料不应含有以铅、铬、镉、汞和它们的化合物为基础的颜料和添加剂；涂料中的有机溶剂量不能超过 5%。

④ 玻 璃

玻璃本身对环境没有危害，但铅装玻璃在标准中是禁止使用的。铅装玻璃是指玻璃嵌入铅制金属框架而成的构件。它的生产与生产废料对环境部有害。

⑤ 胶粘剂与涂料

标准规定，在胶粘剂和涂料中，凡含有被北欧任何国家标准、法规归类为对环境有害的化学成分，每种的量都不应超过 1%，而且它们的总量也不应超过 2%。并规定化学品不应含有锡的有机化台物、卤化有机物或芳香族溶剂，也不应含有上述塑料材料中所列的酞、重金属及其化合物。

⑥ 包装材料

标准规定不许使用含氯的塑料作包装材料。

⑦ 纺织材料

符合欧洲 2002/371/EC 指令中生态纺织出标准要求。

⑧ 对保护森林资源的要求

标准提出两点原则要求：①在原材料中，要求标明生产中所用木材的树种、原产地和采伐森林的类型；②在生产中，要求对来自锯刨、成型、砂光、刮光等工序的木质废料与切屑进行再利用，作为新的原材料，或与其他物质构成组合材，或做能源，目的是减少对森林资源的榨取。

2.4 日 本

2.4.1 家具标准化工作机制

2.4.1.1 家具标准管理机制

与世界多数国家一样，日本家具标准管理体系同样以国家集权为主，但同时注重发挥民间力量。日本工业标准调查会（JISC）是其国家标准化机构。日本现行的行政管理体制规定，经济产业省（原通商产业省）全面负责家具标准化法规的制定、修改、颁布等管理工作，而 JISC 则具体负责日本工业标准的批准、发布等工作的执行。有两种制修订家具标准的途径，一是由各主管大臣自行制定标准方案，交由 JISC 审议通过；二是由相关人或民间团体以草案的形式，向工业标准主管大臣提出申请，若主管大臣认为某项标准有制定必要时，则将方案交付 JISC 讨论。这种以民间标准方案向 JISC 提出标准制定提案的数量接近全部提案的 80%。对于现有的工业标准，主管大臣必须在家具标准制修订至少 5 年内提交 JISC 审议，以此决定此项标准是否有需要修订或废止。

在日本家具标准的制定过程中，JISC 发挥了重要作用，其担负日本家具标准制定的审议、咨询和有关促进工业标准化的咨询和建议。JISC 是日本经济产业省下设的机构，可对促进家具标准化相关事宜给予答复和解释，或对主管大臣提出建议，还要审议各方提出的工业标准方案并报告主管大臣。JISC 的委员组成不超过 30 人，由主管大臣从具备相当学识和经验者中推荐，最终由经济产业大臣任命，委员任期两年。遇特殊需要时可设临时委员。JISC 下设基准认证振兴室、标准认证国际室、工业标准调查室、产业基础标准化推进室、环境生活标准化推进室、管理体系标准化推进室等职能部门。2001 年 JISC 又下设“标准部会”、“合格评定部会”、“标准部会”等共 27 个专业技术委员会。JISC 是日本在 ISO 和 IEC 中的代表机构。

2.4.1.2 家具标准制修订特点

日本家具标准分为国家级标准、行业协会（团体）标准和企业标准。在日本标准体系中，国家级标准是主体，包括 JIS、JAS 和日本医药标准，其中又以 JIS 最权威。行业协会有数百个专业团体受 JISC 委托，承担 JIS 家具标准的研究和起草工作，主要职责是协助 JISC 工作，而专业团体自身的标准并不多。除了团体标准化活动外，企业内部的标准化活动也很活跃，有技术经济实力的大企业、公司根据自己的产品情况制定公司或企业标准。日本标准化体制的特点是，政府在标准化活动中扮演着重要的角色，而且日本标准化体制充分发挥专业团体的作用，即在发挥政府主导作用的同时又能够保证发布的标准符合行业发展要求。在制定 JIS 标准时，日本注重基础工作的研究，制修订工作的重点是重视消费者利益、生态环境以及高新技术等领域，建立试验方法及评价方法等。国家标准制修订主要针对基础性、通用性的标准，因此日本将家具标准化的调查研究工作委托给具有丰富经验的民间机构完成，进行信息收集和实地调查，而且通过试验和检测等方法进行验证，建立某一领域的标准体系。日本对某项国家标准的调研周期较长，一般为 3 年。日本家具标准的审议是按照《工业标准化法》规则的规定，由经济产业省大臣委托的委员、临时委员等专家成立审查会，对 JIS 草案是否可以作为 JIS 标准进行审议。而相关民间团体起草的 JIS 草案，一般是由日本工业标准调查会下设的专门委员会进行调查审议。上报的草案审查通过之后，递交负责该专业的部会，进行再次综合审议。在专门委员会上审议通过的标准草案，需接受主管大臣的询问，若通过便可被确定为正式草案。整个调查审议过程一般约需一年时间。对于现行家具标准是否需要修订的审议工作，是从制定、修订或确认之日起到第 5 年的最后一天为止的 5 年内进行，最终确认 JIS 标准是否需修改或可继续执行，若需要修订的 JIS，则要起草修订草案，认为应取消的标准，则要按照上述制定、修订程序，由调查会会长就取消 JIS 的原因向主管大臣说明，正确反映各相关方意见，最终在公报上将确定的某项标准制修订信息公布。

日本 JIS 家具标准制修订信息始终保持透明度，这是其工作的特点之一。为确保 JIS 制修订的透明度，对提供 JIS 原始方案编制状况信息、公布 JIS 工作计划、JIS 草案的发布等实行公开制度，公众有机会提供陈述意见。

2.4.2 主要家具标准体系建设情况

在日本，家具产品归为消费产品，包括桌、椅、柜、沙发、双层床、床垫、橱柜、婴儿床等，涉及家具的技术法规包括：

（1）消费品安全法（Consumer Products Safety law）；

（2）家用物品质量标签法（Household Goods Quality Labeling Law）；

（3）农林产品规格与标签法（Law Concerning Standardization and Proper Labeling of Agricultural and Forestry Products）；

（4）法律规定基础上的自愿性标签（消费者产品安全协会的 SG Mark、JIS Mark、甲醛释放标签指南等）；

（5）工业安全与健康法（Industrial Safety and Health Law）；

（6）居室质量保证法（Housing Quality Assurance Law）。

2.4.2.1 《消费品安全法》（Consumer Products Safety Law）

日本的《消费品安全法》强调危险产品对消费者的生命要保证绝对安全，如不准销售没有安全标志的儿童用家具、登山用绳。为了保证绝对安全，日本现有几十种商品规定要求打上 SG 标志（SG：Safety Goods），其中包括双层床、橱柜、儿童用的桌子、椅子等家具。打有 SG 标志的产品如果由于质量问题而造成人身伤亡，有关方面要付赔偿费。打有 Q 标志的商品如果发生质量问题，可以直接向 Q 标志管理委员会反映。打有贴 JIS 标志的产品，其加工质量则受到政府保证。在日本，标准和标志是衡量产品质量的一把尺子，其法令、法规和标准不是一成不变的，随着新产品的开发及科技的发展，它在不断补充、完善和修改，以保证其 JIS 标准的先进性、科学性和权威性。

2.4.2.2 《家用物品质量标签法》（Household Goods Quality Labeling Law）

日本对商品上的“质量标签”非常重视。所谓“质量标签”，即指包装商标上的标识与商品的实际质量必须相符，否则即判定为不合格产品。

该法规定，在日本市场流通领域的消费品如木制家具，必须标出树种品名、含水率、尺寸规格和甲醛释放量，对家具要用图示标出安装方法、使用注意事项等，同时还要标明产地及经销商名称。

2.4.2.3 《家用产品有害物质控制法》(Law for the Control of Household Products Containing Harmful Substance)

该法规定，一般消费品不得含有对人体有害的物质成分，若超过设定的标准，则不得进口和销售。根据日本该法令规定，限制使用的有害物质包括了甲醇、甲醛、苯并芘、有机汞化合物、狄氏剂等 20 多种化学物质。

建立该法的目的正如《家用产品有害物质控制法》第一章所述，该法律旨在从健康和卫生的角度对家用产品有害物质加以控制以保护公众健康。

2.4.2.4 产品责任法(Product Liability，即 P/L 法)

该法规定只要证明制品缺陷与事故有因果关系，不论制造商是否有过失，受害者均可申请赔偿。

(1) 因产品的制造不良而对消费者造成生命或财产损失时，该制造商应对此负责。

(2) 当产品自身损坏时，对他人或物品未造成损害，则不予追究。

(3) 因产品的制造或生产不良而引发的事故对消费者产生损害时，在得到证实后，制造商应予以赔偿。

(4) 在产品质量不良方面：设计上的问题，如材料、规格、加工等问题；制造过程中的问题，如因残留物造成伤害或甲醛的残留对皮肤造成的损伤等：标示不清问题，如因尚未注明注意事项及警告片用语提醒消费者而造成消费者对此产品不了解所造成的伤害。

2.4.2.5 法律规定基础上的自愿性标签

《家用物品质量标签法》(Household goods Quality Labeling Law) 规定的标签要求(防火标签、甲醛明示标签、性能指标等)。

JIS 标准内容包括：产品标准(产品形状、尺寸、质量、性能等)、方法标准(试验、分析、检查与测量方法和操作标准等)、基础标准(术语、符号、单位、优先数等)。多年以来，JIS 标准总数一直保持在 8200 个左右。其中，产品标准约 4000 个、方法标准 1600 个、基础标准 2800 个。根据日本工业标准化法的规定，日本自 1949 年开始实行质量标志制度。最初仅以产品为对象，1966 年又将加工技术正式纳入 JIS 标志制度，诞生了加工技术 JIS 标志。日本主要家具标准详见表 1-9。

表 1-9 日本主要家具标准

序号	中文名称	标准编号
1	家具　表面抗冷液的评估	JIS A1531-1988
2	梳妆台和药品柜	JIS A4401-2005
3	草编榻榻米和草编芯材榻榻米(日本席垫芯材)	JIS A5901-2004
4	榻榻米(日本席垫)	JIS A5902-2004

表 1-9（续）

序号	中文名称	标准编号
5	非稻草的榻榻米	JIS A5914-2004
6	卧具（Futon 蒲团）绝热特性的试验方法	JIS L1911-2002
7	办公室书写桌的标准尺寸	JIS S1010-1978
8	办公用椅标准尺寸	JIS Sl011-1994
9	教室连椅课桌的尺寸	JIS S1015-I974
10	家具性能试验方法通则	JIS S1017-1994
11	家具抗振动和地震翻倒的测试方法	JIS S1018-1995
12	学校用家具一般学习场所用桌椅	JIS S1021-2004
13	办公家具．桌	JIS S1031-2004
14	办公家具．椅	JIS S1032-2004
15	办公家具．储存柜	JIS 51033-2004
16	办公椅的小脚轮	JIS S1038-1994
17	搁板和支架	JIS S1039-2005
18	家用家具．学习桌	JIS S1061-2004
19	家用家具．学习椅	JIS S1062-2004
20	家用床	JIS S1102-2004
21	木制婴儿床	JIS S1103-2008
22	家用双层床	JIS S1104-2004
23	家具．存储单元件．强度和耐用性测定	JIS S1200-1998
24	家具．存储单元件．稳定性测定	JIS S1201-1998
25	家具．桌子．稳定性测定	JIS S1202-1998
26	家具．椅子和凳子．强度和耐用性测定	JIS S1203-1998
27	家具．椅子．稳定性测定．直立式椅子和凳子	JIS S1204-1998
28	家具．桌子．强度和耐用性测定	JIS S1203-1998

2.5 中　国

2.5.1 家具标准化工作机制

我国家具标准化工作实行统一管理与分工负责相结合的管理体制。现行标准化管理机构在国家层面是中国国家标准化管理委员会，其于 2001 年 10 月成立，隶属于国家质量监督检验检疫总局，由国务院授权统一管理全国的标准化工作。家具行业的标准化工作由中国轻工业联合会主管。家具地方标准由省、直辖市、自治区一层的质量监督检验检疫总局设有标准化处，地市一级设有标准化科，分别承担。

研究、制定家具标准的工作，由全国家具标准化技术委员会负责。企业的标准化管理机构和相应的技术岗位则设立在技术管理部门。

2.5.2 家具标准体系建设规划

2.5.2.1 构建原则

家具标准体系的构建，按照国家标准化管理委员会标委办综合函〔2009〕122 号文、国标委综合〔2009〕40 号文以及工业和信息化部办公厅工信厅科〔2012〕183 号文要求，结合 GB/T 4754—2011《国民经济行业分类》的规定，坚持符合和促进家具市场科学技术发展实际需要；突出重点；注重国家标准与行业标准、国内标准与国际标准和国外先进标准、重要技术标准与一般标准间的统筹协调；有利于家具产业发展、有利于人们健康等原则。

2.5.2.2 体系框架

家具行业体系框架见图 1-2。

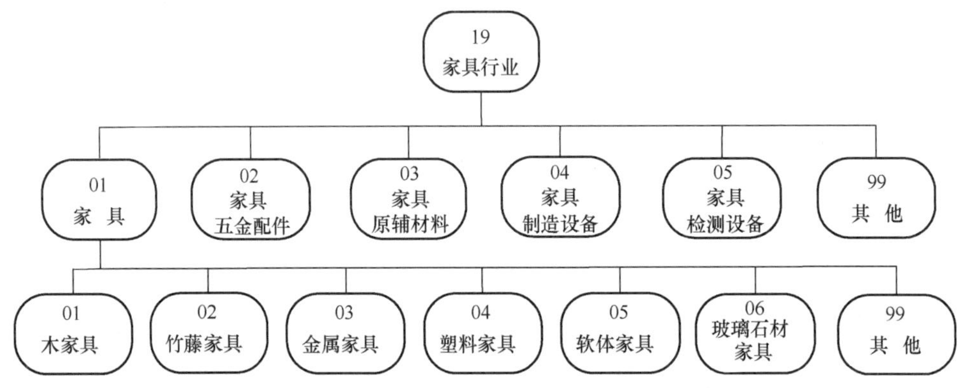

图 1-2 家具行业体系框架

2.5.2.3 体系框架图说明

家具行业标准化包括家具产品及其工艺规范、家具制造设备、家具检测设备、家具五金配件、生产管理、原辅材料质量控制等，其中家具产品的质量和安全是我国家具标准化的重点。根据我国家具产业特点和目前家具标准现状，并结合 GB/T 4754—2011《国民经济行业分类》的规定，家具标准体系可以构建成 6 个大类：家具、家具五金、家具原辅材料、家具制造设备、家具检测设备和其他。其中，家具大类又按使用材料不同，设立木家具（国民经济行业分类号 C2110）、金属家具（C2130）、塑料家具制造（C2140）、软体家具（C2190）、竹藤家具（C2120）、玻璃石材家具（C2190）和其他 7 个种类。

框架图中家具 6 个种类的说明见表 1-10。

表 1-10 家具标准体系种类说明

序号	种类名称	体系类目说明
1	木家具	指以天然木材和木质人造板为主要材料，配以其他辅料（如油漆、贴面材料、玻璃、五金配件等）制作各种家具的领域
2	竹藤家具	指以竹材和藤材为主要材料，配以其他辅料制作各种家具的领域

表 1-10（续）

序号	种类名称	体系类目说明
3	金属家具	指支（框）架及主要部件以铸铁、钢材、钢板、钢管、合金等金属为主要材料，结合使用木、竹、塑等材料，配以人造革、尼龙布、泡沫塑料等其他辅料制作各种家具的领域
4	塑料家具	指用塑料管、板、异型材加工或用塑料、玻璃钢（即增强塑料）直接在模具中成型的家具的领域
5	软体家具	指主要由弹性材料（如弹簧、蛇簧、拉簧等）和软质材料（如棕丝、棉花、乳胶海绵、泡沫塑料等），辅以绷结材料（如绷绳、绷带、麻布等）和装饰面料及饰物（如棉、毛、化纤织物及牛皮、羊皮、人造革等）制成的各种软家具领域
6	玻璃石材家具	以玻璃石材为主要材料、辅以木材或金属材料制成的各种玻璃、石材家具领域

2.5.3　家具标准体系建设情况

2.5.3.1　标准体系框架及说明

家具行业标准体系包括家具、家具五金、家具原辅材料、家具制造设备、家具检测设备等大类。家具按使用材料不同，设立木家具（国民经济行业分类号 C2110）、金属家具（C2130）、塑料家具制造（C2140）、软体家具（C2190）、竹藤家具（C2120）、玻璃石材家具（C2190）和其他 7 个种类。在 7 个种类，木家具、金属家具是人们通常使用的家具，木家具分为深色名贵硬木家具、非深色名贵硬木类实木家具、人造板家具、人造板和实木结合的综合类家具等小类；金属家具分为钢家具、钢木家具等；塑料家具分为全塑料家具、钢塑家具等；玻璃石材家具主要是餐桌、餐椅、茶几等家具制品，分为玻璃家具和石材家具；竹藤家具主要是家庭户外休闲、书房用家具制品，分为竹制家具和藤制家具；软体家具分为软体座具和软体卧具等。深色名贵硬木家具分为红木家具和非红木家具等系列；软体座具主要是沙发产品，有普通沙发和多功能沙发等系列，软体卧具主要是床垫系列，主要有弹簧如软床垫、棕纤维弹性床垫、乳胶床垫、泡沫塑料床垫等。另外，家具标准化除考虑材料特性外，还有坐、卧、凭、倚、靠、支撑、储藏等使用功能特性，产品表现形式基本上为桌几台类、椅凳沙发类、柜类、床和床垫类，这些家具使用对象不同、使用场合不同、其标准化技术内容就有区别，比如，国际上，对儿童家具的有害物质、结构安全性等要求就与成人家具不同；对不同场所使用的家具，力学强度要求也不同，国际标准对不经常使用、小心使用、不可能出现误用的家具，如供陈设古玩、小摆件等的架类家具力学性能试验用一级水平加载；对中载使用、比较频繁使用、比较易于出现误用的家具，如一般卧房家具、一般办公家具、旅馆家具等家具力学性能试验用三级水平加载等；因此在家具技术标准体系中，各类材料的标准化产品基本上是桌几台类、椅凳沙发类、柜类、床和床垫类，但是对特殊人群、特殊场所的家具分别进行了标准化，在体系框架图中放入其他结构之中。具体详见图 1-3。

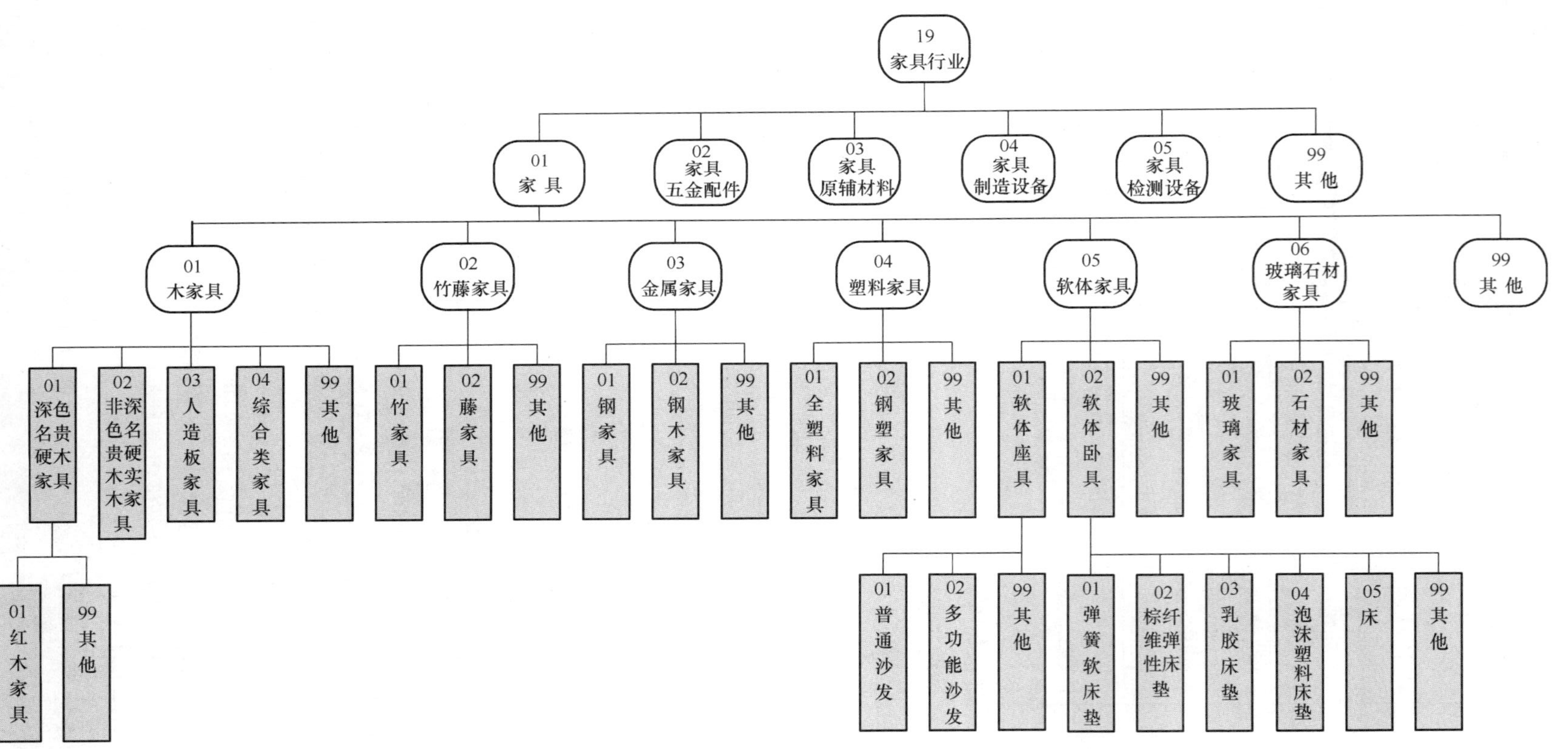

图 1-3 我国家具标准体系图

2.5.3.2 标准体系表

截至 2015 年 6 月我国已批准发布 131 项家具标准（由全国家具标准化技术委员会归口管理），其中，国家标准 63 项、行业标准 68 项。具体见表 1-11 和表 1-12。

表 1-11 我国家具国家标准

序号	标准编号	中文名称	英文名称
1	GB 5296.6—2004	消费品使用说明 第 6 部分：家具	Instructions for use of products of consumer interest-Part 6:furniture
2	GB 17927.1—2011	软体家具 床垫和沙发 抗引燃特性的评定 第 1 部分：阴燃的香烟	Upholstered furniture-Assessment of the resistance to ignition of the mattress and the safa Part 1:Ignition source:smouldering cigarette
3	GB 17927.2—2011	软体家具 床垫和沙发 抗引燃特性的评定 第 2 部分：模拟火柴火焰	Upholstered furniture-Assessment of the resistance to ignition of mattress and sofa Part 2:Ignition source:match flame equivalent
4	GB 18584—2001	室内装饰装修材料 木家具中有害物质限量	Indoor decorating and refurbishing materials- Limit of harmful substances of wood based furniture
5	GB 22792.2—2008	办公家具 屏风 第 2 部分：安全要求	Office furniture-Screens-Part 2:Safety requirements
6	GB 22793.1—2008	家具 儿童高椅 第 1 部分：安全要求	Furniture-Children's high chair-Part 1:Safety requirements
7	GB 24430.1—2009	家用双层床 安全 第 1 部分：要求	Bunk beds for domestic use-Safety-Part 1:requirements
8	GB 24820—2009	实验室家具通用技术条件	General technical requirements for laboratory furniture
9	GB 24977—2010	卫浴家具	Bathroom furniture
10	GB 26172.1—2010	折叠翻靠床 安全要求和试验方法 第 1 部分：安全要求	Foldaway beds — Safety requirements and tests—Part 1: Safety requirements
11	GB 28007—2011	儿童家具通用技术条件	Genaral technical requirements for children's furniture
12	GB 28008—2011	玻璃家具安全技术要求	Safety requirements of glass furniture
13	GB 28010—2011	红木家具通用技术条件	Hongmu furniture-General technical requirements
14	GB 28478—2012	户外休闲家具安全性能要求 桌椅类产品	General safety requirements of outdoor leisure furniture-Seating and tables
15	GB 28481—2012	塑料家具中有害物质限量	Limit of harmful substances of plastic furniture
16	GB/T 3324—2008	木家具通用技术条件	Wooden furniture-General technical requirements
17	GB/T 3325—2008	金属家具通用技术条件	Metal furniture-General technical requirements

表 1-11（续）

序号	标准编号	中文名称	英文名称
18	GB/T 3326—1997	家具　桌、椅、凳类主要尺寸	Furniture-Main sizes of tables and seats
19	GB/T 3327—1997	家具　柜类主要尺寸	Furniture-Main sizes of cabinets
20	GB/T 3328—1997	家具　床类主要尺寸	Furniture-Main sizes of beds
21	GB/T 4893.1—2005	家具表面耐冷液测定法	Furniture-Assessment of surface resistance to cold liquids
22	GB/T 4893.2—2005	家具表面耐湿热测定法	Furniture-Assessment of surface resistance to wet heat
23	GB/T 4893.3—2005	家具表面耐干热测定法	Furniture-Assessment of surface resistance to dry heat
24	GB/T 4893.4—2013	家具表面漆膜理化性能试验　第 4 部分：附着力交叉切割测定法	Test of surface coatings of furniture-Part 4：Determination of adhesion -Cross cut
25	GB/T 4893.5—2013	家具表面漆膜理化性能试验　第 5 部分：厚度测定法	Test of surface coatings of furniture-Part 5: Determination of thickness
26	GB/T 4893.6—2013	家具表面漆膜理化性能试验　第 6 部分：光泽测定法	Test of surface coatings of furniture-Part 6：Determination of gloss value
27	GB/T 4893.7—2013	家具表面漆膜理化性能试验　第 7 部分：耐冷热温差测定法	Test of surface coatings of furniture-Part 7：Determination of surface resistance to alternation of heat and cold
28	GB/T 4893.8—2013	家具表面漆膜理化性能试验　第 8 部分：耐磨性测定法	Test of surface coatings of furniture—Part 8：Determination of wearability
29	GB/T 4893.9—2013	家具表面漆膜理化性能试验　第 9 部分：抗冲击测定法	Test of surface coatings of furniture-Part 9：Determination of resistance to impact
30	GB/T 10357.1—2013	家具力学性能试验　第 1 部分：桌类强度和耐久性	Test of mechanical properties of furniture - Part 1：strength and durability of tables
31	GB/T 10357.2—2013	家具力学性能试验　第 2 部分：椅凳类稳定性	Test of mechanical properties of furniture - Part 2：Stability of chairs and stools
32	GB/T 10357.3—2013	家具力学性能试验　第 3 部分：椅凳类强度和耐久性	Test of mechanical properties of furniture-Part 3:strength and durability of chairs and stools
33	GB/T 10357.4—2013	家具力学性能试验　第 4 部分：柜类稳定性	Test of mechanical properties of furniture-Part 4:Stability of storage units
34	GB/T 10357.5—2011	家具力学性能试验　第 5 部分：柜类强度和耐久性	Test of mechanical properties of furniture strength and durability of storage units

表 1-11（续）

序号	标准编号	中文名称	英文名称
35	GB/T 10357.6—2013	家具力学性能试验 第 6 部分：单层床强度和耐久性	Test of mechanical properties of furniture-Part6:Strength and durability of beds
36	GB/T 10357.7—2013	家具力学性能试验 第 7 部分：桌类稳定性	Test of mechanical properties of furniture-Part 7:Stability of tables
37	GB/T 13666—2013	图书用品设备产品型号编制方法	Type organization method of production for use with books and information articles
38	GB/T 13667.1—2003	钢制书架通用技术条件	General specification for steel book shelves
39	GB/T 13667.2—2003	积层式钢制书架技术条件	Technical specification for stacked steel book shelves
40	GB/T 13667.3—2013	钢制书架 第 3 部分：手动密集书架	Steel book shelves – Pater 3:Manual dense bookshelf
41	GB/T 13667.4-2013	钢制书架 第 4 部分：电动密集书架	Steel book shelves – Pater 4:Electric dense bookshelf
42	GB/T 13668—2003	钢制书柜、资料柜通用技术条件	General specification for steel book cabinets and information cabinets
43	GB/T 14530—1993	图书用品设备 木制目录柜技术条件	Library equipment-Specification of wooden catalog card cabinet
44	GB/T 14531—2008	办公家具 阅览桌、椅、凳	Office furniture——Tables、chairs and stools for reading
45	GB/T 14532—2008	办公家具 木制柜、架类	Office furniture——Wooden cabinets and shelves
46	GB/T 22792.1—2009	办公家具 屏风 第 1 部分：尺寸	Office furniture-Screens-Part 1:Dimensions
47	GB/T 22792.3—2008	办公家具 屏风 第 3 部分：试验方法	Office furniture-Screens-Part 3:Test methods
48	GB/T 22793.2—2008	家具 儿童高椅 第 2 部分：试验方法	Furniture-Children's high chair-Part 2:Test methods
49	GB/T 24430.2—2009	家用双层床 安全 第 2 部分：试验	Bunk beds for domestic use-Safety-Part 2:Test
50	GB/T 24821—2009	餐桌餐椅	Dining table and chairs
51	GB/T 26172.2—2010	折叠翻靠床 安全要求和试验方法 第 2 部分：试验方法	Foldaway beds — Safety requirements and tests—Part 2 : Test methods
52	GB/T 26694—2011	家具绿色设计评价规范	Green design and evaluation standards for furniture
53	GB/T 26695—2011	家具用钢化玻璃板	Thermally toughened glass panels for furniture
54	GB/T 26696—2011	家具用高分子材料台面板	Polymer board for furniture

表 1-11（续）

序号	标准编号	中文名称	英文名称
55	GB/T 26706—2011	软体家具　棕纤维弹性床垫	Upholstered furniture — Palm fiber elastic mattress
56	GB/T 26848—2011	家具用天然石板	Natural slate for furniture
57	GB/T 27717—2011	家具中富马酸二甲酯含量的测定	Determination of dimethyl fumarate of furniture
58	GB/T 28200—2011	钢制储物柜（架）技术要求及试验方法	Technical requirements and test methods of steeliness storage units （rack）
59	GB/T 28202—2011	家具工业术语	Furniture industry terminology
60	GB/T 28203—2011	家具用连接件技术要求及试验方法	Technical requirements and test methods of furniture connectors
61	GB/T 31106—2014	家具中挥发性有机化合物的测定	Determination of volatile organic compounds in furniture
62	GB/T 31107—2014	家具中挥发性有机化合物检测用气候舱通用技术条件	Environmental chamber for the determination of volatile organic compounds of furniture - General technical requirements
63	GB/T 10357.8—2015	家具力学性能试验　第 8 部分：充分向后靠时具有倾斜和斜倚机械性能的椅子和摇椅稳定性	Test of mechanical properties of furniture - Part 8: Stability of chairs with tilting or reclining mechanism when fully reclined, and rocking chairs

注：前 15 项为强制性标准。

表 1-12　我国家具行业标准

序号	标准编号	中文名称	英文名称
1	QB 2453.1—1999	家用的童床和折叠小床　第 1 部分：安全要求	Children's cots and folding cots for domestic use—Part 1: safe requirement
2	QB 4764—2014	家具生产安全规范　自动封边机作业要求	Safety specification for furniture manufacturing—Operation requirements of automatic edge bander
3	QB/T 1093—2013	家具实木胶接件剪切强度的测定	Determination of shear strength on bonded assembly of solid wood for furniture
4	QB/T 1094—2013	家具实木胶接件耐水性的测定	Determination of water resistance on bonded assembly of solid wood for furniture
5	QB/T 1097—2010	钢制文件柜	Steel filing cabinet
6	QB/T 1241—2013	家具五金　家具拉手安装尺寸	Furniture hardware-Installation size for furniture handle
7	QB/T 1242—1991	家具五金　杯状暗铰链安装尺寸	Furniture hardware installment dimensions of cup-shaped secret-hinge

表 1-12（续）

序号	标准编号	中文名称	英文名称
8	QB/T 1338—2012	家具制图	Rule of furniture drawings
9	QB/T 1950—2013	家具表面漆膜耐盐浴测定法	Determination of resistance to salt water of furniture surface coatings
10	QB/T 1951.1—2010	木家具　质量检验及质量评定	Wooden furniture quality test and quality evaluation
11	QB/T 1951.2—2013	金属家具　质量检验及质量评定	Metal furniture quality test and quality evaluation
12	QB/T 1952.1—2012	软体家具　沙发	Upholstered furniture-sofa
13	QB/T 1952.2—2011	软体家具　弹簧软床垫	Upholstered furniture-Spring mattress
14	QB/T 2189—2013	家具五金 杯状暗铰链	Hardware for furniture-Cup hings
15	QB/T 2280—2007	办公椅	Office Chair
16	QB/T 2384—2010	木制写字桌	Wooden desk for writing
17	QB/T 2385—2008	深色名贵硬木家具	Valuable hardwood furniture in deep color
18	QB/T 2453.2—1999	家用的童床和折叠小床　第 2 部分：试验方法	Children's cots and folding cots for domestic use —Part 2: Test methods
19	QB/T 2454—2013	家具五金　抽屉导轨	Hardware for furniture-Guide rails
20	QB/T 2530—2011	木制柜	Wooden cabinets
21	QB/T 2531—2010	厨房家具	Kitchen furniture
22	QB/T 2601—2013	体育场馆公共座椅	Public seat for stadium and gymnasium
23	QB/T 2602—2013	影剧院公共座椅	Public seat for theatre
24	QB/T 2603—2013	木制宾馆家具	Wooden furniture for hotel
25	QB/T 2741—2013	学生公寓多功能家具	Multi-functional furniture of student's apartment
26	QB/T 2913.1—2007	板式家具成品名词术语　第 1 部分：柜架类家具成品名词术语	Term Standards of Finished Panel Furniture Part1：Term of Cabinet & Rack
27	QB/T 2913.2—2007	板式家具成品名词术语　第 2 部分：桌（台）类家具成品名词术语	Term Standards of Finished Panel Furniture Parts 2：Term of table
28	QB/T 2913.3—2007	板式家具成品名词术语　第 3 部分：床类家具成品名词术语	Term Standard of Finished Panel Furniture Part 3 Term of Bed
29	QB/T 4071—2010	课桌椅	Tables and chairs for education
30	QB/T 4156—2010	办公家具　电脑桌	Office furniture-microcomputer desk
31	QB/T 4190—2011	软体床	Upholstered furniture-bed

表 1-12（续）

序号	标准编号	中文名称	英文名称
32	QB/T 4191—2011	多功能活动伸展机械装置	Multifunctional Motion Recliner Mechanisms
33	QB/T 4369—2012	家具（板材）用蜂窝纸芯	Honeycomb core for furniture
34	QB/T 4370—2012	家具用软质阻燃聚氨酯泡沫塑料	Flame retardant flexible polyurethane foam for furniture
35	QB/T 4371—2012	家具抗菌性能的评价	Evaluation for antibacterial activity of furniture
36	QB/T 4372—2012	家具表面涂覆　溶剂型木器涂料施工技术规范	Furniture surface coating — technical specification for solvent based coating on woodenware
37	QB/T 4373—2012	家具表面涂覆　水性木器涂料施工技术规范	Furniture surface coating — Technical specification for water based coating on woodenware
38	QB/T 4374—2012	家具制造　木材拼板的作业和工艺	Furniture manufacture-Process and technology of glue-laminated board
39	QB/T 4447—2013	漆艺家具	Lacquer art furniture
40	QB/T 4448—2013	家具表面软质材料剥离强度的测定	Determination of peel strength of flexible overlaid materials in furniture surface
41	QB/T 4449—2013	家具表面硬质材料剥离强度的测定	Determination of peel strength of rigid overlaid materials in furniture surface
42	QB/T 4450—2013	家具用木制零件断面尺寸	Dimensions of cross section for furniture wooden parts
43	QB/T 4451—2013	家具功能尺寸的标注	Indication of functional dimensions for furniture
44	QB/T 4452—2013	木家具　极限与配合	Wooden furniture-Limit and fit
45	QB/T 4453—2013	木家具　几何公差	Wooden furniture-Geometrical tolerancing
46	QB/T 4454—2013	沙滩椅	Beach chair
47	QB/T 4455—2013	衣帽架	Clothes frame
48	QB/T 4456—2013	家具用高强度装饰台面板	High-strength decorative tops for furniture
49	QB/T 4457—2013	床垫用棕纤维丝	Palm fiber for mattress
50	QB/T 4458—2013	折叠椅	Folding chair
51	QB/T 4459—2013	折叠床	Folding bed
52	QB/T 4460—2013	折叠式会议桌	Folding conference table
53	QB/T 4461—2013	木家具表面涂装技术要求	Technical requirements of surface painting of wooden furniture
54	QB/T 4462—2013	软体家具　手动折叠沙发	Upholstered furniture-manual operation folding sofa

表 1-12（续）

序号	标准编号	中文名称	英文名称
55	QB/T 4463—2013	家具用封边条技术要求	Technical requirements of edge banding for furniture
56	QB/T 4464—2013	家具用蜂窝板部件技术要求	Technical requirements of parts made of composite honeycomb panel for furniture
57	QB/T 4465—2013	家具包装通用技术要求	General requirements for furniture package
58	QB/T 4466—2013	床铺面技术要求	Technical requirements of bed base
59	QB/T 4467—2013	茶几	Tea table
60	QB/T 4668—2014	办公家具人类工效学要求	Ergonomics requirements for office furniture
61	QB/T 4669—2014	家居画饰	Home decorative painting
62	QB/T 4670—2014	吧椅	Bar chair
63	QB/T 4765—2014	家具用脚轮	Castors for furniture
64	QB/T 4766—2014	家具用双包镶板技术要求	Technical specification of double-faced hollow-core panel for furniture
65	QB/T 4767—2014	家具用钢构件	Steel member in furniture
66	QB/T 4768—2014	沙发床	Sofa bed
67	QB/T 4783—2015	摇椅	Rocking chair
68	QB/T 4784—2015	木家具空气喷涂涂着率测定方法	Assessment of adhesion rate to air spraying for wooden furniture

注：前 2 项为强制性标准。

2.6 标准化工作机制和标准体系建设情况对比

我国家具标准化工作实行统一管理与分工负责相结合的管理体制。政府对家具国家标准、行业标准的立项、发布具有较大的影响力与控制力，而协会标准、团体标准由于缺少相应的认证认可机制，在市场上没有太大的影响力。这一点与美国的标准化工作机制有较大的区别，与欧盟的比较类似。从本质上说，任何国家或地区的标准化工作机制就是当地的政府工作机制。中国和欧盟的政府更倾向于管理型政府，对于市场的掌控力较强，而美国则比较偏向于服务型政府，因而种类繁多的团体标准、协会标准百花齐放，从实际的管理效果来看，由于美国、欧盟多数时候属于家具进口国，美国的家具标准化工作机制造就了一个高度自由的家具市场，整体特点是“宽进严出”，进入美国市场并不复杂，但是一旦出现安全问题，将面临巨额的赔偿与惩罚。欧盟的管理体制更多的是事前检验，因而经常出现欧盟的某项法规被出口国认定为技术性贸易壁垒的情况，因而欧盟市场上的家具产品安全及质量都相当有保障。中国的家具标准化工作机制与美、欧相比过于僵化，如何配合认证认可机制的建立，从而激发民间家具标准化机构的活力、发挥市场对资源配置的决定性作用，是目前亟需解决的问题。

从家具标准体系建设上讲，由于目前所掌握的资料里并不能看出美国、欧盟、日本在整个家具标准体系建设上的规划与分类，因此也看不出整个家具标准体系是否有明确的顶层设计，目前看比较倾向于是按照使用场合进行分类。相比之下，由于我国家具标准体系建设有比较明确的规划，因而在覆盖面广度上比对比的几个国家和地区要好。

第2章　国内外标准对比分析

1　ISO 与我国标准对比分析

目前 ISO/TC 136 发布了与家具安全相关的标准共 18 项，其中我国等同采用或参考其技术内容的标准有 14 项，仅有一些椅凳类、柜类家具稳定性相关的标准没有参考 ISO 家具标准的技术内容，而涉及儿童高椅、童床和折叠小床、双层床、折叠翻靠床等安全隐患较高的产品时，我国家具标准均与 ISO 标准保持一致，至少大量参考了 ISO 家具标准的技术内容。

从家具标准体系的角度上讲，由于 ISO 家具标准的制定程序更加复杂，标准技术内容涉及各个国家之间对于标准话语权的竞争，因此标准推陈出新的速度较慢。目前，ISO/TC 136 所有已发布的 25 项家具标准中，标龄少于 5 年的仅有 3 项，其余标龄均在 8 年以上，有的甚至已经长达 30 年。因此，从体系建设的角度讲，ISO 家具标准体系还不够健全，标准数量与涵盖面显然过窄。

2　欧盟与我国标准对比分析

欧盟的家具安全监管体制与标准化工作机制与我国的比较接近，政府在标准制定与实施方面都掌握着比较大的权力。由于 CEN 制定的很多协调标准对应的都是欧盟指令，当产品符合这些协调标准的要求时，就可以推定这些产品符合相关欧盟指令的要求。由于欧盟指令是对成员国具有约束力的欧共体法律，因此从某种角度上讲，这些与指令对应的欧盟标准与我国的强制性标准比较类似。其次，由于市场对符合欧盟标准产品的高度认可，因此，那些一般性的欧盟家具标准在欧盟内部也有很高的使用率，这一点与我国的推荐性标准也特别的类似。因此，从宏观层面上讲，欧盟家具标准化工作机制对我国家具标准化工作机制的优化最具参考价值。

值得注意的是，ISO/TC 136 目前的组织结构中，欧洲专家占有人数与投票权的优势，因而 EN 家具标准对 ISO 家具标准的实际影响力更大。在技术内容上，ISO 家具标准直接引用 EN 家具标准的例子也屡见不鲜，如 ISO 目前在研的桌类强度和耐久性测试方法标准、儿童高椅安全要求、儿童高椅测试方法标准都是直接引用 EN 相关标准的全部技术内容。因此，从未来的发展趋势上讲，如果我国家具标准仍然要走与国际标准（主要是指 ISO 标准）保持一致的技术路线，那么应始终保持对 EN 家具标准的密切关注，参考 EN 家具标准的技术变化推进制修订有利于我国家具标准今后的发展。

3 美国与我国标准对比分析

众所周知，美国是世界上法制最为健全的国家之一，其针对产品的技术法规和标准非常完善和发达，家具产品也概莫能外。在我国，标准分为强制性与推荐性，强制性标准是国家通过法律的形式明确要求必须执行的，不允许以任何理由或方式加以违反、变更。与中国这样自上而下的垂直管理模式不同，美国的标准体系非常的分散化、自愿化，民间的力量尤为凸显。在美国，标准（standards）都不具有强制性，而与人们的健康与安全息息相关的重要“标准”由各种法案或法规（Act 或 Regulations）来保障。与此同时，美国又是高度市场化的国家，很多州或者企业要求进入其市场的家具产品必须通过某些合格评定，而这些合格评定标准又大多来自民间，这就给人们一种标准具有强制性的错觉。

技术法规方面，美国有关产品的技术法规分散于美国的联邦法律法规体系之中，包括国会制定的成文法——法案（act）和联邦政府各部门制定的条例、要求、规范，它们主要收录在《美国法典》（United States Code）或《美国联邦法规典集》（Code of Federal Regulations，CFR）中。与家具安全相关的法案有：《消费品安全法案》、《联邦危险品法案》、《可燃纺织物法案》、《消费品安全改进法案》等。根据这些法案，联邦政府各部门和独立机构又有权制定相应的技术法规，如：针对《消费品安全法案》，CPSC 制定了大量的部门技术法规，汇编在《美国联邦法规典集》（第 16 卷）的 1101-1406 部分，如 16 CFR Part 1633《床垫套件明火燃烧标准》。美国地方政府也可以制定技术法规，如著名的加州防火法规 CAL116、CAL117。

美国的家具技术法规和标准体系根植于美国的产品法规与标准体系，而后者的形成又与美国政府是服务型政府，大力支持民间团体、机构、企业自由发展的执政思路密不可分。这种体系的优点显而易见，首先，它充分调动了民间的智慧与力量，在竞争的氛围下，美国家具标准的制定水平有目共睹。其次，由于民间团体或企业直接与市场接轨，充分保障了标准的更新换代速度，提高了标准方法与指标应对实际产品变化的能力。当然，由于美国的很多技术法规直接引用了民间标准的技术内容，也减少了政府机构的验证试验费用，节约了行政成本。但是，这种体系的劣势也不容忽视，没有统一的政府机构管理，美国的民间家具标准在体系上还并不健全，很多市场价值不大的“冷门”标准还存在缺失，且与 ISO 以及欧洲的标准相比，美国的家具标准没有统一的编制格式与语言规范，对于使用造成了不便。从家具技术法规体系上讲，在美国，家具产品涉及的技术法规数量虽不多，但具体技术指标严格、复杂且分散，涉及的行政管理机构也过多。

第3章　TBT通报

1　产业概况

目前市场上的家具从材料上分为金属家具、木家具与软体家具三大类。制作家具的原材料主要有木制型材、木制人造板、金属材料、纺织品、皮革、玻璃、硬质塑料、人造石、泡沫塑料等。从结构或制作工艺上分为板式家具、框架式家具、传统工艺家具。从使用功能分为柜类家具、桌类家具、床类家具、椅凳类家具等。从使用场合分为卧房家具、客厅家具、书房家具、厨房家具、办公家具、学校家具、宾馆家具等。

现代家具产业起源于欧美，意大利、德国、加拿大、美国等发达国家是传统的家具生产大国和出口国。20 世纪 80 年代以来，随着发达国家劳动力和能源成本不断上升、环境保护要求日趋严格，家具生产逐步向发展中国家转移，转移地主要为生产成本较低、政局稳定、靠近消费市场的国家或地区。目前，世界家具进口国主要为美国、德国、法国、英国、加拿大等，主要出口国为中国、意大利、德国、波兰、美国等国家。从全球范围来看，随着发达国家经济复苏和新兴国家的迅速崛起，全球家具总产值和贸易额稳步增长。根据米兰工业研究中心（The Centre for Industry Studies，以下简称CSIL）的研究显示，2013 年全球家具总产值达到约 4220 亿美元，发达国家（包括美国、意大利、德国、日本、法国、加拿大和英国等）家具产值占全球家具总产值的比重约为 45%，发展中国家产值占比达到 55%。家具是一种多边贸易互补性很强的商品，全球家具贸易活跃度高。家具贸易总额从 2002 年的 560 亿美元增加到 2013 年的 1240 亿美元，年复合增长率为 7.67%。

我国从 20 世纪 80 年代中后期开始，凭借劳动力、原材料、土地等成本优势，较高的加工工艺、完整的配套产业链和由规模效益所形成的高效率优势，使国际家具制造中心逐渐向我国转移，形成了珠三角和长三角等家具生产基地。近年来，虽然人力、原材料、土地、资源等成本不断上升，人民币持续升值，我国家具生产成本有所上升，但是我国家具生产企业的整体生产工艺水平、品质管理能力、环保意识、设计能力大幅提升，加之行业配套设施完整，基础设施健全，市场化程度较高，产业政策支持，市场品牌形象不断改善等，有效地降低了成本上升带来的不利影响，并促进产业转型、升级，由此拉动我国家具出口的快速增长。2013 年，全国家具行业规模以上企业总产值 6462.75 亿元，比 2012 年同比增长 14.3%；家具出口总额 531.0 亿美元，同比增长 6.3%。2014 年，家具制造业产销率 97.8%，与 2013 年同期持平；家具制造业主营业务收入 7187.4 亿元，累计同比增长 11.2%；利润总额 441.9 亿元，累计同比增长 12.5%；税金总额 239.6 亿元，累计同比增长 10.4%；出口交货值 1624.4 亿元，累计同比增长 4.9%。

2 国内外家具安全要求发展趋势分析

2.1 中 国

2.1.1 相关的 WTO/TBT 通报

中国与家具相关的 WTO/TBT 通报有 11 项，见表 3-1。通报涉及家具总体要求，家具用涂料、壁纸中的有害物质限量，有按原料分类的玻璃、红木、塑料家具，有按使用场所分类的浴室家具和户外家具；另外，对儿童家具单独提出了要求。

表 3-1 中国家具相关的 WTO/TBT 通报情况

序号	通报号	日期	通报标题
1	G/TBT/N/CHN/27	2003-07-28	中华人民共和国国家标准《消费品使用说明 第 6 部分：家具》
2	G/TBT/N/CHN/301	2007-11-14	中华人民共和国国家标准《室内装饰装修材料内墙涂料中有害物质限量》
3	G/TBT/N/CHN/469	2008-10-01	中华人民共和国国家标准《室内装饰装修材料溶剂型木器涂料中有害物质限量》
4	G/TBT/N/CHN/470	2008-10-01	中华人民共和国国家标准《室内装饰装修材料水性木器涂料中有害物质限量》
5	G/TBT/N/CHN/693	2009-10-06	中华人民共和国国家标准《室内装饰装修材料壁纸中有害物质的限量》
6	G/TBT/N/CHN/713	2009-11-19	中华人民共和国国家标准《卫浴家具》
7	G/TBT/N/CHN/804	2011-04-01	中华人民共和国国家标准《玻璃家具安全技术要求》
8	G/TBT/N/CHN/805	2011-04-04	中华人民共和国国家标准《儿童家具通用技术条件》
9	G/TBT/N/CHN/810	2011-04-04	中华人民共和国国家标准《红木家具通用技术条件》
10	G/TBT/N/CHN/860	2011-11-28	中华人民共和国国家标准《户外休闲家具安全性能要求桌椅类产品》
11	G/TBT/N/CHN/862	2011-11-28	中华人民共和国国家标准《塑料家具中有害物质限量》

2.1.2 具体标准立法趋势

我国的家具安全要求标准中，有对甲醛、挥发性有机物、铅、镉等有害物质的限量要求，对结构安全的要求，对阻燃性能要求等。其中，最能代表我国家具安全要求发展变化的是甲醛限量要求。中国甲醛限量要求发展趋势见图 3-1。

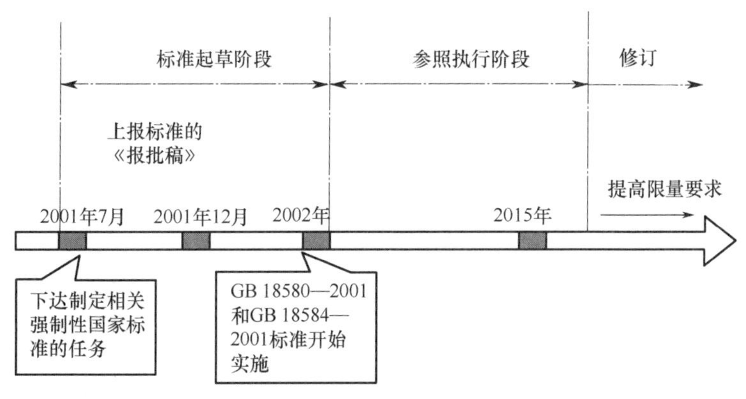

图 3-1 中国甲醛限量要求发展趋势

2.1.2.1 甲醛限量要求历史变化

我国对家具甲醛限量要求主要是符合 GB 18580—2001《室内装饰装修材料 人造板及其制品中甲醛释放限量》和 GB 18584—2001《室内装饰装修材料 木家具中有害物质限量》要求。这两个标准起因是 20 世纪末到 21 世纪初，人们的生活水平有了显著提高，居住面积增加，所购家具功能细化。不仅有成套的卧房家具，还有客厅家具（软体沙发、厅柜、茶几）、餐厅家具（餐桌餐椅、餐边柜、酒柜）、书房家具（书架、书柜）、厨房家具（底柜、吊柜）、卫浴家具（浴室柜、浴室镜）等，而这些家具 80%以上是由人造板构成或人造板和木制型材混合构成。但另一方面，白血病病人不断增多，尤其是儿童。根据家具中刺激性气味投诉逐年上升情况以及相关部门对这种刺激性气味（甲醛）超过一定浓度时会严重影响人体健康的研究结果，原国务院总理温家宝和原副总理李岚清分别作了批示，要求技术监督部门抓紧制定有关的法律法规及标准。国家质量监督检验检疫总局于 2001 年 7 月下达了制定《室内建筑装饰装修材料有害物质限量》10 项强制性系列国家标准的任务，家具中有害物质标准就是其中之一。起草小组汇集家具大型企业、大专院校、研究所、检验机构等专家，在 2001 年 12 月初上报了该标准的《报批稿》，该标准于 2002 年开始实施。

涉及甲醛要求的两个强制性标准 GB 18580—2001 和 GB 18584—2001 发布实施，标志着我国家具标准的技术要求从外观、理化、力学性能要求逐步扩展到安全、卫生要求。在之后至今的十几年里，我国家具甲醛限量要求未发生变化。我国从 2008 年开始不断发布的红木家具、卫浴家具甚至是儿童家具等产品标准中对甲醛的要求，也沿用了 2001 版两个标准的限量指标。

2.1.2.2 甲醛限量要求发展趋势分析

目前，在一些新闻中报道了 GB 18584—2001 的修订信息，将木家具甲醛的限量指标从小于或等于 1.5mg/L 降至小于或等于 1.0mg/L，但该标准尚未发布，也无法查到征求意见稿。

2.1.3 中国家具标准的总体趋势

我国家具标准化工作起步晚，从 20 世纪 70 年代才开始陆续发布国家标准和行业标准，自 1982 年成立了全国家具标准化质量检测中心后，家具标准化工作才逐步走向专业化和系统化。截至 2014 年，我国共有家具标准约 227 个，涉及国家标准（GB）、轻工行业标准（QB）、商检标准（SN）、服装行业标准（FZ）、环境行业标准（HJ）、建筑工业行业标准（JG）、林业行业标准（LY）等标准领域，涵盖家具成品、材料、配件、试验方法等内容。中国家具法规的总体趋势见图 3-2。

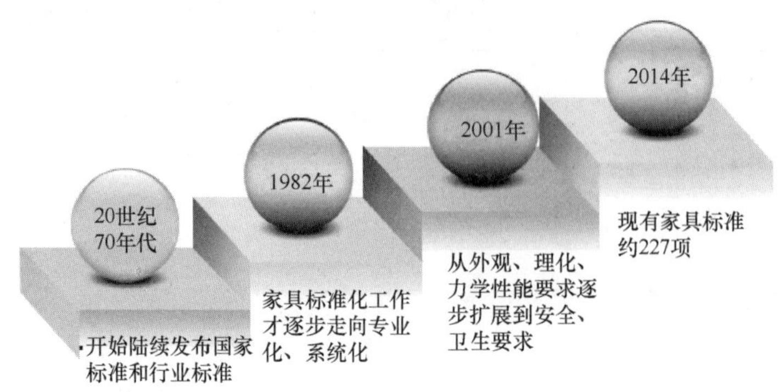

图 3-2　中国家具标准的总体趋势阶梯图

2.2 欧　盟

2.2.1 相关的 WTO/TBT 通报

欧盟与家具相关的 WTO/TBT 通报有 82 项，见表 3-2。其中，1 ~ 18 项为 REACH 法规及其附件 XVII 的通报，19 ~ 79 为欧盟生物杀灭剂法规的相关通报，80 ~ 82 项为建筑品 CPR 法规的相关通报。

表 3-2　欧盟家具相关的 WTO/TBT 通报情况

序号	通报号	日期	通报标题
1	G/TBT/N/EEC/52	2004-01-21	欧洲议会和理事会关于化学品注册、评估、授权和限制（REACH）的法规议案
2	G/TBT/N/EEC/244	2009-01-22	为了使其附件 I 适应技术进步，修订关于限制销售和使用有机锡化合物的理事会指令 76/69/EEC 的委员会决议
3	G/TBT/N/EEC/259	2009-03-26	委员会法规草案，修订欧洲议会和理事会关于化学品注册、评估、授权和限制的法规（EC）No. 1907/2006（REACH）的附件 XVII
4	G/TBT/N/EEC/333	2010-06-17	修订欧洲议会和理事会关于化学品注册、评估、授权和限制的法规（EC）No. 1907/2006（REACH）附件 XVII（丙烯酰胺）的委员会法规草案
5	G/TBT/N/EEC/334	2010-06-17	修订欧洲议会和理事会关于化学品注册、评估、授权和限制的法规（EC）No. 1907/2006（REACH）附件 XVII（镉）的委员会法规草案

表 3-2（续）

序号	通报号	日期	通报标题
6	G/TBT/N/EEC/297/Rev.1	2011-06-17	委员会法规草案，修订欧洲议会和理事会关于化学品注册、评估、授权和限制的法规（EC）No. 1907/2006（REACH）附件 XVII（CMR 物质）
7	G/TBT/N/EEC/403	2011-09-15	欧盟委员会法规草案，修订欧洲议会和理事会关于化学品注册、评估、授权和限制的法规（EC）No. 1907/2006（REACH）附录 XVII
8	G/TBT/N/EU/8	2012-01-17	修订欧洲议会和理事会关于化学品注册、授权和限制法规（EC）No. 1907/2006（REACH）附件 XVII 的委员会法规草案
9	G/TBT/N/EU/12	2012-01-13	修订欧洲议会和理事会关于化学品注册、授权和限制法规（EC）No. 1907/2006（REACH）关于铅的附件 XVII 的委员会法规草案
10	G/TBT/N/EU/51	2012-07-16	修订欧洲议会和理事会关于化学品注册、评估、授权和限制（REACH）的法规（EC）No.1907/2006 的附件 XVII 的委员会法规草案
11	G/TBT/N/EU/73	2012-10-31	委员会法规草案，修订欧洲议会和理事会关于化学品注册、评估、授权和限制（REACH）的法规（EC）No. 1907/2006 关于多环芳烃的附件 XVII
12	G/TBT/N/EU/118	2013-06-17	修订欧洲议会和理事会关于化学品注册、评估、授权和限制（REACH）法规（EC）No. 1907/2006 的附件 XVII（致癌、致基因突变、有生殖毒性（CMR）物质）的委员会法规草案
13	G/TBT/N/EU/131	2013-07-12	修订欧洲议会和理事会关于化学品注册、评估、授权和限制（REACH）的法规（EC）No. 1907/2006 附件 XVII 关于六价铬化合物的委员会法规草案
14	G/TBT/N/EU/145	2013-09-12	欧盟委员会法规草案，修订欧洲议会和理事会关于化学品注册、评估、授权和限制的法规（EC）No. 1907/2006（REACH）附录 XVII 对二氯苯
15	G/TBT/N/EU/213	2014-05-21	修订欧洲议会和理事会关于化学品注册、评估、授权和限制（REACH）的法规（EC）No. 1907/2006 附件 XVII，关于多环芳烃和邻苯二甲酸盐（酯）的委员会法规草案（5 页+附件 2 页，英语）
16	G/TBT/N/EU/242	2014-09-25	修订欧洲议会和理事会关于化学品注册、评估、授权和限制（REACH）的法规（EC）No.1907/2006 附件 XVII，关于铅及其化合物委员会法规草案
17	G/TBT/N/EU/266	2015-02-12	欧盟委员会法规草案，修订欧洲议会和理事会关于化学品注册、评估、授权和限制的法规（EC）No.1907/2006（REACH）关于苯的附录 XVII

表 3-2（续）

序号	通报号	日期	通报标题
18	G/TBT/N/EU/280	2015-04-16	欧盟委员会法规草案，修订欧洲议会和理事会关于化学品注册、评估、授权和限制的法规（EC）No.1907/2006（REACH）附录 XVII 壬基酚聚氧乙烯醚
19	G/TBT/N/EEC/286	2009-07-21	欧洲议会和理事会关于生物杀灭制品上市和使用的法规提案［COM（2009）267］
20	G/TBT/N/EEC/291	2009-08-14	委员会指令草案，修订欧洲议会和理事会指令 98/8/EC，将丙烯醛作为一种活性物质包括在其附件 I 中（6 页，英语）；委员会指令草案，修订欧洲议会和理事会指令 98/8/EC，将华法林作为一种活性物质包括在其附件 I 中（7 页，英语）；委员会指令草案，修订欧洲议会和理事会指令 98/8/EC，将华法林钠作为一种活性物质包括在其附件 I 中（7 页，英语）；委员会指令草案，修订欧洲议会和理事会指令 98/8/EC，将磷化镁作为一种活性物质包括在其附件 I 中（7 页，英语）；委员会指令草案，修订欧洲议会和理事会指令 98/8/EC，将磷化铝作为一种活性物质包括在其附件 I 中；委员会指令草案，修订欧洲议会和理事会指令 98/8/EC，将溴鼠灵作为一种活性物质包括在其附件 I 中；关于不将二嗪农包括在欧洲议会和理事会关于生物杀灭产品投放市场的指令 98/8/EC 的附件 I、IA 或 IB 中的委员会决议草案；关于不将某些物质包括在欧洲议会和理事会关于生物杀灭产品投放市场的指令 98/8/EC 的附件 I、IA 或 IB 中的委员会决议草案
21	G/TBT/N/EEC/332	2010-05-20	关于不将某些物质包括到欧洲议会和理事会关于生物灭杀制品投放市场的指令 98/8/EC 的附件 I、IA 或 IB 中的委员会决议草案
22	G/TBT/N/EEC/355	2011-01-07	关于不将某些物质包括进欧洲议会和理事会关于生物灭杀制品投放市场的指令 98/8/EC 附件 I、IA 或 IB 中的委员会决议草案
23	G/TBT/N/EEC/391	2011-08-08	关于不将某些物质包括进欧洲议会和理事会关于生物灭杀制品投放市场的指令 98/8/EC 附件 I、IA 或 IB 中的委员会决议草案
24	G/TBT/N/EEC/392	2011-08-08	关于不将氟虫脲包括进欧洲议会和理事会关于生物灭杀制品投放市场的指令 98/8/EC 附件 I、IA 或 IB 的产品种类 18 中的委员会决议草案
25	G/TBT/N/EEC/409	2011-10-17	关于不将产品种类 18 的敌敌畏包括在欧洲议会和理事会关于生物灭杀制品投放市场的指令 98/8/EC 附件 I、IA 或 IB 中的委员会决议草案
26	G/TBT/N/EEC/410	2011-10-17	关于不将产品种类 18 的二溴磷包括在欧洲议会和理事会关于生物灭杀制品投放市场的指令 98/8/EC 附件 I、IA 或 IB 中的委员会决议草案

表 3-2（续）

序号	通报号	日期	通报标题
27	G/TBT/N/EU/31	2012-03-27	关于不将联苯菊酯包括进欧洲议会和理事会关于生物灭杀制品投放市场的指令 98/8/EC 附件Ⅰ、IA 或 IB 的产品种类 18 中的委员会决议草案
28	G/TBT/N/EU/58	2012-07-27	关于不将某些物质包括进欧洲议会和理事会关于生物灭杀制品投放市场的指令 98/8/EC 附件Ⅰ、IA 或 IB 中的委员会决议草案
29	G/TBT/N/EU/78	2012-11-27	关于不将甲醛包括进欧洲议会和理事会关于生物灭杀制品投放市场的指令 98/8/EC 附件Ⅰ、IA 或 IB 的产品类型 20 中的委员会决议草案
30	G/TBT/N/EU/81	2012-12-17	关于依照欧洲议会和理事会法规（EU）No.528/2012 更改生物灭杀制品授权的委员会执行法规草案
31	G/TBT/N/EU/82	2012-12-18	依照欧洲议会和理事会法规（EU）No. 528/2012，规定相同的生物灭杀制品授权程序的委员会执行法规草案
32	G/TBT/N/EU/89	2013-01-29	依照欧洲议会和理事会关于在市场上购买和使用生物灭杀制品的法规（EU）No.528/2012，关于应向欧洲化学品局支付费用和收费的委员会执行法规草案
33	G/TBT/N/EU/102	2013-04-02	委员会执行法规草案，批准丙环唑作为在生物灭杀制品产品类型 9 中使用的一种现有的活性物质
34	G/TBT/N/EU/106	2013-05-07	委员会执行法规草案，批准氯氰菊酯作为在生物灭杀制品-产品种类 8 中使用的一种现有的活性物质
35	G/TBT/N/EU/110	2013-06-04	欧洲议会和理事会法规提案，修订法规（EU）No.528/2012 关于符合进入市场条件的生物灭杀产品的销售和使用［COM（2013） 288 最终法规］
36	G/TBT/N/EU/121	2013-07-03	批准戊唑醇作为在生物灭杀制品产品类型 7 和 10 中使用的一种现有的活性物质的委员会执行法规草案
37	G/TBT/N/EU/122	2013-07-04	批准苯甲酸作为在生物灭杀制品产品类型 3 和 4 中使用的一种现有的活性物质的委员会执行法规草案
38	G/TBT/N/EU/123	2013-07-04	批准磷化铝释放磷化氢作为在生物灭杀制品产品类型 20 中使用的一种现有的活性物质的委员会执行法规草案
39	G/TBT/N/EU/124	2013-07-04	批准醚菊酯作为在生物灭杀制品产品类型 18 中使用的一种现有的活性物质的委员会执行法规草案
40	G/TBT/N/EU/125	2013-07-04	批准壬酸作为在生物灭杀制品产品类型 2 中使用的一种现有的活性物质的委员会执行法规草案
41	G/TBT/N/EU/126	2013-07-04	批准溴乙酸作为在生物灭杀制品产品类型 4 中使用的一种现有的活性物质的委员会执行法规草案

表 3-2（续）

序号	通报号	日期	通报标题
42	G/TBT/N/EU/127	2013-07-04	批准碘代丙炔基氨基甲酸丁酯（IPBC）作为在生物灭杀制品产品类型 6 中使用的一种现有的活性物质的委员会执行法规草案
43	G/TBT/N/EU/128	2013-07-04	批准五水硫酸铜作为在生物灭杀制品产品类型 2 中使用的一种现有的活性物质的委员会执行法规草案
44	G/TBT/N/EU/148	2013-09-24	欧盟委员会法规实施细则草案，批准 S-烯虫酯作为在产品类别 18 的生物灭杀制品中使用的现有活性物质
45	G/TBT/N/EU/149	2013-09-24	欧盟委员会法规实施细则草案，批准代森锌作为在产品类别 21 的生物灭杀制品中使用的现有活性物质
46	G/TBT/N/EU/150	2013-09-24	批准铜-己二醇（Cu-HDO）作为在生物灭杀制品产品类型 8 中使用的一种现有的活性物质的委员会执行法规草案
47	G/TBT/N/EU/152	2013-09-25	委员会执行法规草案，批准癸酸作为在生物灭杀制品产品类型 4、18 和 19 中使用的一种现有的活性物质
48	G/TBT/N/EU/153	2013-09-25	委员会执行法规草案，批准辛酸作为在生物灭杀制品产品类型 4 和 8 中使用的一种现有的活性物质
49	G/TBT/N/EU/156	2013-10-01	欧盟委员会批准碘作为 1、3、4 和 22 类生物灭杀制品使用的现有活性物质的执行法规草案
50	G/TBT/N/EU/161	2013-10-25	批准四氟苯菊酯作为在生物灭杀制品产品类型 18 中使用的一种现有的活性物质的委员会执行法规草案
51	G/TBT/N/EU/162	2013-10-25	批准十二烷酸作为在生物灭杀制品产品类型 19 中使用的一种现有的活性物质的委员会执行法规草案
52	G/TBT/N/EU/163	2013-10-28	欧盟委员会执行法规草案，批准环丙唑醇作为在生物灭杀制品产品类别 8 中使用的现有活性物质
53	G/TBT/N/EU/164	2013-10-28	欧盟委员会执行法规草案，批准合成无定形二氧化硅作为在生物灭杀制品产品类别 18 中使用的现有活性物质
54	G/TBT/N/EU/165	2013-10-28	欧盟委员会执行法规草案，批准驱蚊酯作为在生物灭杀制品产品类别 19 中使用的现有活性物质
55	G/TBT/N/EU/166	2013-10-28	欧盟委员会执行法规草案，批准吡硫翁铜作为在生物灭杀制品产品类别 21 中使用的现有活性物质
56	G/TBT/N/EU/167	2013-10-28	欧盟委员会执行法规草案，批准 4,5-二氯-2-正辛基-3-异噻唑啉酮作为在生物灭杀制品产品类别 21 中使用的现有活性物质
57	G/TBT/N/EU/169	2013-11-15	关于依照法规（EU）No.528/2012 未批准某些生物灭杀活性物质的委员会执行法规草案

表 3-2（续）

序号	通报号	日期	通报标题
58	G/TBT/N/EU/215	2014-06-19	批准曲洛比利作为在生物灭杀制品产品类型 21 中使用的一种新的活性物质的委员会执行法规草案（3 页+附件 3 页，英语）
59	G/TBT/N/EU/218	2014-06-30	批准氯菊酯作为在生物灭杀制品产品类型 8 和 18 中使用的一种现有的活性物质的委员会执行法规草案（3 页+附件 4 页，英语）
60	G/TBT/N/EU/232	2014-09-16	欧盟委员会法规实施细则草案，批准顺式氯氰菊酯作为产品类别 18 的生物灭杀产品使用的活性物质
61	G/TBT/N/EU/233	2014-09-16	欧盟委员会法规实施细则草案，批准球形芽孢杆菌 2362 血清类型 H5a5b、亚种菌株 ABTS1743 作为产品类别 18 的生物灭杀产品使用的活性物质
62	G/TBT/N/EU/234	2014-09-16	欧盟委员会法规实施细则草案，批准二氧化碳作为产品类别 15 的生物灭杀产品使用的活性物质
63	G/TBT/N/EU/235	2014-09-16	欧盟委员会法规实施细则草案，批准呋虫胺作为产品类别 18 的生物灭杀产品使用的活性物质
64	G/TBT/N/EU/236	2014-09-16	欧盟委员会法规实施细则草案，批准灭草丹作为产品类别 6 的生物灭杀产品使用的活性物质
65	G/TBT/N/EU/237	2014-09-16	欧盟委员会法规实施细则草案，批准灭草丹作为产品类别 7 和 9 的生物灭杀产品使用的活性物质
66	G/TBT/N/EU/238	2014-09-16	欧盟委员会法规实施细则草案，批准丙-2-醇作为产品类别 1、2 和 4 的生物灭杀产品使用的活性物质
67	G/TBT/N/EU/240	2014-09-16	欧盟委员会法规实施细则草案，批准苏云金芽胞杆菌以色列亚种血清类型 H14、亚种菌株 SA3A 作为产品类别 18 的生物灭杀产品使用的活性物质
68	G/TBT/N/EU/241	2014-09-18	欧盟委员会法规实施细则草案，批准对甲抑菌灵作为产品类别 21 的生物灭杀制品使用的活性物质
69	G/TBT/N/EU/253	2014-12-03	批准吡啶硫硐铜作为一种活性物质在生物灭杀制品的产品-类型 21 中使用的委员会执行法规草案
70	G/TBT/N/EU/262	2015-01-21	欧盟委员会法规实施细则草案，批准戊二醛作为活性物质用于产品类别 2、3、4、6、11 和 12 的生物灭杀产品
71	G/TBT/N/EU/263	2015-01-21	欧盟委员会法规实施细则草案，批准噻虫胺作为活性物质用于产品类别 18 的生物灭杀产品
72	G/TBT/N/EU/264	2015-01-21	欧盟委员会法规实施细则草案，批准 N,N'-亚甲基双吗啉作为活性物质用于产品类别 6 和 13 的生物灭杀产品
73	G/TBT/N/EU/265	2015-01-21	欧盟委员会法规实施细则草案，批准甲基氯异噻唑啉酮作为活性物质用于产品类别 13 的生物灭杀产品

表 3-2（续）

序号	通报号	日期	通报标题
74	G/TBT/N/EU/272	2015-03-23	欧盟委员会法规实施细则草案，批准 5-氯-2-（4-氯苯氧基）-苯胺作为活性物质用于产品类别 1、2 和 4 的生物灭杀产品
75	G/TBT/N/EU/273	2015-03-23	欧盟委员会法规实施细则草案，批准氟铃脲作为活性物质用于产品类别 18 的生物灭杀产品
76	G/TBT/N/EU/274	2015-03-23	欧盟委员会法规实施细则草案，批准碘代丙炔基氨基甲酸丁酯（IPBC）作为活性物质用于产品类别 13 的生物灭杀产品
77	G/TBT/N/EU/275	2015-03-23	欧盟委员会法规实施细则草案，批准山梨酸钾作为活性物质用于产品类别 8 的生物灭杀产品
78	G/TBT/N/EU/276	2015-03-23	欧盟委员会法规实施细则草案，批准丙环唑作为活性物质用于产品类别 7 的生物灭杀产品
79	G/TBT/N/EU/277	2015-03-23	欧盟委员会法规实施细则草案，批准寡雄腐霉菌株 M1 作为活性物质用于产品类别 10 的生物灭杀产品
80	G/TBT/N/EEC/92	2005-10-13	委员会决议草案，修订执行建筑产品防火性能分类的理事会指令 89/106/EEC 的决议 2000/147/EC
81	G/TBT/N/EU/170	2013-12-09	关于起草建筑产品性能声明使用的模版和修订法规（EU）No.305/2011 附件 III 的委员会授权法规草案
82	G/TBT/N/EU/179	2014-02-05	欧盟委员会法规草案，修订关于建筑产品性能稳定性评估和审核的法规（EU）No.305/2011 附录 V（6 页英语，4 页英语）

2.2.2 具体法规立法趋势

2.2.2.1 REACH 法规

REACH 法规中的要求，特别是附录 XVII（限制物质清单）适用于家具产品。附录 XVII（限制物质清单）原为欧盟 76/769/EEC 指令，2009 年 6 月欧盟将该指令纳入 REACH 的附录中。根据表 3-2 中的通报可以看出，近 6 年来欧盟对附录 XVII 中的限用物质种类及其限量指标不断进行修订。REACH 法规附录 XVII（限制物质清单）中关于禁用含溴阻燃剂、镍释放、镉释放量、五氯苯酚、有机锡化合物等相关要求的立法趋势具有较强的代表性，下面分别介绍这 5 项要求的发展趋势。

（1）欧盟禁用阻燃剂指令

欧盟禁用阻燃剂指令涉及欧盟 76/769/EEC 指令（关于统一各成员国有关限制销售和使用某些有害物质和制品的法律法规和管理条例的理事会指令）中的 79/663/EC、83/264/EEC 和 2003/11/EC 3 个修正案指令，现并入到 REACH 附录 XVII，但指令仍然有效。欧盟禁用阻燃剂指令发展见图 3-3。

① 适用范围和主要内容

该指令主要适用于家具布和各种床上及室内装饰织物。规定全面禁止使用和销售五溴二苯醚和八溴二苯醚含量超过 0.1%的物质或制剂，同时任何产品中若有含量超过 0.1%的上述两种物质也不得使用或在市场上销售。

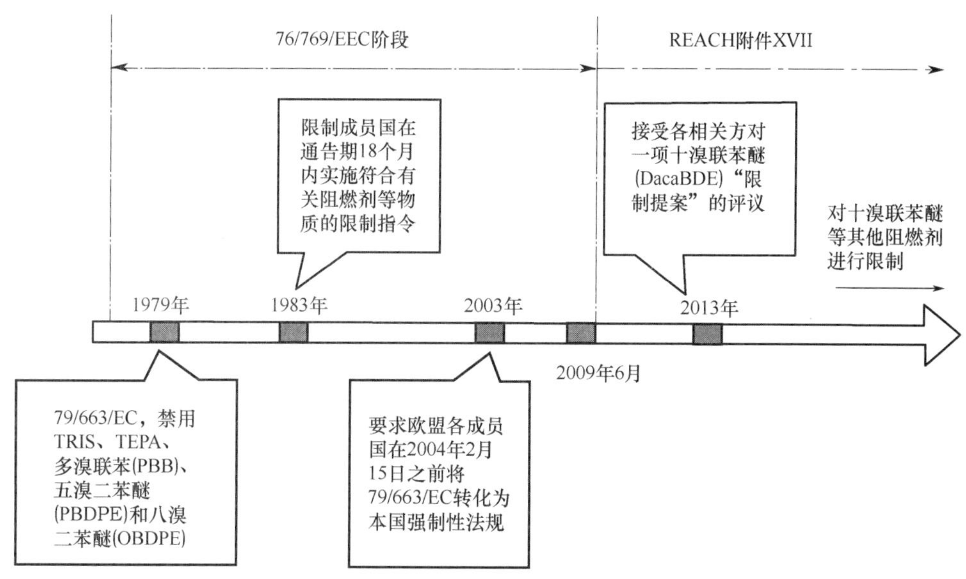

图 3-3 欧盟禁用阻燃剂指令发展趋势

② 历史变化

79/663/EC 列入的禁用阻燃剂有 TRIS、TEPA、多溴联苯（PBB）、五溴二苯醚（PBDPE）和八溴二苯醚（OBDPE），前 3 种阻燃剂不能用于与人体皮肤直接接触的纺织制品，五溴二苯醚和八溴二苯醚含量不得超过 0.1%。1983 年 5 月 16 日，欧盟发布 83/264/EEC 指令，该指令限制成员国在通告期 18 个月内实施符合有关阻燃剂等物质的限制指令，并通知委员会。2003 年 2 月 6 日，2003/11/EC 指令通过，欧盟全面禁止使用含五溴二苯醚和八溴二苯醚量超过 0.1%的物质和制剂，要求欧盟各成员国在 2004 年 2 月 15 日之前将 79/663/EC 转化为本国强制性法规，最晚不迟于 2004 年 8 月 15 日实施。

③ 发展趋势分析

2003/11/EC 指令表示，正对另一种被怀疑对人体健康和环境有害的含溴阻燃剂十溴联苯醚进行风险评估，一旦评估完成，亦将给出明确结论，确定是否采取措施。瑞典从 2007 年开始就禁止十溴联苯醚在纺织品和家具电缆中的使用。欧洲法院发布公告，宣布于 2008 年 7 月 1 日起，禁止在电子电气产品中使用十溴联苯醚（Deca-BDE）阻燃剂。美国已通过法案禁止在床垫或家具软垫等纺织品和电视机或电脑等电子产品塑料外罩中使用重量超过 0.1%的十溴联苯醚。欧洲化学品管理局（ECHA）已宣布，在 2013 年 12 月 15 日前接受各相关方对一项十溴联苯醚（DecaBDE）“限制提案”的评议。未来，欧盟极有可能对十溴联苯醚在家具产品中进行限制。

（2）镍释放指令

① 适用范围和主要内容

该指令要求家具（包括家具中的饰物、配件、金属家具等）、玩具或儿童衣物上的金属铆钉、按钮、紧固物、拉链、金属牌及标示物等产品或部件中，与人体有直接和长时间接触的部分中镍的释放速度每周不得超过 0.5μg/cm²。

② 历史变化

94/27/EC 指令于 1994 年 6 月 30 日发布，是 76/769/EEC 的第 12 次修订，于 1999 年 1 月 20 日实施。1997 年 7 月 20 日，欧盟根据 94/27/EC 指令要求发布了 3 个协调标准 EN 1810《身体敏感插入组件用火焰原子吸收光谱法测定镍含量的参考试验方法》、EN 1811《由产品考虑到直接进入和长期接触皮肤镍元素释放的参考试验方法》和 EN 12472《从涂层制品中镍释放检测用磨蚀和腐蚀的模拟方法》，明确了镍的标准释放定了分析方法。EN 1810 现已作废。2013 年 3 月 1 日，欧盟旧版的镍释放标准 EN1811：1998+A1：2008 被新版标准 EN 1811：2011 替代，测试溶剂的制备进行测试和有所改变，校正因子 0.1 被弃用，从而使新标准比旧标准严格近 10 倍，同时引入了测试不准的概念，即在不确定的范围内无法断定合格与否。

③ 发展趋势分析

自 1994 年至今，欧盟对家具中镍释放量的指标要求未发生变化，但随着检验方法的变化，其实际要求已提升了 10 倍。2014 年，欧盟发布 G/TBT/N/EU/181 通报，根据镍的科学评估未发现预期的健康危险，免除对儿童玩具产品零件中关于镍的 1%最高浓度限制。依次估计，欧盟对家具中镍释放量与检测在短期内将不会提高要求。欧盟镍释放量指令发展趋势见图 3-4。

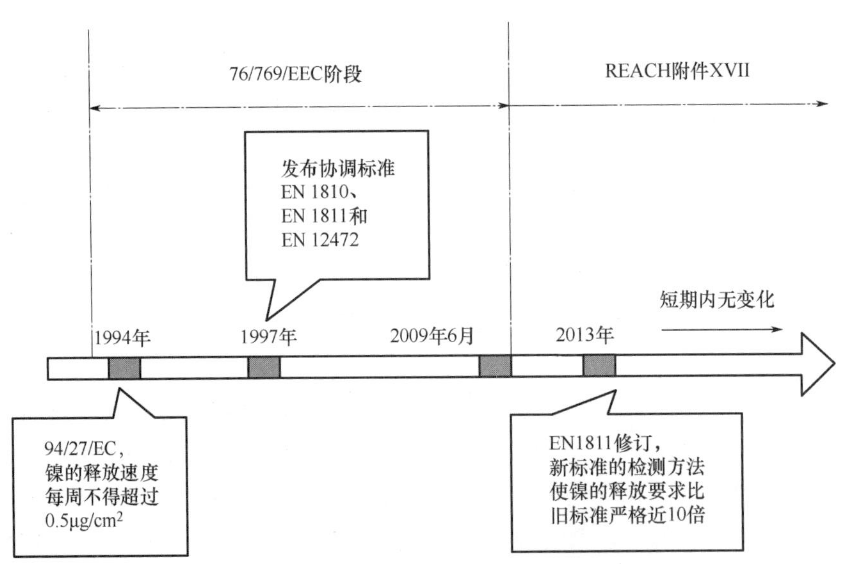

图 3-4 欧盟镍释放量指令发展趋势

（3）镉释放量指令

① 适用范围和主要内容

该指令适用于塑料家具和家具中的塑料（尤其是聚氯乙烯）配件，要求家具产品中镉的含量超过聚合物质量的 0.01%，涂料中其镉染色剂的含量不可超过总质量的 0.01%，但如果涂料中锌的含量也高，则镉的浓度在尽可能低的前提下，可以放宽要求到 0.1%。

② 历史变化

欧盟于 1991 年 7 月 12 日发布 91/338/EEC 指令，是对 76/769/EEC 进行的第 10 次修订，欧盟禁止大部分塑料家具或家具塑料配件中含有镉，但由于当时缺乏其他代替物料，聚氯乙烯内可以含有镉。1999/51/EC 指令为有关镉的实施指令，要求有关修订条款的实施日期不迟于 2000 年 9 月 1 日。2010 年 6 月 17 日，欧盟发布 G/TBT/N/EEC/334 通报，并于 2010 年 10 月发布了（EC）494/2011 法规，对镉限制范围进行了修改，进一步限制镉在聚氯乙烯（PVC）中的使用和销售，规定在欧盟销售的塑料产品中的镉含量不得超过塑料材料重量的 0.01%，而对于由含有 PVC 废料制成的塑料混合物，新法案对某些产品放宽到 0.1%的限制，但产品上必须标有图案提醒含有 PVC 废料，新规定的实施日期为 2010 年 11 月 10 日，并被写入 REACH 法规。

③ 发展趋势分析

自 1991 年至今，欧盟对家具中镉释放量的限量指标要求未发生变化，但不断扩充了该指令的限量范围。近期，欧盟未发布镉的危险科学评估报告，依次估计，欧盟对家具中镉释放量要求在短期内将不会提高。欧盟镉释放量指令立法趋势图见图 3-5。

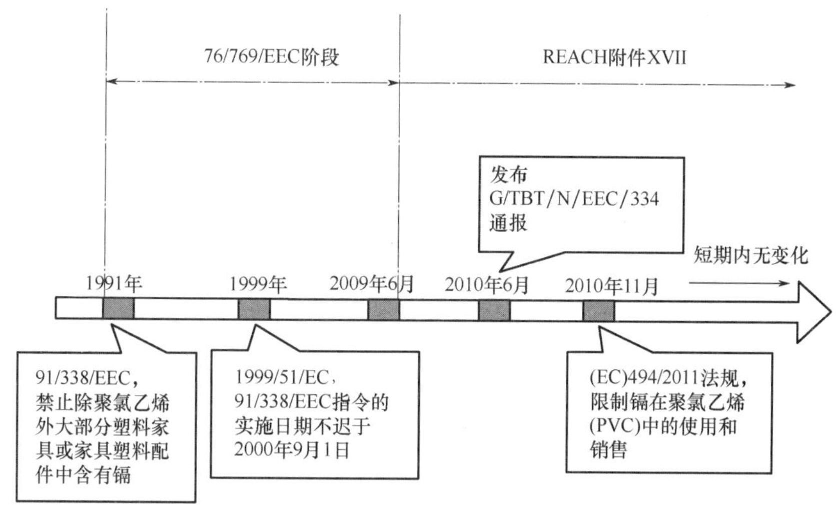

图 3-5 欧盟镉释放量指令立法趋势

（4）五氯苯酚指令

① 适用范围和主要内容

五氯苯酚及其合成物是传统的防腐防霉剂，该指令适用木制家具和含有纺织品、皮革的家具中的木制配件，要求市场上销售的物质或制剂中含五氯苯酚以及它的盐和酯的浓度不能超过 0.1%（1000mg/kg）。

② 历史变化

德国、法国、荷兰、奥地利、瑞士等欧盟成员国家早期针对五氯苯酚或包含这种制剂的市场使用采取了一些限制措施。1991 年，欧盟制定了 91/173/EEC 指令，第 3 次修改 76/769/EEC 指令。欧盟的 1999/51/EC 指令规定家具产品中涉及五氯苯酚要求的实施日期不迟于 2000 年 9 月 1 日。欧盟国家如德国、荷兰、奥地利等对于某些家具中的纺织品和皮革制品有更加严格的法律规定，允许浓度不大于 0.0005%（5mg/kg）。法国要求与皮肤直接接触、不与皮肤直接接触的产品限量分别为 0.5mg/kg 和 5mg/kg，瑞士要求所有产品与材料的五氯苯酚及化合物限量为 10mg/kg。

③ 发展趋势分析

自 1991 年至今，欧盟对家具中五氯苯酚及其合成物的限量指标要求未发生变化，但欧盟部分国家已提高了限量要求，随着欧盟对生物杀灭剂使用安全认识的提高，特别欧盟生物杀灭剂法规（BPR 法规）的正式实施，未来欧盟将提高对家具产品中的五氯苯酚限量要求。欧盟五氯苯酚指令发展趋势见图 3-6。

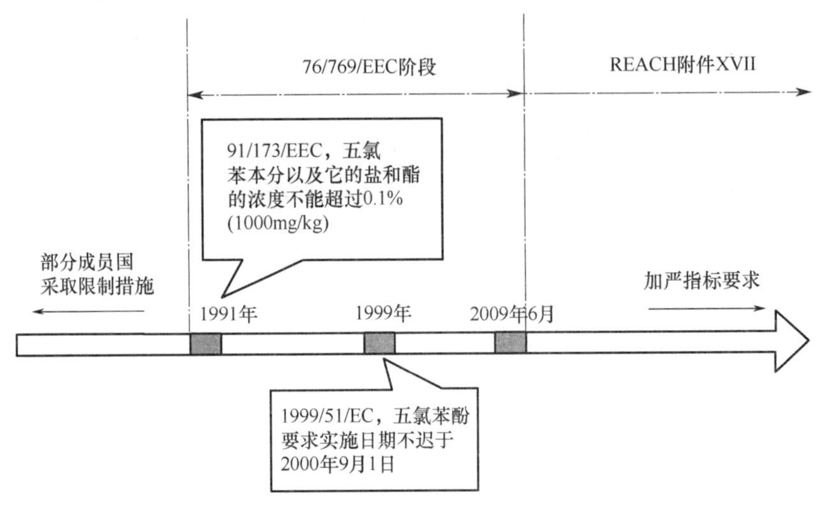

图 3-6 欧盟五氯苯酚指令发展趋势

（5）有机锡化合物指令

① 适用范围和主要内容

有机锡最早用来作天然物品的防腐剂，该指令适用木制家具和含有纺织品、皮革、塑料、木材的家具，要求不得使用锡含量超过 0.1%的三取代有机锡化合物，不得使用锡含量超过 0.1%的二丁基（DBT）化合物。

② 历史变化

欧盟于 1989 年 7 月 12 日发布 89/677/EEC 指令，对 76/769/EEC 进行第 8 次修订，指令规定有机金属锡混合物（主要是三丁基锡）不能在市场上销售用作自由交联防污涂料中的生物杀灭剂及其制剂成分。2009 年 1 月 22 日，欧盟发布 G/TBT/N/EEC/244 通报，修订关于限制销售和使用有机锡化合物的指令，并于 2009 年 5 月 28 日通过了决议 2009/425/EC，进一步限制对有机锡化合物的使用，规定从 2010 年 7 月 1 日起物品中不得使用锡含量超过 0.1%的三取代有机锡化合物，如三丁基锡（TBT）和三苯基（TPT），2012 年 1 月 1 日起向公众供应的混合物或物品中不得使用锡含量超过 0.1%的二丁基（DBT）化合物，对某些物品的禁令可以推迟到 2015 年 1 月 1 日。2010 年 4 月，2009/425/EC 通过法规（EU）276/2010 被并入 REACH 附录 XVII 中。

③ 发展趋势分析

自 1989 年至今，欧盟增加了有机锡化合物的限制种类，加严了家具中有机锡化合物的限量指标要求。随着欧盟加强对儿童产品的重视程度，未来欧盟将继续提高对儿童家具产品中的限量要求。欧盟五氯苯酚指令发展趋势见图 3-7。

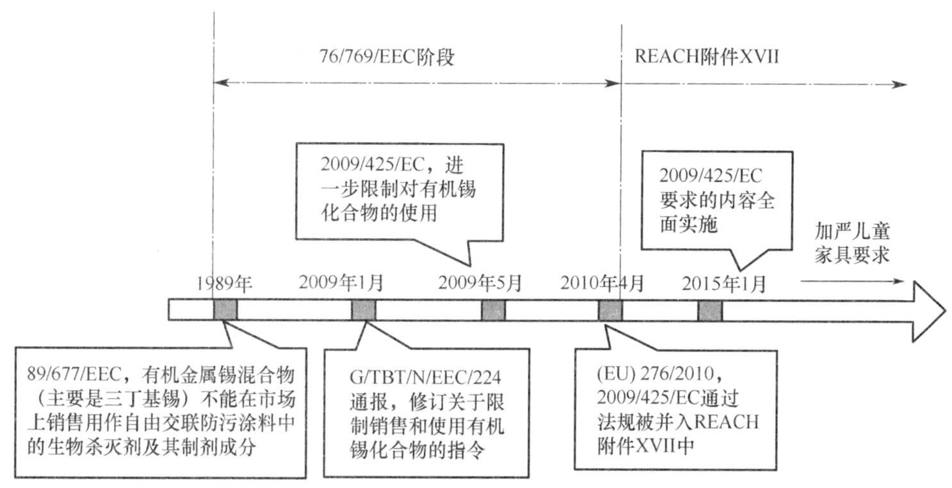

图 3-7 欧盟五氯苯酚指令发展趋势

2.2.2.2 **建筑品 CPR 法规**

（1）适用范围和主要内容

该指令适用于欧洲市场销售流通的所有建筑产品，如门窗、壁纸、建筑颜料、钢纤维、土工、玻璃棉等保温材料、地板、屋顶材料、沥青混合料、石膏料、混凝料、水泥、管道、铺地材料、下水道设备、门窗、玻璃、结构金属产品、紧固件、防水材料、结构木料、交通信号指示、防火器材和加热设备等，要求不得向空气中释放有害气体（包括甲醛等）。

（2）历史变化

早在 1980 年，一些欧洲国家开始对刨花板的甲醛实施规定。从 1985 年起，在奥地利、荷兰、德国、瑞典以及其他的一些欧洲国家，木质板的排放等级达到 E1 级（百万分之 0.1）成为必须要求。欧盟理事会在 1988 年 12 月 12 日颁布了建筑产品安全指令（89/106/EEC 指令），1993 年 7 月 22 日对其进行了修订（93/68/EEC 指令），2013 年 7 月 1 日建筑产品 CPR 法规（EU）No.305/2011 取代 93/68/EEC 指令，该指令指出“建筑产品只能在其符合预定用途的条件下方可投入市场”。为此，它们在安装到工程中之后，必须在机械强度的稳定性、防火安全、卫生、健康和环境、使用安全等方面满足指令附录规定的基本要求，其中健康和环境一项中要求不得向空气中释放有害气体。建筑产品 CPR 法规除了 6 项基本性能要求以外，还要求企业证明其生产的建筑产品在环境方面的可持续发展性信息。建筑产品 CPR 法规并未规定木质板材中甲醛含量的具体要求，含量规定引用了 EN 13986《建筑用人造板性能、合格评定和标志》中的要求，见表 3-6，检验标准为 EN 120《人造板 甲醛含量的测定 萃取方法为射孔方法》、EN 717-1《人造板 甲醛释放的测定 第 1 部分：用试验室法的甲醛排放》、EN 717-2《木基护墙板 甲醛放出的测定 第 2 部分：气体分析法甲醛释放》和 EN 717-3《木基板甲醛释放的测定 第 3 部分：长颈烧瓶法》，测试要求不适用于在生产或后期生产处理中没有添加任何含有甲醛材料的木质人造板；该类人造板无需测试，直接可以划分为 E1 等级。

（3）发展趋势分析

凡是在生产过程中，添加含有甲醛材料特别是树脂的产品，需要进行检测并分为 E1 和 E2 两个等级，一些欧洲人造板制造商生产的 E0 级板材是一个自发标准，它要求气候箱法和穿孔萃取法的值接近 E1 级的一半左右，即甲醛释放量小于或等于 0.5mg/kg。这与日本和美国的要求接近，未来欧盟极有可能将目前 E0 级板材自发标准纳入到相关的标准中。欧盟建筑产品 CPR 法规的发展趋势见图 3-8。

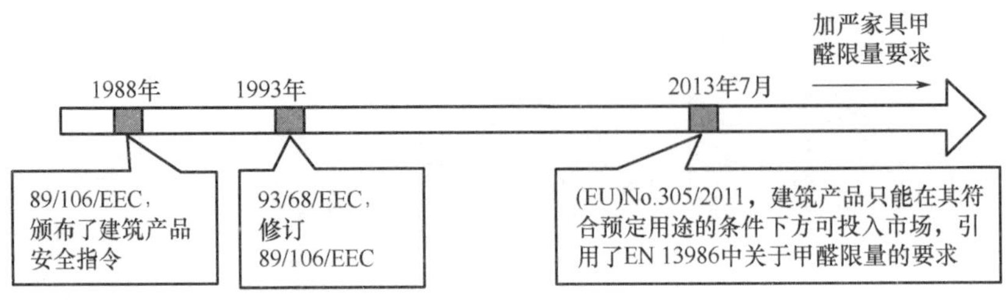

图 3-8 欧盟建筑产品 CPR 法规发展趋势

2.2.2.3 木材与木制品法规

（1）适用范围和主要内容

该指令规定了将木材和木制品首次投放内部市场的运营商的义务以及贸易商的义务，要求输欧盟的木材及木制品，其生产加工、销售链条上的所有厂商必须提交木材来源地、国家及森林（林场），木材体积和重量，原木供应商的名称、地址等证明木材来源合法性的基本资料。

（2）历史变化

早在 2003 年，欧盟委员会便已开始了相关保护森林资源、促进森林资源可持续发展的立法工作并逐步推进。2010 年 10 月 20 日颁布了木材与木制品法规 EU No.995/2010，2012 年 7 月 6 日颁布了该法规的实施细则 EU No.607 /2012。

（3）发展趋势分析

2013 年 3 月 3 日，欧洲议会和理事会第 995/2010 号条例——“赋予将木材和木制品投放市场的运营商义务”即将强制性实施，首次将木材和木制品投放内部市场的运营商实施“尽职调查”体系，以最大限制地减少来源于“非法采伐”木材制品进入欧洲市场的风险，说明欧洲各国海关在执法时可能会对进口的产品进行更加严格的检查。欧盟木材与木制品法规发展趋势见图 3-9。

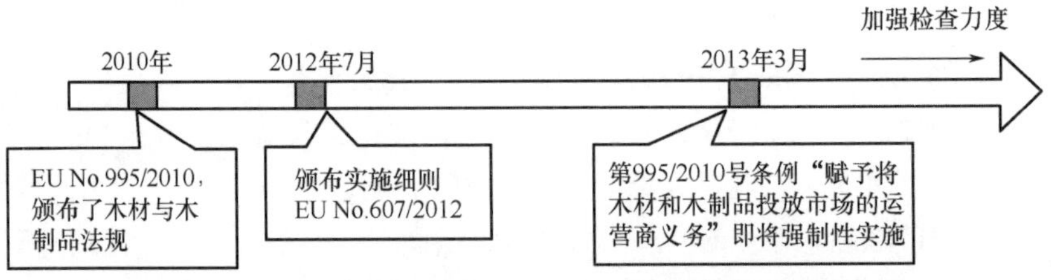

图 3-9 欧盟木材与木制品法规发展趋势

2.2.2.4 通用产品安全指令

（1）适用范围和主要内容

本指令适用于户外家具、折叠床、家用童床及摇篮。其原则性的要求包括：制造商有责任只将安全的产品投放市场；当涉及产品的安全性在共同体特定的法规中没有规定时，则该产品应符合销售地成员国的相关法律；按照通用安全标准对产品进行符合性评估时，应考虑是否有由欧洲标准转化的国家自愿标准、销售地成员国是否已制定了标准、是否有委员会建议制定的产品安全评估指引、技术状态和消费者对产品安全的合理期望；即使产品符合该指令的基本安全要求，一旦有证据显示该产品是危险的，成员国执法机构同样可以采取相关措施限制产品投放市场。

（2）历史变化

1992 年 6 月 29 日，一般产品安全理事会 92/59/EEC 指令发布。2002 年 1 月 15 日，欧盟委员会于发布 2001/95/EC 号（GPSD）指令，用以替代原指令 92/59/EEC，并于 2001 年 1 月 15 日实施。2006 年 7 月 22 日，欧盟委员会发布第 2001/95/EC 号指令的标准清单，取代以前公布的所有官方标准清单，有关标准由欧洲标准化组织按欧盟委员会指示制定。2010 年欧盟发布《通用产品安全指令实施报告》，认为欧盟需要修订产品安全框架，公众咨询期为 2010 年 5 月 18 日至 2010 年 7 月 30 日。根据 2012 年 4 月 26 日欧盟健康和消费者保护总司在其官网发布的会议备忘录，采取 2011 年 10 月 13 日的会议备忘录草案，对 GPSD 指令进行修订，并增加部分产品的自愿性标准作为该指令的实施标准。

（3）发展趋势分析

为保证消费者的安全，欧盟成立了由各成员国部门代表和相关领域的专家组成的 GPSD 委员会，不定期召开会议，讨论现行指令的适用性并进行修订。GPSD 委员会最近一次更新协调标准清单为 2014 年 6 月 14 日。未来，GPSD 委员会将根据标准的制修订情况和产品安全现状，不断修订指令和更新协调标准清单。欧盟通用产品安全指令发展趋势见图 3-10。

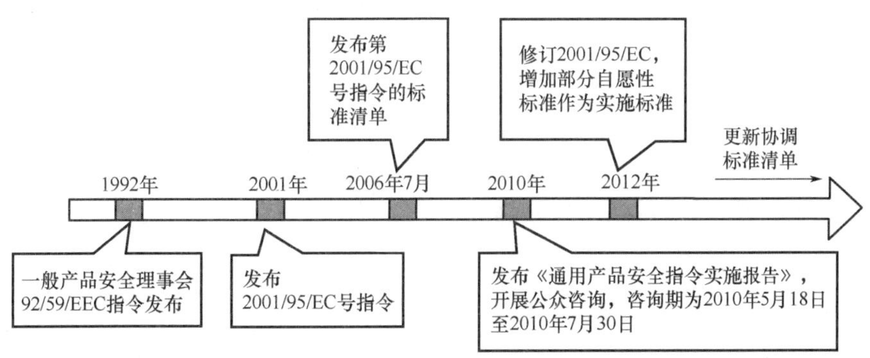

图 3-10 欧盟通用产品安全指令发展趋势

2.2.2.5 生物杀灭剂法规

（1）适用范围和主要内容

凡是进入欧盟市场的生物杀灭剂活性物质、生物杀灭剂产品及生物杀灭剂处理物品，均受到生物杀灭剂法规的监管。涉及需使用生物杀灭剂进行处理的木材、木制家具、家具布等产品。

（2）历史变化

欧盟 98/8/EC（BPD 法规）法规于 1998 年出台，2000 年 5 月在欧盟所有成员国范围内正式实施，法规规定：在将生物杀灭剂产品投放到欧盟市场前，必须向欧盟及其成员国主管当局提交足够的数据信息用于产品药效和对人、动物、环境安全的评审，并取得授权后产品才能在市场上流通。2008 年 10 月，欧盟委员会对 98/8/EC 的实施情况和有效成分评审进程作出总结报告。2009 年 6 月，欧盟委员会基于该总结报告，达成了新的法规提案 COM（2009）267。欧盟生物杀灭剂新法规 528/2012/EC（BPR 法规）于 2012 年 6 月 17 日颁布，2012 年 7 月 17 日生效，并于 2013 年 9 月 1 日起正式实施，取代 98/8/EC，将生物杀灭剂处理物品纳入监管范围。

（3）发展趋势分析

自 BPR 法规正式实施以来，根据表 3-6 中欧盟发布的关于生物杀灭剂法规的 WTO/TBT 通报可以看出，欧盟根据法规实施情况，正不断地批准活性物质清单、更新合格供应商清单及延长部分要求的实施日期，并计划于 2015 年 9 月 1 日前完成评估和完善工作，也将于 2015 年开始对该法规实施情况进行检查。欧盟生物杀灭剂法规发展趋势见图 3-11。

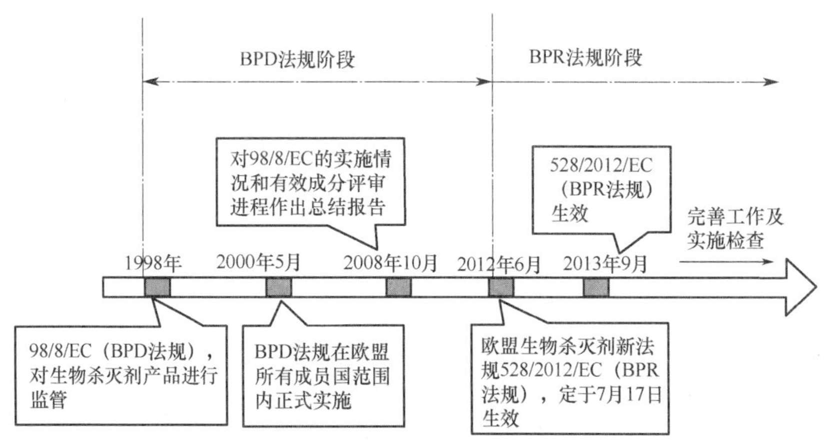

图 3-11 欧盟生物杀灭剂法规发展趋势

2.2.3 欧盟家具法规的总体趋势

欧盟历来重视家具安全要求。最初的家具安全立法诞生于 20 世纪 70 年代年，几经发展，已经从最初只针对家具产品本身含有的阻燃剂、重金属、挥发性有机化合物等具体产品指标进行要求，逐步发展到 2004 年发布《化学品的注册、评估、授权和限制》法规通报，该项法规涉及家具产品上下游产业链多种化学物质的注册、评估、授权和限制，进而发展到 2008 年要求所有的家具产品增加 CE 认证要求、加贴 CE 认证标志，最后发展到 2012 年欧盟发布生物杀灭剂法规（简称 BPR 法规），该法规对家具产品中使用的所有形式的生物杀灭剂进行严格限制，见图 3-12。由此可以看出，欧盟家具安全要求的相关立法随着家具产业的发展已经发生了显著变化：从内容上，已经由单一产品指标逐渐向多项指标发展；从要求上，限制使用的等级在逐年升级；从产业上，已经由单一产品逐渐扩大至上下游产业链；从主体上，已经由生产商辐射至供应商、销售商和运营商；从责任上，已经逐渐将社会责任，尤其是保护环境责任渗透到各级立法中。

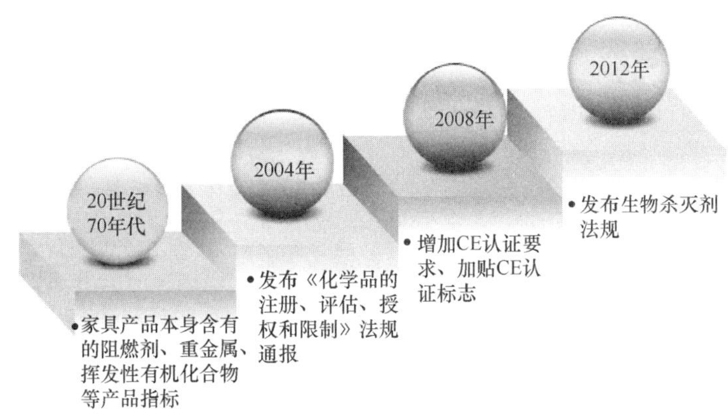

图 3-12 欧盟家具法规的总体趋势阶梯图

2.3 美 国

2.3.1 相关的 WTO/TBT 通报

美国与家具相关的 WTO/TBT 通报有 33 项，见表 3-3。其中，1 ~ 6 项分别为家具产品的燃烧性能、甲醛排放控制及部分产品的通用要求，7 ~ 10 项为《复合木制品甲醛标准法案》的通报，11 ~ 13 项为《杀虫剂、杀真菌剂和灭鼠剂法》的相关通报，14 ~ 16 项为《有毒物质控制法》的相关通报，17 ~ 21 项为《雷斯法案》的相关通报，22 ~ 33 项为《消费产品安全法案》（CPSA）的相关通报。

表 3-3 美国家具相关的 WTO/TBT 通报情况

序号	通报号	日期	通报标题
1	G/TBT/N/USA/54	2003-10-27	由于微小明火和/或暗燃香烟引发的装饰家具（软体家具）的燃烧；建议规则制定的前期通知；要求评议和信息
2	G/TBT/N/USA/248	2007-03-21	降低来自复合材制品的甲醛排放空气传播有毒物质控制措施
3	G/TBT/N/USA/364	2008-02-04	修订关于要求床垫和装软垫的家具耐火的基本商业法律和执行法律的法案，A01417A
4	G/TBT/N/USA/432	2008-12-16	从模压木材制品中散发出的甲醛；法规制定提案通告
5	G/TBT/N/USA/740	2012-08-24	床上用品和软垫家具
6	G/TBT/N/USA/806	2013-03-27	软体家具消防安全技术；会议和征求评议意见

表 3-3（续）

序号	通报号	日期	通报标题
7	G/TBT/N/USA/827	2013-06-12	复合木制品甲醛排放标准
8	G/TBT/N/USA/828	2013-06-12	甲醛；复合木制品甲醛标准第 3 方认证框架
9	G/TBT/N/USA/827/Add.3	2014-05-05	复合木制品甲醛排放标准；公众会议和重开评议期通告
10	G/TBT/N/USA/827/Add.4	2014-05-14	复合木制品甲醛排放标准
11	G/TBT/N/USA/17	2002-03-19	接到请求取消某些铬酸盐铜砷酸盐（CCA）木材防腐剂产品及修订为终止使用某些 CAA 产品的通知
12	G/TBT/N/USA/615	2011-02-04	根据联邦杀虫剂、杀真菌剂及灭鼠剂法（FIFRA），宣布朊病毒为一种有害物（pest），并且修订了环保署关于有害物的法规定义，将朊病毒包括在内
13	G/TBT/N/USA/615/Add.2	2013-03-06	根据联邦杀虫剂、杀真菌剂及灭鼠剂法（FIFRA），宣布朊病毒为一种疫害；有关的修正案，以及最终测试指南的有效性
14	G/TBT/N/USA/87	2004-11-23	有毒物质控制法（TSCA）详细目录对酶和蛋白质的命名法
15	G/TBT/N/USA/983	2015-04-17	作为纳米材料生产或加工的化学物质；TSCA 报告和记录保留要求
16	G/TBT/N/USA/983/Add.1	2015-05-13	作为纳米材料生产或加工的化学物质；TSCA 报告和记录保留要求；听证会公告
17	G/TBT/N/USA/424	2008-10-15	执行经修订的雷斯法案规定
18	G/TBT/N/USA/424/Add.2	2009-09-08	执行经修订的雷斯法案规定
19	G/TBT/N/USA/565	2010-08-18	雷斯法案执行计划；免除和管制商品定义
20	G/TBT/N/USA/565/Add.1	2010-10-27	请求延长信息收集核准通知；雷斯法案声明要求；植物和植物产品
21	G/TBT/N/USA/565/Add.4	2015-02-11	执行修订的雷斯法案规定
22	G/TBT/N/USA/223	2006-11-06	加利福尼亚空气资源管理委员会关于召开公开听证会的通告，考虑采用加利福尼亚消费品法规的修正提案
23	G/TBT/N/USA/287	2007-07-31	控制消费品中的挥发性有机化合物。规则提案号：2007-P155
24	G/TBT/N/USA/393	2008-05-19	加利福尼亚州消费品法规修正提案
25	G/TBT/N/USA/439	2009-01-14	禁止含铅涂料和某些具有含铅涂料的消费品，最终规则

表 3-3（续）

序号	通报号	日期	通报标题
26	G/TBT/N/USA/444	2009-01-22	测试儿童珠宝饰品中的铅含量是否达到《2008年的消费品安全改进法案》规定要求的第三方合格评定机构的认可要求
27	G/TBT/N/USA/421	2008-10-03	某些儿童用品第三方测试；评定联邦法规法典第 16 编第 1303 部分符合性的第三方合格评定机构的认可要求通告
28	G/TBT/N/USA/421/Add.1	2010-01-20	消费品安全法案：消费品安全委员会关于延缓执行检验和认证要求措施的公告
29	G/TBT/N/USA/449	2009-01-26	含铅的儿童用品；拟议测定某些原料或产品的铅含量限量
30	G/TBT/N/USA/449/Add.1	2009-09-04	含铅的儿童用品；确定某些原料或产品的铅含量限量；最终规则
31	G/TBT/N/USA/449/Add.2	2010-01-20	属于 2009 年 8 月 14 日的含铅的儿童用品铅限量的儿童用品及其他消费品成分测试和认证的暂定实施政策：确定某些原料或产品铅含量限量；最终规则
32	G/TBT/N/USA/449/Add.3	2011-08-04	含铅儿童用品；100ppm 铅含量限制的技术可行性；儿童用品 100ppm 铅含量限制生效日期通知
33	G/TBT/N/USA/453	2009-02-16	防止大气污染条例 No.31 控制来自消费品的挥发性有机化合物修正提案

2.3.2 具体法规立法趋势

2.3.2.1 清洁空气法

（1）适用范围和主要内容

《清洁空气法》的目的是保护和提高美国全国空气质量，它通过设立各种全国环境空气质量标准（NAAQS）来达到保护公众健康和环境的目的，法案的第 112 节列出了进行管制的 188 种危险空气污染物。清洁空气法由 6 个部分组成，其中与家具相关的是第一部分，空气污染防治与预防，涉及家具制造过程中的加工、胶水粘贴、清洁、洗刷等过程所释放的危险空气污染物都要符合限量要求（见 40CFR Part 61 和 40CFR Part 63）。家具制造商还应向州主管机构提交一份声明，内容包括制造商名称、规模、运行情况、各种危险空气污染物控制方法等。

（2）历史变化

《清洁空气法》是从 1955 年的《空气污染控制法》颁布实施开始的，到 1963 年的《清洁空气法》、1967 年的《空气质量控制法》，再到 1970 年的《清洁空气法》以及后来的 1977 年修正案、1990 年修正案等多次修正逐步完善起来的一个法律规范体系。2009 年 9 月，联邦法院指令推出清洁空气法案之后，环境保护署在 2010 年 4 月制定了法规的拟定草案，并在 2010 年 12 月就草案内容收集了相关利益方的意见，并在 2011 年

2 月 23 日推出了最终的清洁空气法案标准，见图 3-13。

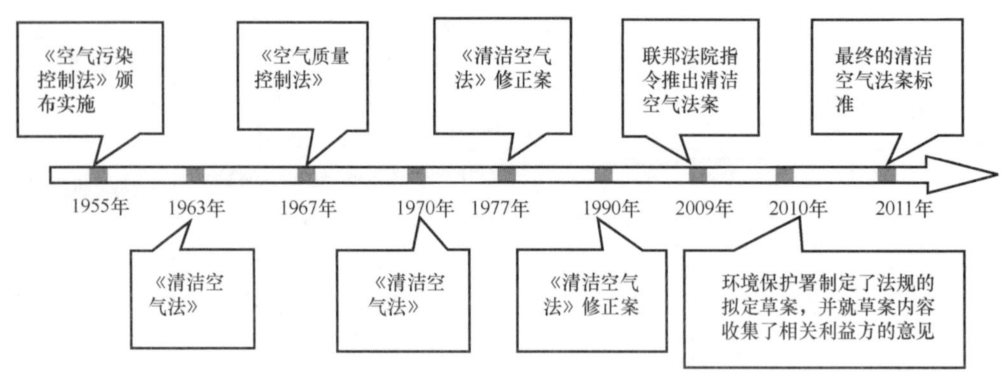

图 3-13 美国清洁空气法的发展趋势

（3）发展趋势分析

经过半个世纪的修改完善，美国的《清洁空气法》确立了一系列行之有效的原则，包括国家空气质量标准原则、州政府独立实施原则、新源控制原则、视觉可视性原则等。《清洁空气法》每次的修订，都对空气质量的标准提出了更高的要求，如 2012 年"汞法规"要求燃油、燃煤工厂将汞的排放量降到最低程度，2014 年环保署提出的《好邻居》法规要求各州采用先进的"洗净"技术控制"烟囱工业"污染和"形成雾霾"的化学物质。未来，《清洁空气法》将继续加严空气质量标准。

2.3.2.2 **清洁水法**

（1）适用范围和主要内容

《清洁水法》的目的是保护国家地表水的化学、物理和生物完整性。CWA 所管制的污染物分为"重要"污染物（如各种有毒物质）、"传统"污染物（包括影响生化需氧量 BOD、总悬浮固体物 TSS、粪大肠杆菌、油脂、pH 等的污染物）和"非传统"污染物（不属于前两者的污染物）。

《清洁水法》涉及木家具的加工过程，如着色、浸渍等，需符合 40 CFR Part 429 Subpart L 的条款，即开展此类活动的工厂不得将未处理的废水排放到河流中。木家具的水洗过程，不得将未处理的废水排放到河流中，要求对废水进行严格的监督和记录。

（2）历史变化

1965 年，美国国会通过一项名为《水质法》的《联邦水污染控制法案》修正案，但其在水污染控制方面收效甚微。1972 年美国国会颁布了全国第一个完整的清洁水法案，1977 年通过的修正案集中针对有毒的污染物，1987 年修正案重新给清洁水法案对有毒物质，公民适用条款和根据批准的建设计划资助污水处理设施等进行授权，它制定了控制美国污水排放的基本法规。《清洁水法》案授予美国环保署建立工业污水排放的标准（基于技术），并继续建立针对地表水中所有污染物的水质标准的权力。

2.3.2.3 **紧急计划和社区知情权法**

（1）适用范围和主要内容

《紧急计划和社区知情权法》的目的是提高公众对危险化学品的认识，并帮助州和地方政府制定化学品紧急响应方案。EPCRA 要求建立州紧急响应委员会（SERC），并由各 SERC 指定地方应急计划工作组（LEPC）。EPCRA 的实施法规编录于 40 CFR Parts 350-372，规定储存或管理特定化学品的机构具有 4 种汇报义务，与家具制造商相关的是前两种：拥有极其危险物质（EHS）时的汇报和危险化学品泄露时的汇报。家具在制造过程中可能会储存一些极其危险物质和危险化学品，制造商需向州紧急响应委员会 SERC 和地方应急计划工作组 LEPC 汇报其拥有极其危险物质；如果制造过程中释放出一些危险物质，如甲苯或丙酮，必须汇报危险化学品泄露情况。

（2）历史变化

美国环境保护局（EPA）在 1985 年启动了化学突发事故应急准备计划（CEPP）（美国环保局，1987）。CEPP 是一个鼓励州级和地方政府识别本地区危险并计划化学突发事故反应行动的自愿计划。1985 年美国国会采纳了 CEPP 中的许多要素并在 1986 年通过了危机应急规划和社区知情权法案（EPCRA），1990 年通过了清洁空气法案修正案，并批准了美国环保局的风险管理计划（RMP）。这两个法案也使美国将政策重点从应急反应转移到了目前的泄漏预防、规划和反应准备上来。

2.3.2.4 联邦杀虫剂、杀真菌剂和灭鼠剂法

（1）适用范围和主要内容

《杀虫剂、杀真菌剂和灭鼠剂法》（FIFRA）为美国联邦规制杀虫剂的一般立法，目的是在全国范围内对杀虫剂、杀真菌剂和灭鼠剂的配给、销售和使用进行控制。FIFRA 授权环保署（EPA）通过对杀虫剂的种类、使用方法和使用数量等进行登记、批准和许可，来决定允许哪些杀虫剂和多少杀虫剂进入到美国的食品供应链当中。在《杀虫剂、杀真菌剂和灭鼠剂法》法案的后续修改中，规定要想成为使用生物药剂的申请者，必须先通过相应的认证考试。所有在美国使用的生物药剂都必须由 EPA 进行注册（许可），以确保生物药剂的正确标识，以及按规定使用不会对环境造成不合理的危害，FIFRA 的实施法规编录于 7 CFR Part 110。

木家具所使用的木材原料中，可能使用了某些受 FIFRA 管辖的生物药剂等，因此制造商需符合 FIFRA 相应的注册、记录等规定，要求所有已认证的申请者对生物药剂的使用情况进行详细记录，记录至少保留 2 年。

（2）历史变化

1954 年，美国国会通过了第一部规制杀虫剂的立法《1954 年米勒修正案》；又经过几年的努力，规定了德莱尼条款的《1958 年食品添加剂修正案》诞生；1960 年，美国国会几乎一字未动地对主要存在于化妆品中的色素添加剂作了相同的规定；1968 年美国国会又颁布了兽药德莱尼条款，以保护人类免遭残留于兽肉当中的兽药之害。这样，德莱尼条款就包括了食品添加剂德莱尼条款、色素添加剂德莱尼条款和兽药德莱尼条款。

1985 年，环保署委托美国国家科学院从科学和规制效果两个方面，研究《杀虫剂、杀真菌剂、灭鼠剂法》与《食品、药品和化妆品法》之德莱尼条款关于食品安全之不同标准的冲突。1987 年 5 月 20 日，美国国家科学院依据其研究结果发布了题为《规制食品中的杀虫剂：德莱尼悖论》的报告。环保署于 1988 年 10 月 19 日在《联邦公报》上公布了题为《规制食品中的杀虫剂：关于处理德莱尼悖论的政策声明》。1989 年 5 月，以全国资源保护委员会为首的数个环保组织和消费者组织，请求环保署撤销其依据琐事例外政策就一些致癌杀虫剂所颁布的规章。环保署以相关化学物质造成了可忽略的致癌风险为由拒绝撤销这些规章。

（3）发展趋势分析

根据表 3-7 中的 WTO/TBT 通报可以看出，《杀虫剂、杀真菌剂和灭鼠剂法》自实施以来，一直在增加或修订对杀虫剂、杀真菌剂和灭鼠剂法的活性物质及相关产品的要求。

2.3.2.5 海洋保护、研究和禁猎法

（1）适用范围和主要内容

又称为“海洋倾倒法”或“海洋倾废法”（简称 MPRSA），其目的是禁止向海洋倾倒危害人类健康和海洋环境的物质，规定：向海洋倾倒物质之前必须获得美国陆军工程兵团（ACE）的许可，许可依据的是 EPA 制定的环境标准，同时 EPA 也协助参与许可。对于家具制造过程中很可能会向海洋倾倒的一些固体废弃物、焚烧残渣、污水、生物和化学废物等，这些有害物质倾倒时要受 MPRSA 的管制。MPRSA 实施法规编录于 40 CFR Parts 220-229。

（2）历史变化

美国对海洋倾废的管理可以追溯到 19 世纪末。1899 年，美国国会通过了《河流与港口法》，20 世纪下半叶，美国开始重视海洋倾废所造成的环境污染问题，不断出台管理与控制海洋倾废污染海洋的法律法规。1970 年，制定海洋倾废管理政策，1972 年国会通过《海洋保护、研究和禁猎法》法案，1973 年由 EPA 颁布有关海洋倾废的规则，1977 年颁布了《海洋倾废条例》，之后分别在 1986 年、1988 年、1992 年作过修订。

2.3.2.6 资源保护和回收法

（1）适用范围和主要内容

《资源保护和回收法》是美国固体废物管理的基础性法律，分成 3 个部分，分别对固体废物、危险废物和危险废物地下贮存库的管理提出要求，重点是对危险废弃物进行全生命周期的管理，即危险废弃物的产生、运输、处理、储存和处置，主管机构是 EPA。EPA 制定了上百个关于固体废物、危险废弃物的排放、收集、贮存、运输、处理、处置回收利用的规定、规划和指南等，形成了较为完善的固体废物管理法规体系。RCRA 实施法规编录于 40 CFR Parts 260-299。根据法规要求，处理、储存和处置危险废弃物的工厂必须向 EPA 或 EPA 授权的州机构获取许可。对于家具行业来说，在制造过程中经常会使用各种溶剂。使用过的溶剂和剩余的溶剂很可能就属于 RCRA 所管辖的危险废弃物。比如，家具制造厂在使用油漆、木头处理、着色、黏合等过程中产生的废弃物等。

（2）历史变化

美国于 1965 年制定了《固体废弃物处置法》，1970 年修订为《资源回收法》，1976 年进一步修订更名为《资源保护和回收法》，之后又分别在 1980 年、1984 年、1988 年、1996 年进行了修订。

2.3.2.7 **安全饮水法**

（1）适用范围和主要内容

《安全饮水法》（SWDA）目的是通过对美国公共饮用水供水系统的规范管理，使公共饮水源免受有害污染物的危害，确保公众的健康。法规通过了立法方案，建立了饮用水的标准和处理要求，控制可能污染水源废料的地上埋藏，以保护地下水。为了确保至关重要的饮用水安全，美国环境保护署（EPA）根据《安全饮用水法案》，分别为地下水和地表水规定了安全标准，而且各州独立出台的标准只能比它更严格。在控制向地下排放污水方面，SDWA 制定了地下排放控制（UIC）方案，该方案编录于 40 CFR Parts 144、145、146、147 和 148。对于在地下存储液体或向地下排放液体的注入井，如果影响到饮用水源，就必须获得 UIC 许可，UIC 对井的建造、使用、许可和关闭进行管制。如果家具在制造过程中使用了注入井来存储或排放液体，可能影响到饮用水源的情况下，就必须符合 SDWA 的 UIC 要求。

（2）历史变化

1974 年 12 月 6 日《安全饮水法》被签署为法令，公众法为 93-523，于 1986 年和 1996 年进行修改，要求采取很多行动来保护饮用水及其水源——河流、湖泊、水库、泉水和地下水水源（安全饮用水法的规定不包括用水人数少于 25 人的井）。

2.3.2.8 **有毒物质控制法**

（1）适用范围和主要内容

《有毒物质控制法》（TSCA）涵盖工业化学品及其在生产和流通过程中的管理，建立了商用化学品报告、记录、跟踪、测试和使用限制等要求在内的一整套化学品管理制度。目的是评价、减少和控制化学品在其制造、生产和使用过程中的风险。监管机构为美国环境保护局（EPA）。从 TSCA 实施至今，EPA 一直在推动 TSCA 的改革和完善，但始终没有出台修改核心条款的规则。TSCA 与中国的化学品法规体系类似，将物质区分为现有化学物质以及新化学物质，它并不像名字所指将物质分为有毒物质和无毒物质来进行管理。这两者的区分主要是通过现有物质（指列在 TSCA 现有化学名录 TSCA Inventory 上的物质）名录来实现，目前名录已收录 83000 多种现有化学物质，目的是重点加强对新化学物质的管理。对于已列入 TSCA 名录的物质，当生产或进口的量超过一定吨位的时候，这些物质的生产商或进口商需要定期（最新为 5 年一次）向美国环保署提交物质暴露、使用等相关信息。

如果物质未列入 TSCA 名录，就有可能是新物质，企业必须手动查询是否列入保密物质名录。如果未列入保密物质名录，又未能符合豁免要求，企业必须在生产或进口前 90 天向美国环保署提交预生产申报（Pre-manufacture notice，PMN），在获得美国环保署审核通过后，企业就可以开始生产或进口，之后需要在首次生产或进口 30 日内提交开始生产或进口的通知（Notice of Commencement，NOC）。目前美国环保署已经要求采用 e-TSCA/e-PMN 软件来进行卷宗的制作。

《有毒物质控制法》适用于美国境内的化学物质和混合物中的化学物质的制造商、进口商、加工商、分销商以及输美企业。对于家具来说，在制造过程中可能会使用一些受 TSCA 管辖的物质。根据 TSCA 的要求，EPA 制定了一个管理的化学物质清单，如果某个化学品不在清单上，而且不属于 TSCA 的豁免范围，那么在制造或进口前必须向 EPA 提交预生产通告（PMN）。另外，对于已有的可能产生超过预期风险的化学品，EPA 也可以禁止其生产或商业销售、限制其使用范围、要求其进行标识或采取其他限制措施，比如石棉、碳氟化合物和多氯联苯等。

（2）历史变化

美国《有毒物质控制法》（TSCA）于 1976 年 10 月 11 日开始实施，1977 年 1 月 1 日正式生效。2011 年，EPA 颁布了化学品数据报告规则（CDR Rule），作为 TSCA 老物质申报部分的重大修改，提高了老物质申报的数据要求。

（3）发展趋势分析

根据表 3-3 中的 WTO/TBT 通报可以看出，2015 年美国计划将作为纳米材料生产或加工的化学物质纳入到有毒物质控制法中。

2.3.2.9 **消费品安全法案**

（1）适用范围和主要内容

《消费品安全法案》（CPSA）执法机关为消费品安全委员会（CPSC）。CPSA 建立了代理机构，阐释了它的基本权力，并规定当 CPSC 发现了任何与消费产品有关的能够带来伤害的过分的危险时，制定能够减轻或消除这种危险的标准。它还允许 CPSC 对有缺陷的产品发布召回（那些不在 CPSC 管辖范围内的产品除外）。《消费品安全法案》赋予消费品安全委员会更大权力，以防止不安全产品进入美国，有权禁止从美国出口任何违反《消费品安全法》下消费品安全标准的消费品，除非进口国于接获消费品安全委员会的通知后 30 日内同意有关产品进口；类似规定亦适用于受《联邦易燃织物法》监管的布料。消费品安全改进法案中关于家具产品安全的条例有 16 CFR Parts 1213、1217、1219、1220、1224、1513、1632、1633、1634，环保、有害物质条例为 16 CFR Parts 260、1303、1500，其他的有 16 CFR Part 303。

（2）历史变化

《消费产品安全法案》于 1972 年颁布。为了提高进口产品的质量，保障消费者的身体健康和人生安全，美国众议员和参议员在 2007 年 11 月 1 日提出修订美国消费品安全法规的不足之处。2008 年 7 月，美国国会、参众两院均以高票通过了《消费品安全改进法案》，同年 8 月 14 日，美国总统正式签署颁布了该修正案，使之成为法律。《消费品安全改进法案》的历史变化见图 3-14，其主要进程如下。

2008 年 11 月 12 日，受任何消费品安全委员会标准规限的产品的每家生产商均须发出证明书，列明适用于其产品的各项消费品安全委员会规例，并表明其产品（根据适当测试）符合所有规例。

2009 年 2 月 10 日，禁售任何对象为 12 岁或以下儿童、按重量计含铅量超过百万分之六百（600 ppm）的产品。禁止销售、制造及进口含有浓度超过 0.1%邻苯二甲酸二丁酯（DEHP）、邻苯二甲酸二丁酯（DBP）或邻苯二甲酸丁酯苯甲酯（BBP）的儿童玩具和儿童护理产品，并暂时禁止可放进儿童口中的儿童产品及护理用品含有浓度超过 0.1%的邻苯二甲酸二异壬酯（DINP）、邻苯二甲酸二异癸酯 （DIDP）或邻苯二甲酸二辛酯（DnOP），直至最终规定颁布为止。根据法案的定义，儿童玩具是指生产商专为供儿童使用而设的消费品；儿童护理产品是指生产商专为协助 3 岁或以下儿童入睡或进食，或协助儿童吃奶或出牙而设的消费品。美国测试及材料学会标准 ASTM F963-2007（玩具安全的消费者安全规格）将成为消费品安全规则。

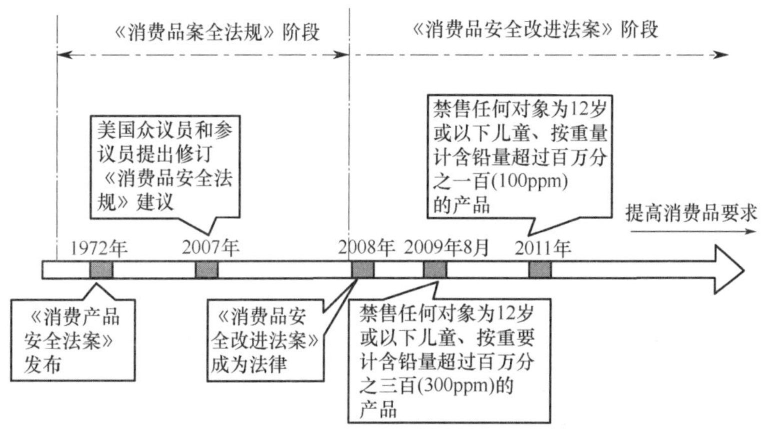

图 3-14 美国《消费产品安全法案》发展趋势

2009 年 4 月 11 日，美国专用车辆协会制定的四轮全地型车辆设备装置及性能要求全国标准将成为强制标准。

2009 年 8 月 14 日，禁售任何对象为 12 岁或以下儿童、按重量计含铅量超过百万分之三百（300ppm）的产品。家具、玩具及其他儿童产品的面漆含铅量上限，按重量计将由 0.06%调低至 0.009%。生产商须在儿童产品加上印有清晰追瞽资料的永久标签，以便回收。消费品安全委员会就 12 种供 5 岁以下儿童使用的婴幼儿耐用品展开规则制定程序。

2011 年 5 月 23 日，美联邦发布了关于美国消费品安全改进法案 CPSIA 的修订议案——HR1939：2011 年加强美国消费品安全委员会 CPSC 的自行决定权的法案，并于 2011 年 8 月 14 日要求禁售任何对象为 12 岁或以下儿童、按重量计含铅量超过百万分之一百（100ppm）的产品，除非消费品安全委员会认为这个标准对某种产品或某个产品类别来说并不可行。

2.3.2.10 **复合木制品甲醛标准法案**

（1）适用范围和主要内容

《复合木制品甲醛标准法案》规定了在全美销售和批发的刨花板、中纤板、硬木胶合板等木制品的甲醛释放限量要求，对木制品的原材料刨花板甲醛释放量从 0.3ppm 降至 0.09ppm，硬木胶合板的甲醛释放量从 0.2ppm 降至 0.05ppm，是被业内人士成为“全球最严苛”的甲醛释放量标准。该法规不单对生产板材的工厂有要求，对家具厂、进口商、贸易商、零售商都有严格的要求，其中对板材生产厂商的具体要求如下：板材的甲醛释放量必须符合标准的要求，必须强制第三方认证（工厂应按照要求建立质量管理体系和品质控制实验室），产品上必须贴上合格的标签。从上可以看出该法规除了要求产品测试必须合格外，还要求工厂必须严格按照法规的规定建立品质控制实验室和质量管理体系来监管自身的产品，保证工厂生产出来的每一批板材都是合格品。法案中豁免的复合木制品包括：硬木板、结构胶合板、木质包装，以及新型车辆、机动轨道车、船舶、宇宙飞船或飞机中使用的复合木制品。

（2）历史变化

《复合木制品甲醛标准法案》源于美国加利福尼亚州空气资源管理委员会（California Air Resources Board，CARB）在 2007 年 4 月 26 日批准开始制定的《降低符合木制品甲醛排放的有毒物质空气传播控制措施》（ATCM）。ATCM 于 2008 年 4 月最终定稿，2008 年 4 月 18 日由美国加利福尼亚州行政法案办公室批准了加州空气资源委员会（CARB）颁布，该法规被纳入加州法案第 17 册。ATCM 要求工厂要严格按照法规要求的质量管理体系来监管工厂的生产过程，从 2009 年 1 月 1 日起没有通过 CARB 认证的复合木制品和含有复合木制品的成品都不能获得进入美国加州的“绿卡”。ATCM 分两个阶段实施（Phase 1 和 Phase 2）：第一阶段从 2009 年 1 月 1 日开始，要求用气候箱法 ASTME 1333 或 ASTMD 6007 测试板材甲醛释放量，规定硬质胶合板（HWPW）必须小于 0.08ppm/m^3、刨花板（PB）必须小于 0.18ppm/m^3、中密度纤维板（MDF）必须小于 0.21ppm/m^3。第二阶段从 2010 年开始将陆续实施法规里的要求。该法案的历史变化见图 3-15。

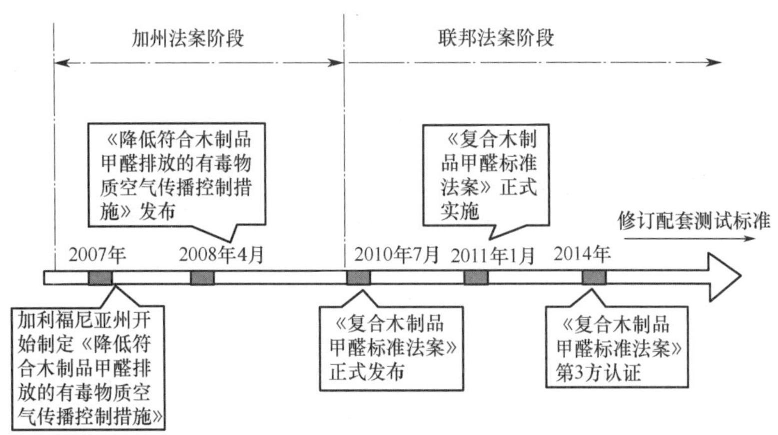

图 3-15 《复合木制品甲醛标准法案》发展趋势

2010 年 7 月 7 日，由美国家居用品联盟（AHFA）与美国加州空气资源管理委员会合作制定的、由美国总统签署签发成为法律的《复合木制品甲醛标准法案》正式发布，该法案基于 ATCM 又提出的新甲醛释放标准，并以此为市场提供统一要求和未来的释放标准，该法案于 2011 年 1 月 3 日正式生效，成为在美国供应、销售或制造的（单板芯或复合芯）硬木胶合板、中密度纤维板及刨花板的甲醛限量标准，并适用于含有复合木制品的产品。根据该法案，ATCM 应作相应修改以制定符合木制品中的甲醛释放标准。2013 年 6 月 12 日，美国发布 G/TBT/N/USA/828 通报，提出复合木制品甲醛标准第 3 方认证框架，要求第 3 方认证机构是 EPA 承认的机构。

（3）发展趋势分析

相关甲醛释放量测试应按照 ASTM E 1333 或 ASTM D-6007 执行，测试标准平均每 5 年复审一次，但历年版本的测试主要步骤变化不大，只更改了部分实验条件或加严判定条件。质量控制测试应根据 ASTM D 6007、ASTM D 5582 或其他测试方法进行。

2.3.3 美国家具法规的总体趋势

美国是法制健全的国家之一，最初的家具安全立法诞生于 20 世纪初期。美国为保障人们的健康和安全，其针对家具产品的安全要求：在产品类别上，从关注成人家具产品到更注重儿童家具产品的要求；在要求上，已经从化学物质限量、机械性能等基本要求，发展到提高家具产品的第 3 方认证认可要求；在环境保护主体责任上，已经从本土制造商扩展到进口商以及国外制造商。美国家具法规的总体趋势见图 3-16。

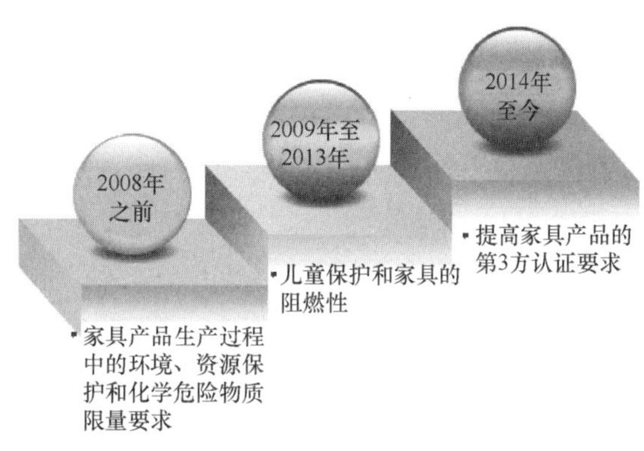

图 3-16 美国家具法规的总体趋势阶梯图

3 技术指标对比及建议

3.1 指标选取

家具中有害物质归纳起来包括：甲醛、其他挥发性有机化合物（VOC）、可溶性重金属与放射性元素等。其中，甲醛（HCHO）又称蚁醛，外观为无色或略带黄色的透明液体，是一种易挥发的物质。当空气中含有少量游离甲醛时会引起眼睛刺痛，并有流泪症状。甲醛浓度升高时，人会感到咽喉痛痒、鼻痛、胸闷、咳嗽、呼吸困难、软弱无力和头痛等症状，不同甲醛浓度对人体影响见表 3-4 所示。长期工作或生活在高浓度甲醛环境中，人会慢性中毒并可导致消化系统障碍、视力障碍，甚至神经麻痹、呼吸道粘膜及眼睛结膜溃烂等。国际癌症研究机构（IARC）已于 2004 年将甲醛上升为第一类致癌物质。

表 3-4 不同甲醛浓度对人体影响

甲醛浓度/（mg/m^3）	症状
0.3	有感觉，但很快能适应
0.7	感觉明显
1.3 ~ 2.7	对眼睛、鼻有刺激

表 3-4（续）

甲醛浓度/（mg/m³）	症状
>4.0	强烈刺激感
6.0 ~ 13.4	眼、鼻、喉有强烈刺激
13.4 ~ 27.0	流泪、咳嗽等症状
>30	大于 5min 产生呼吸损伤

家具中甲醛来源大约有以下 5 个方面：①家具基材中残留一部分未进行反应的游离甲醛，或者说是固化了的树脂因降解而产生了一部分不稳定的甲醛；②家具贴面材料（三聚氰胺浸渍纸等）复合时所产生的残留；③家具进行各种形式的贴面时所用的胶粘剂（脲醛树脂等）中含有甲醛；④家具进行各种涂饰时，涂料中含有甲醛；⑤家具中除木制材料外，其他覆面材料、填充材料带有甲醛，如织物、皮革、海绵等。

家具中游离甲醛的释放是一个缓慢的过程，对室内环境的污染和对人的危害影响都是长期的，但甲醛能有效的增加胶水粘接力，效果好且成本低，是家具产品中必不可少的添加剂，因此，目前甲醛是室内空气污染的最主要也是消费者最关心的有害气体。因此，本书选取甲醛限量要求作为开展比对的技术指标。

欧盟的甲醛要求主要是根据建筑产品 CPR 法规（EU）No. 305/2011 的规定，限量要求引用了 EN 13986《建筑用人造板性能、合格评定和标志》中的要求。美国家具对甲醛要求主要为 24 CFR 3280“房屋建造及安全标准”、《复合木制品甲醛标准法案》和 ANSI/BIFMA X7.1《低排放办公家具装置和座椅的甲醛和 TVOC 排放物用标准》。我国有红木、卫浴、金属等多种家具标准涉及甲醛要求，但对甲醛限量要求主要是符合 GB 18580—2001《室内装饰装修材料　人造板及其制品中甲醛释放限量》和 GB 18584—2001《室内装饰装修材料　木家具中有害物质限量》要求。

3.2 甲醛限量要求对比

3.2.1 指标涵盖范围对比

欧盟家具甲醛限量要求按照建筑产品 CPR 法规执行，该法规适用于木质家具、含纺织品的家具以及人造板材等各类家具产品，含量规定引用 EN 13986《建筑用人造板性能、合格评定和标志》中的要求。欧盟的法规要求既基本涵盖了所有的家具产品，又保证了欧盟标准的法律地位，且避免了法规和标准内容的重复。

美国《复合木制品甲醛标准法案》适用于木板及制成品，方案基本涵盖了所有的家具产品，而美国其他涉及甲醛要求的标准均为团体标准，是推荐使用的，因此，保证了法规的惟一性和指标的统一要求。

我国家具甲醛要求既有统一标准 GB 18580—2001《室内装饰装修材料　人造板及其制品中甲醛释放限量》和 GB 18584—2001《室内装饰装修材料　木家具中有害物质限量》，又在多个家具产品标准中对甲醛限量再次提出或重申指标要求，与欧美限量要求相比，指标要求和标准的惟一性不足。部分标准已使用较长时间或标准制定周期短，使得标准适用范围已不能满足目前家具市场的需求。如 GB 18584—2001 明确适用范围为室内使用的各类木家具产品，“木家具”按以前定义应包括实木与板式家具，但现在的木家具其内涵与外延都有了根本的变化，不再是由单一的实木或是纯粹的人造板构成，而是以木质材料为主、各种材料并存的现状，如金属材料与木制材料混合制作的家具都叫金属家具，还有沙发这种软体家具里面的框架由大量的人造板支撑，这些家具都或多或少地存在甲醛，而这些家具产品不能直接用该标准作为生产、销售、检验、监督抽查或消费仲裁的依据。

3.2.2 指标数值比对

3.2.2.1 中欧比对

欧盟、中国家具甲醛限量要求分别见表 3-5 和表 3-6。比较表 3-5 和表 3-6 可以看出，GB 18580—2001 规定的纤维板和刨花板的甲醛释放限量为 9mg/100g，微低于欧盟标准的 8mg/100g，双方的检测方法基本相同；我国胶合板类产品和细木工板的甲醛释放限量和检测方法采用了日本农业标准的规定，且由于检查的方法不同，因此指标较难比较；我国饰面人造板如采用干燥器法测甲醛，中欧甲醛指标要求也较难比较，若按照气候箱法检测，则指标要求一致。

表 3-5 欧盟甲醛限量要求

法规名称	适用范围	甲醛限量值	测试方法	历史版本
建筑产品 CPR 法规 (EU) No. 305/2011	适用于欧洲市场销售流通的所有建筑产品，如：门窗、壁纸、建筑颜料、钢纤维、土工、玻璃棉等保温材料、地板、屋顶材料、沥青混合料、石膏料、混凝料、水泥、管道、铺地材料、下水道设备、门窗、玻璃、结构金属产品、紧固件、防水材料、结构木料、交通信号指示、防火器材和加热设备等，欧盟 CPR 法规除了六项基本性能要求以外，还要求企业证明其生产的建筑产品在环境方面的可持续发展性信息	建筑产品在安装到工程中之后，要求不得向空气中释放有害气体；未规定木制家具或板材的甲醛含量的具体要求，含量规定引用了 EN 13986《建筑用人造板性能、合格评定和标志》中的要求	钻孔萃取法 EN 120，气候箱法 EN 717-1、气体分析法 EN 717-2	89/106/EEC、93/68/EEC

表 3-5（续）

法规名称	适用范围	甲醛限量值	测试方法	历史版本
EN 13986—2004 建筑用人造板性能、合格评定和标志	建筑用人造板材（刨花板、纤维板、胶合板、实木板等）	E1 类板材的甲醛含量 <8mg/100g，释放量≤3.5mg/（m^2h）或≤5mg/（m^2h）(生产 3 天内）	钻孔萃取法 EN 120、气体分析法 EN 717-2	无
		E2 类板材甲醛含量 8～30mg/100g，释放量为 3.5～8mg/（m^2h）或 5～12mg/（m^2h）（生产 3 天内）	钻孔萃取法 EN 120、气体分析法 EN 717-2	无

表 3-6　中国甲醛限量要求

标准号	标准名称	适用范围	甲醛限量值	试验方法	历史版本
GB 18584—2001	室内装饰装修材料木家具中有害物质限量	适用于室内使用的各类木家具产品	≤1.5mg/L	干燥器法，GB 18584—2001	无
GB 18580—2001	室内装饰装修材料人造板及其制品中甲醛释放限量	适用于释放甲醛的室内装饰装修用各种类人造板及其制品	中密度纤维板、高密度纤维板、刨花板、定向刨花板等，E1：≤9mg/100g，E2：≤30mg/100g	穿孔萃取法，按 GB/T 17657—1999 的 4.11 规定进行	无
			胶合板、装饰单板贴面胶合板、细木工板等，E1：≤1.5mg/L，E2：≤5.0mg/L	干燥器法，按 GB/T 17657—1999 的 4.12.1～4.12.6 规定和 GB 18580—2001 进行	
			饰面人造板（包括浸渍纸层压木质地板、实木复合地板、竹地板、浸渍胶膜纸饰面人造板等）E1：≤1.5mg/L（干燥器法），E1：≤0.12mg/m^3（气候箱法）	干燥器法，按 GB/T 17657—1999 的 4.12.1～3、4.12.5、4.12.6.2～3 规定和 GB 18580—2001 进行 气候箱法，按 GB 18580—2001	

表 3-6（续）

标准号	标准名称	适用范围	甲醛限量值	试验方法	历史版本
GB 28010—2011	红木家具通用技术条件	适用于红木家具产品、生产和流通领域。本标准不适用于儿童家具	应符合 GB 18584 要求	同 GB 18584	无
GB 28008—2011	玻璃家具安全技术要求	适用于玻璃家具。其他家具的玻璃部件可参照执行	应符合 GB 18584 要求	干燥器法，GB 18584—2001	无
GB 28007—2011	儿童家具通用技术条件	适用于设计或预定供 3 岁～14 岁儿童使用的家具产品	应符合 GB 18584 或产品标准 http://pt.fjbz.org.cn:8060/web/Standard/StdInfo.aspx?ID=43882 要求	同 GB 18580 或产品标准要求	无
GB 24977—2010	卫浴家具	适用于卫生间、浴室使用的家具，其他类似场所使用的家具可参照执行	应符合 GB 18584 要求	同 GB 18584	无
GB 24820—2009	实验室家具通用技术条件	适用于学校、医院、科研、质检等单位实验室用物理实验台、化学实验台、生物实验台、操作台及储物柜等普通实验室家具。本标准不适用于实验室用椅、凳和特殊实验室使用的家具	应符合 GB 18584 要求	同 GB 18584	无
GB 50325—2010	民用建筑工程室内环境污染控制规范	适用于新建、扩建和改建的民用建筑工程室内环境污染控制，不适用于工业建筑工程、仓储性建筑工程、构筑物和有特殊净化卫生要求的室内环境污染控制，也不适用于民用建筑工程交付使用后，非建筑装修产生的室内环境污染控制	气候箱法小于或等于 0.12 mg/m^3，穿孔萃取法和干燥器法应符合 GB 18580 要求	气候箱法，GB 50325—2010；穿孔萃取法和干燥器法，GB 18580	无

表 3-6（续）

标准号	标准名称	适用范围	甲醛限量值	试验方法	历史版本
GB/T 3325—2008	金属家具通用技术条件	适用于以金属材料为主结构的金属家具的通用技术要求。其他有金属材料构件的家具可参照执行。当有具体的产品标准时，应符合相关产品标准的规定	应符合 GB 18580 要求	同 GB 18580	GB 3325—1982 金属家具 GB/T 3325—1995 金属家具通用技术条件
GB/T 3324—2008	木家具通用技术条件	适用于木家具产品的通用技术要求，其他家具的木制件可参照执行。当有具体产品标准时，应符合产品标准的规定	应符合 GB 18584 要求	同 GB 18584	GB 3324—1982 木家具 GB/T 3324—1995 木家具通用技术条件
GB/T 14532—2008	办公家具木制柜、架	适用于图书馆、档案馆使用的木制柜、架类产品。其他办公场所使用的木制柜、架类产品可参照使用	应符合 GB 18584 要求	同 GB 18584	GB/T 14532—1993 图书用品设备木制书柜、图纸柜、资料柜技术条件
GB/T 14531—2008	办公家具阅览桌、椅、凳	适用于图书馆、档案馆使用的阅览桌、椅、凳类产品。其他办公场所使用的阅览桌、椅、凳类产品可参照使用	应符合 GB 18584 要求	同 GB 18584	GB/T 14531—1993 图书用品设备阅览桌椅技术条件
GB/T 4897.3—2003	刨花板第 3 部分：在干燥状态下使用的家具及室内装修用板要求	适用于 GB/T 4897.1—2003 中的 3.3 所定义的刨花板，不适用于定向刨花板（OSB）	应符合 GB 18580—2001 要求	应符合 GB/T 17657—1999 的 4.11 的规定	无
QB/T 4767—2014	家具用钢构件	适用于家具产品中的钢构件	无	无	无
QB/T 4766—2014	家具用双包镶板技术要求	适用于家具用双包镶板。其他单包镶板可参照执行	应符合 GB 18580 中限量值 1.5mg/L 的规定	同 GB 18580 中的干燥器法	无
QB/T 4765—2014	家具用脚轮	适用于家具的非动力驱动的移动用脚轮。本标准不适用于办公椅（转椅）脚轮	无	无	无

表 3-6（续）

标准号	标准名称	适用范围	甲醛限量值	试验方法	历史版本
QB/T 4464—2013	家具用蜂窝板部件技术要求	适用于由蜂窝板制作而成并经封边处理后的家具部件	干燥剂法：≤1.5mg/L，气候箱法：≤0.12mg/m^3	按 GB 18580 规定测试，仲裁检验时采用气候箱法测试	无
QB/T 4463—2013	家具用封边条技术要求	适用于以塑料、原纸、木材为基材加工制成的各种家具用封边条	≤1.5mg/L（E1）	按 GB/T 17657—1999 中的 4.12 规定测试	无
QB/T 4462—2013	软体家具手动折叠沙发	适用于手动折叠沙发产品	应符合“软体沙发中有害物质限量”的强制性标准要求	应符合“软体沙发中有害物质限量”的强制性标准要求	无
QB/T 4456—2013	家具用高强度装饰台面板	适用于实验室、厨房、餐厅、卫浴、办公等场所的家具用高强度装饰台面板	≤0.12mg/m^3	同 GB 18580	无
QB/T 4447—2013	漆艺家具	适用于各类漆艺家具	应符合 GB 18584 的规定	同 GB 18584	无
QB/T 2741—2013	学生公寓多功能家具	适用于学校公寓内供学生使用的多功能家具，其他集体宿舍或类似场合用多功能家具可参照执行	应符合 GB 18584 的规定	同 GB 18584	QB/T 2741—2005
QB/T 2603—2013	木制宾馆家具	适用于宾馆、酒店、旅馆和饭店等场所客房内使用的木制家具	应符合 GB 18584 的规定	同 GB 18584	QB/T 2603—2003
QB/T 1951.2—2013	金属家具质量检验及质量评定	适用于室内用金属家具，其他有金属材料构件的家具可参照执行	GB 18584 修订版实施前，同 GB/T 3325—2008；GB 18584 修订版实施后，同 GB 18584	GB 18584 修订版实施前，同 GB/T 3325—2008；GB 18584 修订版实施后，同 GB 18584	QB/T 1951.2—1994
LY/T 2140—2013	藤家具质量检验及评定	适用于以棕榈藤材为主要材料制成的室内用藤家具	应符合 GB 18584 的规定	同 GB 18584	无
QB/T 1952.1—2012	软体家具沙发	适用于室内使用的沙发。当有具体的产品标准时，应符合相关产品标准的规定	无	无	QB/T 1952.1—1999、QB/T 1952.1—2003

表 3-6（续）

标准号	标准名称	适用范围	甲醛限量值	试验方法	历史版本
SN/T 3026—2011	木制品和家具产品中甲醛释放量的测定气候箱法	适用于木制品和家具产品中甲醛释放量的测定	无	无	无
QB/T 4156—2010	办公家具电脑桌	适用于木质、金属、玻璃等材料制作的、供办公或家居场所放置及操作台式电脑使用的独立的、可移动的电脑桌。专供笔记本电脑使用及其他材料构成的电脑桌可参照执行。不适用于可折叠、便携式电脑桌或与其他家具或设施连为一体、具有操作电脑功能的家具	应符合 GB 18584 的规定	同 GB 18584	无
QB/T 2531—2010	厨房家具	适用于以木材、人造板等木质材料为柜体制作的厨房家具，其他厨房家具可参照	应符合 GB 18584 的规定	同 GB 18584	QB/T 2531—2001
QB/T 2385—2008	深色名贵硬木家具	适用于深色名贵硬木家具（含红木家具）产品	无	无	QB/T 2385—1998
SN/T 2144—2008	儿童家具基本安全技术规范	适用于所有的儿童家具，即设计或预定供 14 岁以下儿童用的所有家具产品	≤1.5mg/L	同 GB 18584	无
QB/T 1951.1—2010	木家具质量检验及质量评定	适用于木家具产品质量检验和评定，其它家具的木制件可参照执行，当有具体产品标准时，应符合产品标准的规定	应符合 GB 18584 的规定	同 GB 18584	QB/T 1951.1—1994

3.2.2.2 中美比对

美国甲醛限量要求见表 3-7。美国《复合木制品甲醛标准法规》规定：单板芯板的硬木胶合板不得超过 0.05ppm，带复合芯硬木胶合板不得超过 0.05ppm，中密度纤维板（厚度≥8mm）不得超过 0.11ppm，薄型中密度纤维板（厚度＜8mm）不得超过 0.13ppm，刨花板不得超过 0.09ppm。我国标准 GB 18580—2001《室内装饰装修材料人造板及其制品中甲醛释放限量》中的穿孔萃取法中规定 E1 级为≤9mg/100g，E2 级为

≤30mg/100g，如简单的按照单位换算，E1 级即≤90ppm，而 E2 级即≤300ppm，但由于穿孔萃取法指的是 100g 干物质中含有的甲醛量，为质量浓度；美国标准中的气候箱法则指的是样板释放在每单位体积空气中的甲醛量，为体积浓度。两者的测试方法不同，定义就不同，因此不能将我国穿孔萃取法与美国气候箱法要求的甲醛限量要求进行简单的换算比较。同理，干燥器法指的是样板释放出的甲醛于单位体积水中的量，为质量浓度；气候箱法则指的是样板释放在每单位体积空气中的甲醛量，为体积浓度。两者测试方法完全不同，所指对象迥异，如果直接比较则结论差之千里，因此也不能进行比较。将美国标准的量纲换算成我国标准的量纲数值，见表 3-8，我国 GB 18580—2001《室内装饰装修材料人造板及其制品中甲醛释放限量》中气候箱法试验规定 E1 级为≤0.12mg/m^3，两者比较来看，美国标准在胶合板方面显然比我国的标准严苛，但对中纤板包括薄型纤维板和刨花板来说，美国的甲醛限量只比我国的要求略高，并无特别严格之处。

表 3-7 美国家具甲醛限量要求及测试方法

法规/标准名称	适用范围	甲醛限量值	测试方法
24 CFR 3280 家庭建筑及安全标准	适用于家庭用的板材	刨花板（所有级别，除了地板）：不得超过 0.3ppm 地板等级刨花板、衬垫材料：不得超过 0.2ppm MDF 中密度纤维板：不得超过 0.3ppm 硬木制胶合板（除了壁板）：不得超过 0.2ppm 壁板（硬木制胶合板）：不得超过 0.2ppm	板材甲醛释放量强制第三方认证； 甲醛释放量测试按照 ASTM E1333 测试
复合木制品甲醛标准法案	在美国供应、销售或制造的（单板芯或复合芯）硬木胶合板、中密度纤维板及刨花板，适用于半制成木板及制成品如家具内的复合木制品，不包括硬木板、结构胶合板、木质包装	单板芯板的硬木胶合板：不得超过 0.05ppm 带复合芯硬木胶合板：2011.1.3 ~ 2012.6.30 不得超过 0.08ppm；2012.7.1 起不得超过 0.05ppm 中密度纤维板（厚度≥8mm）：2011.1.3 ~ 2011.6.30 不得超过 0.21ppm；2011.7.1 起不得超过 0.11ppm 薄型中密度纤维板（厚度＜8mm）：2011.1.3 ~ 2012.6.30 不得超过 0.21ppm，2012.7.1 起不得超过 0.13ppm	板材甲醛释放量强制第三方认证； 甲醛释放量测试按照 ASTM E1333-1996（2002）或 ASTM D6007-2002 测试； 质量控制测试依照 ASTM D6007-2002 或 ASTM D5582 测试

表 3-7（续）

法规/标准名称	适用范围	甲醛限量值	测试方法
		刨花板：2011.1.3 ~ 2011.6.30 不得超过 0.18ppm，2012.7.1 起不得超过 0.09ppm	
ANSI/BIFMA X7.1	办公家具及部件、办公座椅	办公家具及部件甲醛 $\leqslant 50\times 10^{-12}$，醛类 $\leqslant 100\times 10^{-12}$	—
		座椅甲醛 $\leqslant 25\times 10^{-12}$，醛类 $\leqslant 50\times 10^{-12}$	

表 3-8 美国甲醛要求的量纲换算

种 类	甲醛释放量/ $\times 10^{-6}$	换算成我国标准的量纲/（mg/m^3）
单板芯板的硬木胶合板	≤0.05	≤0.062
带复合芯硬木胶合板	≤0.05	≤0.062
中密度纤维板（厚度≥8mm）	≤0.11	≤0.1353
薄型中密度纤维板（厚度<8mm）	≤0.13	≤0.1599
刨花板	≤0.09	≤0.1107

3.2.3 指标检测方法比对

家具原材料及成品中甲醛的测定方法主要有气候箱法、穿孔萃取法、干燥器法、气体分析法等。

3.2.3.1 不同检测方法的优缺点

（1）气候箱法

气候箱法也称环境测试舱法，又分为大气候箱法和小气候箱法，欧盟国家称 $12m^3$ 以上容积的舱为大气候箱，美国称 $5m^3$ 以上为大气候箱。气候箱法是模拟人们日常生活的环境条件，将舱内的温度、湿度及空气流速、空气换气率控制在与人们日常生活相接近的条件下，将板材或木制产品放入舱中，让产品自然释放甲醛，当舱内甲醛浓度达到平衡后，检测舱内空气中甲醛的浓度，以此作为板材甲醛释放量的检测结果。气候箱法所得结果更接近板材在实际使用过程中的状况，测定值的可信度较高，结果最具权威性，但缺点是检测成本高，检测周期长，至少为 10 天，目前在我国各类板材及其制品均采用气候箱法进行分类难以做到，因此，在我国该方法主要是用于仲裁的检验方法。

（2）穿孔萃取法

穿孔萃取法简称穿孔法，检测的是板材中的游离甲醛的含量，而不是释放量。穿孔萃取法原理是将人造板材加工成 2cm×2cm 左右（或其他尺寸）的试块，将其放入蒸馏瓶中，蒸馏瓶中放有甲苯，加热煮沸，用甲苯萃取板材中的甲醛，蒸馏出的甲苯带着甲醛，经过蒸馏瓶上的萃取管，萃取管中装有水，在萃取管中甲苯中的甲醛转移到了萃取管中的水相中，蒸馏一定时间，待板材中的甲醛都转移到水相中后，分析水相中甲醛的含量，其分析方法仍为乙酰丙酮分光光度法，将结果折算成单位材料中甲醛的含量，即为人造板材中甲醛的含量。穿孔萃取法是国内外传统方法，已得到了国际上的认可，欧盟等国家和地区主要将该方法用于刨花板和纤维板的甲醛检测。其操作快捷，检测重现性好，缺点是检测中需使用剧毒溶剂甲苯。该方法更适合用于人造板中甲醛总量的评价。我国生产厂家较普遍采用穿孔萃取法，主要按现行 GB 18580《室内装饰装修材料 人造板及其制品中甲醛释放限量》的规定进行。

（3）干燥器法

干燥器法可以测试板材释放到空气中游离甲醛浓度，其原理是将人造板材加工成 5cm × 15cm 左右（或其他尺寸）的试块，将周边用不含甲醛的胶带封边，以消除周边甲醛释放大的问题，将试块放入一定体积的干燥器中（通常为 9L ~ 11L），干燥器下边放有蒸馏水，将干燥器置于一定的环境中 24h，板材释放出的甲醛被蒸馏水吸收后，用乙酰丙酮分光光度法检测吸收液中甲醛的浓度，以此结果来衡量板材释放甲醛的程度。干燥器法方法简便，检测周期较短，成本低，检测重现性较好，但需对木制品进行破坏性检验，易受试验条件控制精度的影响，特别是温度的均匀性及时间的稳定性对试验结果的影响显著，不适用于不规则形状产品的检测，多用于胶合板、细木工板等人造板的质量控制。

（4）气体分析法

气体分析法又称为快速检测法，将已知表面积的待测样品置于温度、湿度、气流、压力都已经固定的密封气候舱内，待测样品释放的甲醛与空气混合气体从舱内抽出，持续地通过装有水的气体洗瓶，甲醛被吸收，并用分光光度计进行测试。气体分析法通过提高环境温度使木制品中的甲醛加快释放，从而快速测定试样的甲醛释放量，属于甲醛动态测试法，具有快捷、简单的优点，可将检测周期由气候箱法的 3 ~ 28d 缩短为 4h，相对气候箱法设备投资少，测试结果可以相对直观的模拟板材实际使用过程中甲醛释放过程，缺点是测试方法不够精细，特别是测试低浓度甲醛释放的板材时精度和灵敏度欠佳，且需要特制设备，从而使检测成本增加，适用于未加工的以及加工过的刨花板、纤维板以及胶合板样品。气体分析法最初由欧洲提出，并制定了检测标准 EN 717-2-1995，2008 年气体分析法的国际标准 ISO 12460-3：2008 正式颁布。我国于 2009 年 5 月 12 日，发布了 GB/T 23825—20095《人造板及其制品中甲醛释放量测定 气体分析法》，并于 2009 年 11 月 1 日开始实施。欧洲等国家和地区已经生产出了符合欧洲标准的气体分析法检测设备，如德国 Weiss 公司生产的 FAPE+60 型检测箱；而我国也于 2011 年发布了检测箱配套标准 LY/T 1981—2011《甲醛释放量气体分析法检测箱》，规范了国内此类设备的生产和应用，健全甲醛释放量检测方法体系，促进产品质量标准、检测手段和设备与世界接轨，保证我国人造板及其制品质量监督检验工作的顺利进行。

3.2.3.2 中欧美现行的甲醛检测方法对比

美国家具中甲醛测试方法主要有 ASTME 1333 的大气候箱法、ASTM D 6007 的小气候箱法和 ASTM D 5582 的干燥器法，其中，以 ASTME 1333-96（2002）的大气候箱法为主要检查方法，其他两种作为次要检测方法。欧盟家具中甲醛测试方法为 EN 717-1 的大气候箱法、EN 717-2 的气体分析法和 EN 120 的钻孔萃取法。我国已有气候箱法、穿孔萃取法、干燥器法、气体分析法这 4 种方法的相关标准。欧盟、美国和我国相关甲醛标准见表 3-9。

表 3-9 中欧美甲醛检测方法比对

国家	标准号及名称	测试方法	适用范围	主要内容
欧盟	EN 717-1 人造板甲醛释放的测定第 1 部分：用试验室法的甲醛排放	大气候箱法	检测气候箱中木制品的甲醛释放量的稳定状态	将已知的表面积的试件，放置在一个舱体里，其中温度，相对湿度，空气流速和交换率控制在规定值。试件释放出的甲醛与室内的空气混合在一起。定期采集室内的空气 板承载率（1.0 ± 0.02）m^2/m^3，温度（23 ± 0.5）°C，相对湿度（45 ± 3）%，空气交换量（1.0 ± 0.05）h^{-1} 箱体容积有 $12m^3$、$1m^3$、$0.225m^3$ 三种选择
	EN 717-2 木基护墙板甲醛放出的测定第 2 部分：气体分析法甲醛释放	气体分析法	适用于未加工的以及加工过的刨花板、纤维板以及胶合板样品	在 60°C 条件下进行的小箱体甲醛释放量检测。从箱体中进行空气取样并分析其甲醛含量
	EN 120 人造板甲醛含量的测定萃取方法为射孔方法	穿孔萃取法	主要用于刨花板和纤维板，此法不适于胶合板与细木工板	试样置于沸甲苯中，逸出甲醛与甲苯一起蒸发后，被水收集并用乙酰丙酮光度测定法分析，结果由每 100g 绝干板中甲醛含量（以 mg 为单位）来表示
美国	ASTM E 1333 用大室测定空气中木制品甲醛浓度和释放速度的试验方法	大气候箱法	木制品	将样品放入温度、相对湿度、空气流速和空气置换率控制在一定值的气候箱内，甲醛从样品中释放出来，与箱内空气混合，定期抽取箱内空气，将抽出的空气通过盛有蒸馏水的吸收瓶，空气中的甲醛全部溶入水中；测定吸收液中的甲醛量及抽取的空气体积，计算出每立方米空气中的甲醛量 箱体容积大于等于 $22m^3$，板承载率（0.26~0.9533）m^2/m^3，温度（25±1）°C，相对湿度（50±3）%，空气交换量（0.5±0.05）次/h
	ASTM D 6007-2002 用小型室测定来自木制品的空气中甲醛浓度的试验方法	小气候箱法	木制品	原理同 ASTM E 1333，采用 $1m^3$ 和 $0.02m^3$ 的小箱体可作为大箱体的替代

表 3-9（续）

国家	标准号及名称	测试方法	适用范围	主要内容
美国	ASTM D 5582 用干燥器测定木制品中甲醛水平的标准试验方法	干燥器法	木制品	8 个封边的样品（70mm × 127mm）置于一个 10.5L 的玻璃干燥器中，其内部的玻璃容器中装有 25mL 的蒸馏水。干燥器盖住 2h，此间释放出的甲醛溶于水中。此实验在（24 ± 6）℃ 条件下进行。实验结束后，对水进行分析得出甲醛含量
中国	GB/T 17657—2014 人造板及饰面人造板理化性能试验方法	穿孔萃取法	人造板和饰面人造板及其制品	等同采用 ISO 12460-5：2011 穿孔法测定板材甲醛含量
		干燥器法	人造板和饰面人造板及其制品	等同采用 ISO 12460-4：2008 干燥器法测定板材甲醛释放量
		$1m^3$ 气候箱法	人造板和饰面人造板及其制品	等同采用 ISO 12460-1：2007 $1m^3$ 气候箱法测定板材甲醛释放量
		气体分析法	人造板和饰面人造板及其制品	等同采用 ISO 12460-1：2007 气体分析法测定板材甲醛释放量
	GB 18580—2001 室内装饰装修材料人造板及其制品中甲醛释放限量	干燥器法	室内装饰用各类人造板及其制品	9L ~ 11L、40L 干燥器法
		气候箱法	室内装饰用各类人造板及其制品	$1m^2$ 表面积的样品放入温度、相对湿度、空气流速和空气置换率控制在一定值的气候箱内。气候箱容积为 $1m^3$，空温度（23 ± 0.5）℃，相对湿度（45 ± 3）%，空气交换量（1.0 ± 0.05）h^{-1}
	GB 18584—2001 室内装饰装修材料木家具中有害物质限量	干燥器法	木家具	在干燥器底部放置盛有蒸馏水的结晶皿，在其上方固定的金属支架上放置试件，释放出的甲醛被蒸馏水吸收，作为试样溶液，用分光光度计测定试样溶液的吸光度，由预先绘制的标准曲线求得甲醛的浓度。10 块 150mm×50mm 试样，放置在容积（9~11）L 的干燥器 24h，底部放置 300mL 蒸馏水，温度（20 ± 2）℃

表 3-9（续）

国家	标准号及名称	测试方法	适用范围	主要内容
中国	GB/T 23825—2009 人造板及其制品中甲醛释放量测定　气体分析法	气体分析法	人造板及其制品	修改采用 ISO 12460-3-2008 人造板甲醛释放量第 3 部分：气体分析法，有效容积（4000 ± 200）mL，三块试件，400mm × 50mm × 板厚，温度（60 ± 0.5）°C，相对湿度≤3%，空气流量（60 ± 3）L/h，压力（1000 ~ 1200）Pa
	LY/T 1981—2011 甲醛释放量气体分析法检测箱	气体分析法	人造板及其制品	修改采用 EN 717-2:1995，公称容积 4017mL，温度（60 ± 0.5）°C，相对湿度（2 ± 1）%，空气流量（60 ± 3）L/h，压力（1000 ~ 1200）Pa
	SN/T 2307—2009 人造板及其制品中甲醛释放量的快速测定 气体分析法	气体分析法	人造板及其制品	修改采用 EN 717-2:1995，公称容积 4017mL，三块试件，400mm × 50mm × 板厚，温度（60 ± 0.5）°C，相对湿度≤3%，空气流量（60 ± 3）L/h，压力（1000 ~ 1200）Pa
	SN/T 3026—2011 木制品和家具产品中甲醛释放量的测定 气候箱法	大气候箱法	木制品和家具产品	将一定数量表面积的试件，放入温度、相对湿度、空气流速和空气置换率控制在一定值的测试箱内，甲醛从试件中释放出来，与箱内空气混合，在一定时间内抽取箱内空气，并通过盛有水的吸收瓶。用分光光度法分析测定吸收液的甲醛浓度。大气候箱最小尺寸为 $22m^3$。温度（25 ± 1）°C，相对湿度（50 ± 3）%，空气交换量（0.5 ± 0.05）次/h
	LY/T 1982—2011 人造板及其制品甲醛释放量检测用大气候室	大气候箱法	人造板及其制品	修改采用 EN 717-1-2004、ASTM E1333-96（2002）
	GB/T 29899—2013 人造板及其制品中挥发性有机化合物释放量试验方法小型释放舱法	小气候箱法	人造板及其制品	释放舱容积 50L ~ 1000L

表 3-9（续）

国家	标准号及名称	测试方法	适用范围	主要内容
中国	LY/T 1612—2004 甲醛释放量检测用 $1m^3$ 气候箱	小气候箱法	GB 18580—2001 中规定的室内装饰装修材料人造板及其制品中甲醛释放量检测用 $1m^3$ 气候箱	修改采用 EN 717-1:1997、ASTM D6007-1996、ASTM E1333

在 GB 18580—2001《室内装饰装修材料人造板及其制品中甲醛释放限量》中试验方法有穿孔萃取法、干燥器法、气候箱法 3 种，其中气候箱法试验作为仲裁时的方法，我国现在普遍采用的气候箱法中气候箱为 $1m^3$，而美国标准中的气候箱法气候箱为 $1m^3$ 或 $22m^3$，针对的产品为饰面人造板包括浸渍纸层压木质地板、实木复合地板、竹地板、浸渍胶膜纸饰面人造板等。对胶合板、装饰贴面胶合板、纤维板中密度纤维板、高密度纤维板、刨花板含定向刨花板、细木工板我国主要采用穿孔萃取法或干燥器法进行测试，GB 18584—2001《室内装饰装修材料木家具中有害物质限量》中对甲醛释放量的测定的规定的试验方法也是干燥器法。显然，我国标准中规定的测试方法与美国该项标准规定的不尽一致。由于穿孔法检测和干燥器法这两种方法简便，检测周期较短，为 1 ~ 2d，且检测成本较气候箱法要低很多，虽然无法如气候箱法的检测法那样接近实际，就现阶段我国国情来说，这两种方法还是有一定的使用价值。因为家具产品大小不一样，释放的甲醛也不一样多，大的如五门大衣柜、大型老板桌、会议桌等，小的如椅子、茶几、床头柜等，这些大小不一样的家具放在相同的空间里，装载度（指所测样品表面暴露在室内空间内的总面积与所在室内空间容积之比）是不一样的，它们的装载度相差几倍乃至几十倍，释放甲醛的数量也不是一个等级，而对每件产品不管其大小都取同样数量的样块做测试，明显不合理。而气候箱法可以有效地避免其他检测方法适用范围狭窄、对家具产品破坏性检验、对不同材种不同理解等方面所存在的不足，目前美国和一些发达国家的家具检测主要利用气候箱法。随着社会的发展和进步，气候箱法检测家具产品甲醛释放量将是一个发展趋势。

3.2.4 标准监管比对

美国的家具市场准入制度具有“宽进严出”的特点，经销商在办理产品进入美国的手续时，政府不会实施任何强制性准入措施，但家具产品一旦进入美国市场，将会受到严格的监管，美国消费品安全委员会一般采取市场检查或根据消费者投诉进行测试这两种方式对家具产品安全性进行控制，一旦家具产品被发现一些已经存在或潜在的问题，就会强制要求制造商或销售商回收产品，并依法予以处罚。

我国家具产品是否需要检验检疫机构检测并出具检验报告可由贸易双方进行协商，如果贸易双方出于相互信任，可不要求检验检疫机构检测。我国家具产品检测结果与消费者在产品信息上缺乏沟通，许多消费者不了解如何查询家具产品监督检查的信息，缺乏对家具产品基本知识的宣传，这给不法企业以可乘之机。同时，我国企业诚信建设滞后，对违反诚信的企业监管不到位且处罚力度不够，在某种程度上纵容了不法分子为牟取暴利铤而走险。

3.3 建 议

3.3.1 保证标准的适用性

3.3.1.1 扩充标准的适用范围

目前 GB 18584—2001《室内装饰装修材料 木家具中有害物质限量》的适用范围为室内使用的各类木家具产品，只能管辖由单一的实木或是纯粹的人造板构成的家具。目前需要根据现有的木家具其内涵与外延现状，将含有木质材料或人造板的金属家具、软体家具等存在甲醛释放危险的家具纳入到标准的管辖范围内，使这些家具产品能够直接用该标准作为生产、销售、检验、监督抽查或消费仲裁的依据。

3.3.1.2 更新标准的引用性文件

GB 18580—2001《室内装饰装修材料 人造板及其制品中甲醛释放限量》中采用穿孔萃取法和干燥器法测定甲醛指标时，所引用的检测标准 GB/T 17657—1999《人造及饰面人造板理化性能试验方法》已经作废，需重新修订引用 2013 年版的标准。

3.3.1.3 检测方法标准与国际接轨

根据国务院《深化标准化工作改革方案》（国发〔2015〕13 号）要求："加大国际标准跟踪、评估和转化力度，加强中国标准外文版翻译出版工作，推动与主要贸易国之间的标准互认"。我国自 2011 年开始新制定了一批等同采用或修改采用国际上通用或新发布的检测方法的推荐性国家标准或行业标准，如 GB/T 17657—2013《人造板及饰面人造板理化性能试验方法》。建议在强制性产品标准或限量要求标准中体现或引用，特别是欧美常用的气候箱法，保证检测方法和检测结果与国际接轨，提高家具产品的出口额，减低企业的检测成本，从而促进我国整个家具产业的转型升级。

3.3.1.4 提高标准的技术要求

以甲醛限量要求为例，根据 3.2.3.2 中的对比，我国目前的要求与欧美等发达国家仍存在着一定的差距。随着我国家具行业不断发展，我国的家具产品已经能够满足比现行的国家标准要求更高的限量指标，甲醛安全指标不符合目前的行业水平和检测技术能力。由于国外家具标准参数的制定非常注重实验性，往往通过大量的实验得到浩瀚的实验数据，然后经过反复分析论证才产生标准参数，保证了甲醛限量参数的科学性、合理性。因此，为保证消费者权益，缩短我国在该领域与国际先进水平的差距，需根据我国行业现状，适当提高甲醛等化学物质的限量指标，制定要求更高的家具标准。

3.3.1.5 完善标准的可操作性

GB 18584—2001《室内装饰装修材料 木家具中有害物质限量》对于家具的摆放时间、地点、环境等没有作出相应的规定，我国需要对于这些可能影响甲醛排放的因素进行细致、具体的规定，从而利于消费者或者有关部门对家具中有害物质释放程度的检测。

3.3.1.6 缩短标准的复审时间

一般国家行业标准在实施 5 年内进行复审，根据行业的发展现状和趋势对标准进行修订。但是纵观我国家具的标准，很多标准的标龄都在 10 年左右，有些甚至已经达到 15 年，特别是诸如 GB 18584—2001 和 GB18580—2001 此类安全要求的标准。我国应规范家具标准的清理和复审周期，定期评估标准的适用性，从而符合产业发展的需求，保护消费者利益。

3.3.2 建立完整的家具标准体系

在我国，只有对家具安全要求推出相关的法规或强制性标准，才能使对有害物质的检测工作变得有法可依、有律可循，从根本上整顿家具的市场，规范生产部门的生产制作程序，改善家具的质量安全。我国家具中安全指标如甲醛等有毒有害物质的检测方法标准还有待完善，部分检验项目不齐全，对产品中可能导致风险的安全因子甄别缺乏指导性文件，如整体衣柜、户外家具等产品标准缺失。因此，我国应加快家具标准的发展，建议运用大数据、云计算等市场信息化手段，采集与反馈标准制修订需求，判断和修正标准的缺陷，从而建立较完整的家具标准化体系，完善市场准入门槛。

3.3.3 转变家具标准制修订模式

我国家具标准体系是自上而下的垂直管理模式，我国家具标准的制修订模式与其他行业基本一致，采用的是由特定的标准制定机构主导某一领域标准制修订的单一模式，这种模式虽然能保证标准的管理需求，但延长了标准的制修订时间，与市场接轨程度不如欧美，政府机构的验证试验费用成本较高，难以保障标准的更新换代速度以及标准应对实际产品变化的能力。因此，建议我国家具行业借鉴美国的标准体制，逐渐由向多元化的标准制修订模式转变，充分发挥主管部门的管理作用和国家标准的引导作用，在保证家具标准体系完整的前提下，鼓励家具行业协会、联盟团体在各自擅长的领域制定团体标准，并将适用的团体标准上升为国家标准，统一编制格式与语言规范，促进民间团体之间的良性竞争，在竞争的氛围下，完善我国的家具标准体系，从而带动家具标准水平的提升。

3.3.4 建立风险评估系统和完善家具行业监管机制

家具产品的风险评估系统由美、欧等发达国家和地区最先提出，该体系所需的安全技术、信息技术等方面的研究开发已基本趋于成熟。在产品伤害监测与分析技术、产品缺陷风险评估、产品安全标准体系、缺陷产品管理经济性评价、管理平台建设等方面已取得了相当多的研究成果，而此类工作在我国尚处于起步阶段。因此，建议我国在比较完整的产品标准体系基础上建立风险评估系统，对家具产品进行主动型的监管，对产品缺陷及可能带来的消费者伤害进行有效的防控。要想从根本上保证家具的质量安全和消费者权益，还要从家具的生产流程上抓起，严格控制原料的质量，规范生产操作过程，在科学的检测和监管方法之上开展监督和管理工作；同时，应开发家具企业诚信平台、市场检查及召回信息发布平台和消费者投诉反馈系统等，从而完善家具行业监管机制。

第4章 结论建议

1 国内外标准对比分析结果

我国家具标准体系建设、技术内容设计是一个从无到有并逐渐发展的过程，从一开始 ISO 标准体系便是我国家具标准发展的蓝本。因此，几乎所有的 ISO 重要家具标准都被我国采用或参考。从技术要求的细节上讲，即使是非等同采用的 ISO 家具标准，我国标准的主要检测方法也都与 ISO 标准基本保持一致，在某些限量指标上，我国家具标准更多地结合了中国人的身材特点与使用习惯进行了“本土化”改良，但是并没有明显高于 ISO 家具标准的各类指标。

近些年来，ISO 家具标准的发展趋势是“重方法，轻指标”，很多 ISO 家具标准在指标上都不作硬性要求，而是作为资料性附录供使用者参考。由于 ISO 标准的潜在适用范围覆盖全世界，而各个国家与地区对家具的各种性能要求也不尽相同，因此 ISO 家具标准不对技术指标作明确要求是有其合理性的。但我国的家具标准是针对中国的消费者设定的，范围比较明确，因此在技术指标上我国家具标准更加明确。

在与英国、德国等家具标准化强国的具体比较中，我国家具标准体系也暴露出了一些缺陷。英国在软体家具防火标准体系上更加健全，对于软体家具的防火分级与对应的检测方法设计上都处于世界领先的地位，而我国目前在软体家具明火燃烧分级与检测方法标准方面还比较欠缺。德国在家具五金件标准方面更加全面，涉及了家具五金件的几乎所有门类，这与德国家具五金件设计生产在世界上的领先地位密不可分。而我国在这方面仅有 GB/T 28203—2011《家具用连接件技术要求及试验方法》、QB/T 1242—1991《家具五金 杯状暗铰链安装尺寸》、QB/T 2189—2013《家具五金 杯状暗铰链》、QB/T 2454—2013《家具五金 抽屉导轨》几项标准，发展空间还很大。

在具体的技术指标上，通过具体的指标一一对应的对比分析（见附表 1-3），可以看出，在适用范围与检测方法大体相当的家具标准中，我国家具标准在指标上低于欧盟家具标准的居多。由于欧盟的经济水平较高，用户不仅对家具产品质量具有较高要求，在与家具相关的服务方面，欧盟也制定了相关标准进行了规范，如 EN 12522-1-1998《家具搬运业 私人家具搬运 服务规范》、EN 12522-2-1998《家具搬运业 私人家具搬运. 服务条款》、EN 14873-2-2005《家具搬运工作 家具的存储以及人为影响 第 2 部分：服务条款》等。因此，与家具相关的服务标准也是我国需要完善的重点之一。

从技术细节的角度上讲，由于美国标准的制定组织众多，仅就家具标准这一单独的门类来说，标准制定水平也是参差不齐，因此很难以某一个具体的组织或企业所制定的家具标准作为美国家具标准制定水平的标杆。即使是 ANSI 认可的美国国家标准，由于各个标准组织制定标准时没有统一的格式与语言规范，因此，从优化我国家具标准体系和技术内容的角度出发，美国家具标准只能做技术方法上的参考，而不能效仿美式的标准编制格式与语言规范。而最值得我国在技术上参考的是 ASTM 以及 BIFMA 的部分家具标准（见附表 1-3），涉及的领域主要是办公家具以及儿童家具等。

2 完善家具标准体系建设建议

从与 ISO、欧盟、美国、日本的家具标准体系及具体的家具标准技术指标的对比来看，我国现有的家具的标准体系建设已经比较成熟。现有标准体系建设的顶层设计几乎涵盖了家具的具体产品、生产过程、原材料等各个方面，惟一比较欠缺的是与家具相关的服务标准方面。其次，尽管我国家具标准体系在设计之初设置了家具五金件一类，但在实际标准制定方面，无论是涵盖面还是标准数量与德国这样的家具五金件制造强国还有不小的差距。在软体家具阻燃性能方面，由于我国是紧跟 ISO 家具标准的步伐，因此，在 ISO 软体家具阻燃标准很多年都没有更新的前提下，我国在软体家具阻燃性能方面的标准水平，无论是技术指标还是检测方法都与欧盟和美国存在着一定的差距。

不管是标准化工作机制还是标准内容的技术细节，我国的家具标准化体系都与欧盟最为相似，这与我国效仿 ISO 建立标准化工作机制的历史背景是分不开的。因此，在完善我国家具标准化体系建设方面，应在以下几个方面加以改进。

2.1 增加家具服务规范及家具安全分类大项

现有的家具标准体系规划（见图 1-3）已经较为完善，但仍可以在一级分类中增加家具服务规范和家具安全两大项，家具服务规范可以涉及目前市场上最为热门的定制家具设计、组装等服务规范，也可以参考欧盟增加诸如家具搬运、拆解甚至是回收的服务类规范。家具安全类则可以将现有的所有与家具物理、化学、生物、防火安全相关的标准进行重新梳理并整合，形成一套独立的体系分支。

2.2 完善家具安全标准体系分支

由于家具安全是一套全新的体系分支，从规划上可以参考玩具安全标准体系的设计，分为家具安全—基本规范、家具安全—机械与物理性能、家具安全—阻燃性能、家具安全—化学污染物（特定元素的迁移、可挥发性污染物、偶氮染料、邻苯二甲酸酯、多环芳烃等），当然针对特殊人群使用、特殊用途的家具，可以增加独立的安全标准，如儿童家具—安全要求、电动家具—安全要求等。由于涉及家具安全的标准多数为强制性标准，如果能够重新整合目前的家具安全标准，不仅能够响应国家关于精简强制性标准的政策，有效缩减家具强制标准数量，也方便了检测机构和企业的使用，从而能够更加有效地保护消费者的生命财产安全。

2.3 补充新设计、新工艺、新产品标准的缺失

由于中国的家具产业发展迅猛且创新能力较强，因此很多新设计、新工艺、新产品都面临无标可用的状态，举例来说，随着经济水平的提高，我国的人均住房面积在不

断扩大，以前很少使用的半岛状厨房用具、岛状厨房用具和早餐台越来越多的走入寻常百姓的家庭，那么诸如此类在国外早已成行的家具标准（如 BS 6222-5-1995 家用厨房设备 第 5 部分：半岛状厨房用具、岛状厨房用具和早餐台的强度要求和测试方法），就应该及时补充到现有的家具标准体系中来。此外，随着新工艺、新设计的产品不断进入市场，一些与用电设备结合的家具标准在国外早已出现（如 BS 8474-2006 家具．带电力驱动支持表面的椅子．要求），在完善我国现有的家具标准体系时，应该优先进行这类标准的补充。

3 标准制修订计划

通过针对标准技术内容的对比（见附表 1-3），以及完善我国家具标准体系的需要，拟提出如下标准制修订计划。详见表 4-1。

表 4-1 完善我国家具标准体系标准制修订计划

序号	标准编号、标准名称	计划	制修订理由
1	GB 22793.1—2008 家具 儿童高椅 第 1 部分：安全要求	修订	指标或方法落后
2	GB/T 22793.2—2008 家具 儿童高椅 第 2 部分：试验方法	修订	指标或方法落后
3	GB 24430.1—2009 家用双层床 第 1 部分：安全要求	修订	指标或方法落后
4	GB/T 24430.2—2009 家用双层床 第 2 部分：试验方法	修订	指标或方法落后
5	GB 17927.1—2011 软体家具 床垫和沙发 抗引燃特性的评定 第 1 部分：阴燃的香烟	修订	指标或方法落后
6	GB 17927.2—2011 软体家具 床垫和沙发 抗引燃特性的评定 第 2 部分：模拟火柴火焰	修订	指标或方法落后
7	QB 2453.1—1999 家用的童床和折叠小床 第 1 部分：安全要求	修订	指标或方法落后
8	QB/T 2453.2—1999 家用的童床和折叠小床 第 2 部分：试验方法	修订	指标或方法落后
9	GB 24820—2009 实验室家具通用技术条件	修订	指标或方法落后
10	GB 28478—2012 户外休闲家具安全性能要求 桌椅类产品	修订	指标或方法落后

表 4-1（续）

序号	标准编号、标准名称	计划	制修订理由
11	GB 18584—2001 室内装饰装修材料　木家具中有害物质限量	修订	指标或方法落后
12	GB 28007—2011 儿童家具通用技术条件	修订	指标或方法落后
13	GB 26172.1—2010 《折叠翻靠床　安全要求和试验方法　第 1 部分：安全要求》	修订	指标或方法落后
14	家具安全—基本规范	制定	标准体系优化
15	家具安全—机械与物理性能	制定	标准体系优化
16	家具安全—阻燃性能	制定	标准体系优化
17	家具安全—化学污染物	制定	标准体系优化
18	儿童家具—安全要求	制定	标准体系优化
19	电动家具—安全要求	制定	标准体系优化
20	办公家具　办公椅　尺寸测量方法	制定	标准体系优化
21	家具　桌椅凳　尺寸测量方法	制定	标准体系优化
22	家具　床　尺寸测量方法	制定	标准体系优化
23	家具　柜　尺寸测量方法	制定	标准体系优化
24	家具搬运　服务规范	制定	标准体系优化
25	家具组装　服务规范	制定	标准体系优化
26	定制家具测量、组装服务规范	制定	标准体系优化
27	软体家具　阻燃性能分级	制定	标准体系优化

4　标准互认工作建议

我国的 GB 22793.1—2008《家具　儿童高椅　第 1 部分：安全要求》、GB 22793.2—2008《家具　儿童高椅　第 2 部分：试验方法》等同采用 ISO 9221-1:1992 Furniture Children's high chairs-Part 1: Safety requirements、ISO 9221-2:1992 Furniture—Children's high chairs—Part 2: Test methods，我国的 GB 26172.1—2010《折叠翻靠床　安全要求和试验方法　第 1 部分：安全要求》、GB 26172.2—2010《折叠翻靠床　安全要求和试验方法　第 2 部分：试验方法》等同采用 ISO 10131-1:1997 Foldaway beds—Safety requirements and tests—Part 1: Safety requirements、ISO 10131-2:1997 Foldaway beds—Safety requirements and tests—Part 2: Test methods，我国 QB 2453.1—1999《家用的童床和折叠小床　第 1 部分：安全要求》、QB 2453.2—1999《家用的童床和折叠小床　第 2 部分：试验方法》等同采用 ISO 7175-1：1997 Children's cots and folding cots for domestic use—Part 1: Safety requirements、ISO 7175-2：1997 Children's cots and folding cots for domestic use—Part 2: Test methods。因此，上述家具标准可以实现互认，互认标准列表见表 4-2。

表 4-2　互认家具标准列表

序号	我国家具标准	可互认标准
1	GB 22793.1—2008《家具　儿童高椅　第 1 部分：安全要求 》	ISO 9221-1：1992 Furniture—Children's high chairs-Part 1: Safety requirements
2	GB 22793.2—2008 《家具　儿童高椅　第 2 部分：试验方法》	ISO 9221-2：1992 Furniture—Children's high chairs—Part 2: Test methods
3	GB 26172.1—2010《折叠翻靠床　安全要求和试验方法　第 1 部分：安全要求》	ISO 10131-1：1997 Foldaway beds—Safety requirements and tests—Part 1: Safety requirements
4	GB 26172.2—2010《折叠翻靠床　安全要求和试验方法 第 2 部分：试验方法》	ISO 10131-2：1997 Foldaway beds—Safety requirements and tests—Part 2: Test methods
5	QB 2453.1—1999《家用的童床和折叠小床　第 1 部分：安全要求》	ISO 7175-1：1997 Children's cots and folding cots for domestic use—Part 1: Safety requirements
6	QB 2453.2—1999 家用的童床和折叠小床　第 2 部分：试验方法》	ISO 7175-2：1997 Children's cots and folding cots for domestic use—Part 2: Test methods

根据与 EN、美国多个标准逐条、逐项技术指标的实际对比（见附表 1-3）来看，我国家具标准技术内容与其还有不少差异，因此，在表 4-1 修订计划中的标准修订之前，暂时没有适合与欧美互认的家具标准。

附表 1

附表 1-1 国家标准信息采集表

序号	国家标准名称	标准编号	安全指标中文名称	安全指标英文名称	安全指标单位	适用产品类别（大类）	适用的具体产品名称（小类）	国家标准对应的国际、国外标准（名称、编号）	安全指标对应的检测方法标准（名称、编号）	检测方法标准对应的国际、国外标准（名称、编号）
1	消费品使用说明 第6部分：家具	GB 5296.6—2004	—	—	—	—	—	—	—	—
2	软体家具 床垫和沙发 抗引燃特性的评定 第1部分：阴燃的香烟	GB 17927.1—2011	范围	scope	—	家具	床垫和沙发	EN 597-1:1995<Furniture - Assessment of ignitability of mattresses and upholstered bed bases - Part 1: Ignition source: smouldering cigarette >	GB 17927.1—2011《软体家具 床垫和沙发 抗引燃特性的评定 第 1 部分：阴燃的香烟》	EN 597-1:1995<Furniture - Assessment of ignitability of mattresses and upholstered bed bases - Part 1: Ignition source: smouldering cigarette >
3	软体家具 床垫和沙发 抗引燃特性的评定 第1部分：阴燃的香烟	GB 17927.1—2011	引燃准则	criteria of ignition	—	家具	床垫和沙发	EN 597-1:1995<Furniture - Assessment of ignitability of mattresses and upholstered bed bases - Part 1: Ignition source: smouldering cigarette >	GB 17927.1—2011《软体家具 床垫和沙发 抗引燃特性的评定 第 1 部分：阴燃的香烟》	EN 597-1:1995<Furniture - Assessment of ignitability of mattresses and upholstered bed bases - Part 1: Ignition source: smouldering cigarette >
4	软体家具 床垫和沙发 抗引燃特性的评定 第1部分：阴燃的香烟	GB 17927.1—2011	引燃准则	criteria of ignition	—	家具	床垫和沙发	EN 597-1:1995<Furniture - Assessment of ignitability of mattresses and upholstered bed bases - Part 1: Ignition source: smouldering cigarette >	GB 17927.1—2011《软体家具 床垫和沙发 抗引燃特性的评定 第 1 部分：阴燃的香烟》	EN 597-1:1995<Furniture - Assessment of ignitability of mattresses and upholstered bed bases - Part 1: Ignition source: smouldering cigarette >
5	软体家具 床垫和沙发 抗引燃特性的评定 第1部分：阴燃的香烟	GB 17927.1—2011	引燃准则	criteria of ignition	—	家具	床垫和沙发	EN 597-1:1995<Furniture - Assessment of ignitability of mattresses and upholstered bed bases - Part 1: Ignition source: smouldering cigarette >	GB 17927.1—2011《软体家具 床垫和沙发 抗引燃特性的评定 第 1 部分：阴燃的香烟》	EN 597-1:1995<Furniture - Assessment of ignitability of mattresses and upholstered bed bases - Part 1: Ignition source: smouldering cigarette >

附表1-1（续）

序号	国家标准名称	标准编号	安全指标中文名称	安全指标英文名称	安全指标单位	适用产品类别（大类）	适用的具体产品名称（小类）	国家标准对应的国际、国外标准（名称、编号）	安全指标对应的检测方法标准（名称、编号）	检测方法标准对应的国际、国外标准（名称、编号）
6	软体家具 床垫和沙发 抗引燃特性的评定 第1部分：阴燃的香烟	GB 17927.1—2011	原则	principle	—	家具	床垫和沙发	EN 597-1:1995<Furniture - Assessment of ignitability of mattresses and upholstered bed bases - Part 1: Ignition source: smouldering cigarette >	GB 17927.1—2011《软体家具 床垫和沙发 抗引燃特性的评定 第1部分：阴燃的香烟》	EN 597-1:1995<Furniture - Assessment of ignitability of mattresses and upholstered bed bases - Part 1: Ignition source: smouldering cigarette >
7	软体家具 床垫和沙发 抗引燃特性的评定 第1部分：阴燃的香烟	GB 17927.1—2011	操作者健康与安全	health and safety of opetators	—	家具	床垫和沙发	EN 597-1:1995<Furniture - Assessment of ignitability of mattresses and upholstered bed bases - Part 1: Ignition source: smouldering cigarette >	GB 17927.1—2011《软体家具 床垫和沙发 抗引燃特性的评定 第1部分：阴燃的香烟》	EN 597-1:1995<Furniture - Assessment of ignitability of mattresses and upholstered bed bases - Part 1: Ignition source: smouldering cigarette >
8	软体家具 床垫和沙发 抗引燃特性的评定 第1部分：阴燃的香烟	GB 17927.1—2011	测试样品	test specimen	—	家具	床垫和沙发	EN 597-1:1995<Furniture - Assessment of ignitability of mattresses and upholstered bed bases - Part 1: Ignition source: smouldering cigarette >	GB 17927.1—2011《软体家具 床垫和沙发 抗引燃特性的评定 第1部分：阴燃的香烟》	EN 597-1:1995<Furniture - Assessment of ignitability of mattresses and upholstered bed bases - Part 1: Ignition source: smouldering cigarette >
9	软体家具 床垫和沙发 抗引燃特性的评定 第1部分：阴燃的香烟	GB 17927.1—2011	试验台	test rig	—	家具	床垫和沙发	EN 597-1:1995<Furniture - Assessment of ignitability of mattresses and upholstered bed bases - Part 1: Ignition source: smouldering cigarette >	GB 17927.1—2011《软体家具 床垫和沙发 抗引燃特性的评定 第1部分：阴燃的香烟》	EN 597-1:1995<Furniture - Assessment of ignitability of mattresses and upholstered bed bases - Part 1: Ignition source: smouldering cigarette >

附表1-1（续）

序号	国家标准名称	标准编号	安全指标中文名称	安全指标英文名称	安全指标单位	适用产品类别（大类）	适用的具体产品名称（小类）	国家标准对应的国际、国外标准（名称、编号）	安全指标对应的检测方法标准（名称、编号）	检测方法标准对应的国际、国外标准（名称、编号）
10	软体家具 床垫和沙发 抗引燃特性的评定 第1部分：阴燃的香烟	GB 17927.1—2011	点火源放置	ignition source application	—	家具	床垫和沙发	EN 597-1:1995<Furniture - Assessment of ignitability of mattresses and upholstered bed bases - Part 1: Ignition source: smouldering cigarette >	GB 17927.1—2011《软体家具 床垫和沙发 抗引燃特性的评定 第1部分：阴燃的香烟》	EN 597-1:1995<Furniture - Assessment of ignitability of mattresses and upholstered bed bases - Part 1: Ignition source: smouldering cigarette >
11	软体家具 床垫和沙发 抗引燃特性的评定 第1部分：阴燃的香烟	GB 17927.1—2011	点火源放置	ignition source application	—	家具	床垫和沙发	EN 597-1:1995<Furniture - Assessment of ignitability of mattresses and upholstered bed bases - Part 1: Ignition source: smouldering cigarette >	GB 17927.1—2011《软体家具 床垫和沙发 抗引燃特性的评定 第1部分：阴燃的香烟》	EN 597-1:1995<Furniture - Assessment of ignitability of mattresses and upholstered bed bases - Part 1: Ignition source: smouldering cigarette >
12	软体家具 床垫和沙发 抗引燃特性的评定 第1部分：阴燃的香烟	GB 17927.1—2011	观察燃烧	observe the the progress of combustion	—	家具	床垫和沙发	EN 597-1:1995<Furniture - Assessment of ignitability of mattresses and upholstered bed bases - Part 1: Ignition source: smouldering cigarette >	GB 17927.1—2011《软体家具 床垫和沙发 抗引燃特性的评定 第1部分：阴燃的香烟》	EN 597-1:1995<Furniture - Assessment of ignitability of mattresses and upholstered bed bases - Part 1: Ignition source: smouldering cigarette >
13	软体家具 床垫和沙发 抗引燃特性的评定 第1部分：阴燃的香烟	GB 17927.1—2011	最终检查	final examination	—	家具	床垫和沙发	EN 597-1:1995<Furniture - Assessment of ignitability of mattresses and upholstered bed bases - Part 1: Ignition source: smouldering cigarette >	GB 17927.1—2011《软体家具 床垫和沙发 抗引燃特性的评定 第1部分：阴燃的香烟》	EN 597-1:1995<Furniture - Assessment of ignitability of mattresses and upholstered bed bases - Part 1: Ignition source: smouldering cigarette >

附表1-1（续）

序号	国家标准名称	标准编号	安全指标中文名称	安全指标英文名称	安全指标单位	适用产品类别（大类）	适用的具体产品名称（小类）	国家标准对应的国际、国外标准（名称、编号）	安全指标对应的检测方法标准（名称、编号）	检测方法标准对应的国际、国外标准（名称、编号）
14	软体家具 床垫和沙发 抗引燃特性的评定 第2部分：模拟火柴火焰	GB 17927.2—2011	范围	scope	—	家具	床垫和沙发	EN 597-2:1995<Furniture - Assessment of ignitability of mattresses and upholstered bed bases - Part 2: Ignition source: match flame equivalent >	GB 17927.2—2011《软体家具 床垫和沙发 抗引燃特性的评定 第2部分：模拟火柴火焰》	EN 597-2:1995<Furniture - Assessment of ignitability of mattresses and upholstered bed bases - Part 2: Ignition source: match flame equivalent >
15	软体家具 床垫和沙发 抗引燃特性的评定 第2部分：模拟火柴火焰	GB 17927.2—2011	引燃准则	criteria of ignition	—	家具	床垫和沙发	EN 597-2:1995<Furniture - Assessment of ignitability of mattresses and upholstered bed bases - Part 2: Ignition source: match flame equivalent >	GB 17927.2—2011《软体家具 床垫和沙发 抗引燃特性的评定 第2部分：模拟火柴火焰》	EN 597-2:1995<Furniture - Assessment of ignitability of mattresses and upholstered bed bases - Part 2: Ignition source: match flame equivalent >
16	软体家具 床垫和沙发 抗引燃特性的评定 第2部分：模拟火柴火焰	GB 17927.2—2011	引燃准则	criteria of ignition	—	家具	床垫和沙发	EN 597-2:1995<Furniture - Assessment of ignitability of mattresses and upholstered bed bases - Part 2: Ignition source: match flame equivalent >	GB 17927.2—2011《软体家具 床垫和沙发 抗引燃特性的评定 第2部分：模拟火柴火焰》	EN 597-2:1995<Furniture - Assessment of ignitability of mattresses and upholstered bed bases - Part 2: Ignition source: match flame equivalent >
17	软体家具 床垫和沙发 抗引燃特性的评定 第2部分：模拟火柴火焰	GB 17927.2—2011	原则	principle	—	家具	床垫和沙发	EN 597-2:1995<Furniture - Assessment of ignitability of mattresses and upholstered bed bases - Part 2: Ignition source: match flame equivalent >	GB 17927.2—2011《软体家具 床垫和沙发 抗引燃特性的评定 第2部分：模拟火柴火焰》	EN 597-2:1995<Furniture - Assessment of ignitability of mattresses and upholstered bed bases - Part 2: Ignition source: match flame equivalent >

附表1-1（续）

序号	国家标准名称	标准编号	安全指标中文名称	安全指标英文名称	安全指标单位	适用产品类别（大类）	适用的具体产品名称（小类）	国家标准对应的国际、国外标准（名称、编号）	安全指标对应的检测方法标准（名称、编号）	检测方法标准对应的国际、国外标准（名称、编号）
18	软体家具 床垫和沙发 抗引燃特性的评定 第2部分：模拟火柴火焰	GB 17927.2—2011	试验台	test rig	—	家具	床垫和沙发	EN 597-2:1995<Furniture - Assessment of ignitability of mattresses and upholstered bed bases - Part 2: Ignition source: match flame equivalent >	GB 17927.2—2011《软体家具 床垫和沙发 抗引燃特性的评定 第2部分：模拟火柴火焰》	EN 597-2:1995<Furniture - Assessment of ignitability of mattresses and upholstered bed bases - Part 2: Ignition source: match flame equivalent >
19	软体家具 床垫和沙发 抗引燃特性的评定 第2部分：模拟火柴火焰	GB 17927.2—2011	点火源系统	ignition source: match equivalent	—	家具	床垫和沙发	EN 597-2:1995<Furniture - Assessment of ignitability of mattresses and upholstered bed bases - Part 2: Ignition source: match flame equivalent >	GB 17927.2—2011《软体家具 床垫和沙发 抗引燃特性的评定 第2部分：模拟火柴火焰》	EN 597-2:1995<Furniture - Assessment of ignitability of mattresses and upholstered bed bases - Part 2: Ignition source: match flame equivalent >
20	软体家具 床垫和沙发 抗引燃特性的评定 第2部分：模拟火柴火焰	GB 17927.2—2011	测试样品	test specimen	—	家具	床垫和沙发	EN 597-2:1995<Furniture - Assessment of ignitability of mattresses and upholstered bed bases - Part 2: Ignition source: match flame equivalent >	GB 17927.2—2011《软体家具 床垫和沙发 抗引燃特性的评定 第2部分：模拟火柴火焰》	EN 597-2:1995<Furniture - Assessment of ignitability of mattresses and upholstered bed bases - Part 2: Ignition source: match flame equivalent >
21	软体家具 床垫和沙发 抗引燃特性的评定 第2部分：模拟火柴火焰	GB 17927.2—2011	小规模测试	small scale	—	家具	床垫和沙发	EN 597-2:1995<Furniture - Assessment of ignitability of mattresses and upholstered bed bases - Part 2: Ignition source: match flame equivalent >	GB 17927.2—2011《软体家具 床垫和沙发 抗引燃特性的评定 第2部分：模拟火柴火焰》	EN 597-2:1995<Furniture - Assessment of ignitability of mattresses and upholstered bed bases - Part 2: Ignition source: match flame equivalent >

附表1-1（续）

序号	国家标准名称	标准编号	安全指标中文名称	安全指标英文名称	安全指标单位	适用产品类别（大类）	适用的具体产品名称（小类）	国家标准对应的国际、国外标准（名称、编号）	安全指标对应的检测方法标准（名称、编号）	检测方法标准对应的国际、国外标准（名称、编号）
22	软体家具 床垫和沙发 抗引燃特性的评定 第2部分：模拟火柴火焰	GB 17927.2—2011	点火源放置	ignition source application	—	家具	床垫和沙发	EN 597-2:1995<Furniture - Assessment of ignitability of mattresses and upholstered bed bases - Part 2: Ignition source: match flame equivalent >	GB 17927.2—2011《软体家具 床垫和沙发 抗引燃特性的评定 第2部分：模拟火柴火焰》	EN 597-2:1995<Furniture - Assessment of ignitability of mattresses and upholstered bed bases - Part 2: Ignition source: match flame equivalent >
23	木家具中挥发性有机物质及重金属迁移限量	GB 18584—201x[①]	预处理	conditioning	—	家具	木家具	ASTM E 1333 <Standard Test Method for Determining Formaldehyde Concentrations in Air and Emission Rates from Wood Products Using a Large Chamber>	GB 18584—201x《木家具中挥发性有机物质及重金属迁移限量》	ASTM E 1333 <Standard Test Method for Determining Formaldehyde Concentrations in Air and Emission Rates from Wood Products Using a Large Chamber>
24	木家具中挥发性有机物质及重金属迁移限量	GB 18584—201x	空气交换率	air exchange rate	—	家具	木家具	ASTM E 1333 <Standard Test Method for Determining Formaldehyde Concentrations in Air and Emission Rates from Wood Products Using a Large Chamber>	GB 18584—201x《木家具中挥发性有机物质及重金属迁移限量》	ASTM E 1333 <Standard Test Method for Determining Formaldehyde Concentrations in Air and Emission Rates from Wood Products Using a Large Chamber>
25	木家具中挥发性有机物质及重金属迁移限量	GB 18584—201x	承载率	loading rate	—	家具	木家具	ASTM E 1333 <Standard Test Method for Determining Formaldehyde Concentrations in Air and Emission Rates from Wood Products Using a Large Chamber>	GB 18584—201x《木家具中挥发性有机物质及重金属迁移限量》	ASTM E 1333 <Standard Test Method for Determining Formaldehyde Concentrations in Air and Emission Rates from Wood Products Using a Large Chamber>

注：①本标准正在进行TBT公示，即将发布。

附表1-1（续）

序号	国家标准名称	标准编号	安全指标中文名称	安全指标英文名称	安全指标单位	适用产品类别（大类）	适用的具体产品名称（小类）	国家标准对应的国际、国外标准（名称、编号）	安全指标对应的检测方法标准（名称、编号）	检测方法标准对应的国际、国外标准（名称、编号）
26	木家具中挥发性有机物质及重金属迁移限量	GB 18584—201x	采样时间点	sampling time point	—	家具	木家具	ASTM E 1333 <Standard Test Method for Determining Formaldehyde Concentrations in Air and Emission Rates from Wood Products Using a Large Chamber>	GB 18584—201x《木家具中挥发性有机物质及重金属迁移限量》	ASTM E 1333 <Standard Test Method for Determining Formaldehyde Concentrations in Air and Emission Rates from Wood Products Using a Large Chamber>
27	木家具中挥发性有机物质及重金属迁移限量	GB 18584—201x	采样点数量	the number of samples	—	家具	木家具	ASTM E 1333 <Standard Test Method for Determining Formaldehyde Concentrations in Air and Emission Rates from Wood Products Using a Large Chamber>	GB 18584—201x《木家具中挥发性有机物质及重金属迁移限量》	ASTM E 1333 <Standard Test Method for Determining Formaldehyde Concentrations in Air and Emission Rates from Wood Products Using a Large Chamber>
28	木家具中挥发性有机物质及重金属迁移限量	GB 18584—201x	采样要求	requirement of sampling	—	家具	木家具	ASTM E 1333 <Standard Test Method for Determining Formaldehyde Concentrations in Air and Emission Rates from Wood Products Using a Large Chamber>	GB 18584—201x《木家具中挥发性有机物质及重金属迁移限量》	ASTM E 1333 <Standard Test Method for Determining Formaldehyde Concentrations in Air and Emission Rates from Wood Products Using a Large Chamber>
29	木家具中挥发性有机物质及重金属迁移限量	GB 18584—201x	污染物背景浓度	background concentration	—	家具	木家具	ASTM E 1333 <Standard Test Method for Determining Formaldehyde Concentrations in Air and Emission Rates from Wood Products Using a Large Chamber>	GB 18584—201x《木家具中挥发性有机物质及重金属迁移限量》	ASTM E 1333 <Standard Test Method for Determining Formaldehyde Concentrations in Air and Emission Rates from Wood Products Using a Large Chamber>

附表1-1（续）

序号	国家标准名称	标准编号	安全指标中文名称	安全指标英文名称	安全指标单位	适用产品类别（大类）	适用的具体产品名称（小类）	国家标准对应的国际、国外标准（名称、编号）	安全指标对应的检测方法标准（名称、编号）	检测方法标准对应的国际、国外标准（名称、编号）
30	木家具中挥发性有机物质及重金属迁移限量	GB 18584—201x	预处理	conditioning	—	家具	木家具	ANSI/BIFMA M7.1-2007<Standard Test Method For Determining VOC Emissions From Office Furniture Systems, Components And Seating>	GB 18584—201x《木家具中挥发性有机物质及重金属迁移限量》	ANSI/BIFMA M7.1-2007<Standard Test Method For Determining VOC Emissions From Office Furniture Systems, Components And Seating>
31	木家具中挥发性有机物质及重金属迁移限量	GB 18584—201x	空气交换率	air exchange rate	—	家具	木家具	ANSI/BIFMA M7.1-2007<Standard Test Method For Determining VOC Emissions From Office Furniture Systems, Components And Seating>	GB 18584—201x《木家具中挥发性有机物质及重金属迁移限量》	ANSI/BIFMA M7.1-2007<Standard Test Method For Determining VOC Emissions From Office Furniture Systems, Components And Seating>
32	木家具中挥发性有机物质及重金属迁移限量	GB 18584—201x	承载率	loading rate	—	家具	木家具	ANSI/BIFMA M7.1-2007<Standard Test Method For Determining VOC Emissions From Office Furniture Systems, Components And Seating>	GB 18584—201x《木家具中挥发性有机物质及重金属迁移限量》	ANSI/BIFMA M7.1-2007<Standard Test Method For Determining VOC Emissions From Office Furniture Systems, Components And Seating>
33	木家具中挥发性有机物质及重金属迁移限量	GB 18584—201x	采样时间点	sampling time point	—	家具	木家具	ANSI/BIFMA M7.1-2007<Standard Test Method For Determining VOC Emissions From Office Furniture Systems, Components And Seating>	GB 18584—201x《木家具中挥发性有机物质及重金属迁移限量》	ANSI/BIFMA M7.1-2007<Standard Test Method For Determining VOC Emissions From Office Furniture Systems, Components And Seating>

附表1-1（续）

序号	国家标准名称	标准编号	安全指标中文名称	安全指标英文名称	安全指标单位	适用产品类别（大类）	适用的具体产品名称（小类）	国家标准对应的国际、国外标准（名称、编号）	安全指标对应的检测方法标准（名称、编号）	检测方法标准对应的国际、国外标准（名称、编号）
34	木家具中挥发性有机物质及重金属迁移限量	GB 18584—201x	采样点数量	the number of samples	—	家具	木家具	ANSI/BIFMA M7.1-2007<Standard Test Method For Determining VOC Emissions From Office Furniture Systems, Components And Seating>	GB 18584—201x《木家具中挥发性有机物质及重金属迁移限量》	ANSI/BIFMA M7.1-2007<Standard Test Method For Determining VOC Emissions From Office Furniture Systems, Components And Seating>
35	木家具中挥发性有机物质及重金属迁移限量	GB 18584—201x	采样要求	requirement of sampling	—	家具	木家具	ANSI/BIFMA M7.1-2007<Standard Test Method For Determining VOC Emissions From Office Furniture Systems, Components And Seating>	GB 18584—201x《木家具中挥发性有机物质及重金属迁移限量》	ANSI/BIFMA M7.1-2007<Standard Test Method For Determining VOC Emissions From Office Furniture Systems, Components And Seating>
36	木家具中挥发性有机物质及重金属迁移限量	GB 18584—201x	污染物背景浓度	background concentration	—	家具	木家具	ANSI/BIFMA M7.1-2007<Standard Test Method For Determining VOC Emissions From Office Furniture Systems, Components And Seating>	GB 18584—201x《木家具中挥发性有机物质及重金属迁移限量》	ANSI/BIFMA M7.1-2007<Standard Test Method For Determining VOC Emissions From Office Furniture Systems, Components And Seating>
37	木家具中挥发性有机物质及重金属迁移限量	GB 18584—201x	预处理	conditioning	—	家具	木家具	ISO 16000-9:2006<Indoor air - Part 9: Determination of the emission of volatile organic compounds from building products and furnishing Emission test chamber method>	GB 18584—201x《木家具中挥发性有机物质及重金属迁移限量》	ISO 16000-9:2006<Indoor air - Part 9: Determination of the emission of volatile organic compounds from building products and furnishing Emission test chamber method>

附表1-1（续）

序号	国家标准名称	标准编号	安全指标中文名称	安全指标英文名称	安全指标单位	适用产品类别（大类）	适用的具体产品名称（小类）	国家标准对应的国际、国外标准（名称、编号）	安全指标对应的检测方法标准（名称、编号）	检测方法标准对应的国际、国外标准（名称、编号）
38	木家具中挥发性有机物质及重金属迁移限量	GB 18584—201x	空气交换率	air exchange rate	—	家具	木家具	ISO 16000-9:2006<Indoor air - Part 9: Determination of the emission of volatile organic compounds from building products and furnishing Emission test chamber method>	GB 18584—201x《木家具中挥发性有机物质及重金属迁移限量》	ISO 16000-9:2006<Indoor air - Part 9: Determination of the emission of volatile organic compounds from building products and furnishing Emission test chamber method>
39	木家具中挥发性有机物质及重金属迁移限量	GB 18584—201x	承载率	loading rate	—	家具	木家具	ISO 16000-9:2006<Indoor air - Part 9: Determination of the emission of volatile organic compounds from building products and furnishing Emission test chamber method>	GB 18584—201x《木家具中挥发性有机物质及重金属迁移限量》	ISO 16000-9:2006<Indoor air - Part 9: Determination of the emission of volatile organic compounds from building products and furnishing Emission test chamber method>
40	木家具中挥发性有机物质及重金属迁移限量	GB 18584—201x	采样时间点	sampling time point	—	家具	木家具	ISO 16000-9:2006<Indoor air - Part 9: Determination of the emission of volatile organic compounds from building products and furnishing Emission test chamber method>	GB 18584—201x《木家具中挥发性有机物质及重金属迁移限量》	ISO 16000-9:2006<Indoor air - Part 9: Determination of the emission of volatile organic compounds from building products and furnishing Emission test chamber method>
41	木家具中挥发性有机物质及重金属迁移限量	GB 18584—201x	采样点数量	the number of samples	—	家具	木家具	ISO 16000-9:2006<Indoor air - Part 9: Determination of the emission of volatile organic compounds from building products and furnishing Emission test chamber method>	GB 18584—201x《木家具中挥发性有机物质及重金属迁移限量》	ISO 16000-9:2006<Indoor air - Part 9: Determination of the emission of volatile organic compounds from building products and furnishing Emission test chamber method>

附表1-1（续）

序号	国家标准名称	标准编号	安全指标中文名称	安全指标英文名称	安全指标单位	适用产品类别（大类）	适用的具体产品名称（小类）	国家标准对应的国际、国外标准（名称、编号）	安全指标对应的检测方法标准（名称、编号）	检测方法标准对应的国际、国外标准（名称、编号）
42	木家具中挥发性有机物质及重金属迁移限量	GB 18584—201x	采样要求	requirement of sampling	—	家具	木家具	ISO 16000-9:2006<Indoor air - Part 9: Determination of the emission of volatile organic compounds from building products and furnishing Emission test chamber method>	GB 18584—201x《木家具中挥发性有机物质及重金属迁移限量》	ISO 16000-9:2006<Indoor air - Part 9: Determination of the emission of volatile organic compounds from building products and furnishing Emission test chamber method>
43	木家具中挥发性有机物质及重金属迁移限量	GB 18584—201x	污染物背景浓度	background concentration	—	家具	木家具	ISO 16000-9:2006<Indoor air - Part 9: Determination of the emission of volatile organic compounds from building products and furnishing Emission test chamber method>	GB 18584—201x《木家具中挥发性有机物质及重金属迁移限量》	ISO 16000-9:2006<Indoor air - Part 9: Determination of the emission of volatile organic compounds from building products and furnishing Emission test chamber method>
44	木家具中挥发性有机物质及重金属迁移限量	GB 18584—201x	采样要求	requirement of sampling	—	家具	木家具	EN 717-1:2004<Wood-based panels-determination of formaldehyde release-Part 1: Formaldehyde emission by the chamber method>	GB 18584—201x《木家具中挥发性有机物质及重金属迁移限量》	EN 717-1:2004<Wood-based panels-determination of formaldehyde release-Part 1: Formaldehyde emission by the chamber method>
45	木家具中挥发性有机物质及重金属迁移限量	GB 18584—201x	承载率	loading rate	—	家具	木家具	EN 717-1:2004<Wood-based panels-determination of formaldehyde release-Part 1: Formaldehyde emission by the chamber method>	GB 18584—201x《木家具中挥发性有机物质及重金属迁移限量》	EN 717-1:2004<Wood-based panels-determination of formaldehyde release-Part 1: Formaldehyde emission by the chamber method>

附表1-1（续）

序号	国家标准名称	标准编号	安全指标中文名称	安全指标英文名称	安全指标单位	适用产品类别（大类）	适用的具体产品名称（小类）	国家标准对应的国际、国外标准（名称、编号）	安全指标对应的检测方法标准（名称、编号）	检测方法标准对应的国际、国外标准（名称、编号）
46	木家具中挥发性有机物质及重金属迁移限量	GB 18584—201x	污染物背景浓度	background concentration	—	家具	木家具	ASTM D6670-2001(2007) <Standard Practice for Full-Scale Chamber Determination of Volatile Organic Emissions from Indoor Materials/Products>	GB 18584—201x《木家具中挥发性有机物质及重金属迁移限量》	ASTM D6670-2001(2007)<Standard Practice for Full-Scale Chamber Determination of Volatile Organic Emissions from Indoor Materials/Products>
47	家具 儿童高椅 第1部分：安全要求	GB 22793.1—2008	孔、间隙和开口	Holes, gaps and openings	mm	家具	儿童高椅	EN 14988-1：2006 <Children's high chairs-Part 1：Safety requirements>	GB 22793.2—2008《家具 儿童高椅 第2部分：试验方法》	EN 14988-2：2006 <Children's high chairs-Part 2：Testmethods>
48	家具 儿童高椅 第1部分：安全要求	GB 22793.1—2008	锁定机构耐久性	Durability of locking mechanism	—	家具	儿童高椅	EN 14988-1：2006 <Children's high chairs-Part 1：Safety requirements>	GB 22793.2—2008《家具 儿童高椅 第2部分：试验方法》	EN 14988-2：2006 <Children's high chairs-Part 2：Testmethods> 6.3
49	家具 儿童高椅 第1部分：安全要求	GB 22793.1—2008	锁定机构强度	Strgngth of the locking mechanism	—	家具	儿童高椅	EN 14988-1：2006 <Children's high chairs-Part 1：Safety requirements>	GB 22793.2—2008《家具 儿童高椅 第2部分：试验方法》	EN 14988-2：2006 <Children's high chairs-Part 2：Testmethods> 6.4
50	家具 儿童高椅 第1部分：安全要求	GB 22793.1—2008	小零件	Samll parts	—	家具	儿童高椅	EN 14988-1：2006 <Children's high chairs-Part 1：Safety requirements>	GB 22793.2—2008《家具 儿童高椅 第2部分：试验方法》	EN 14988-2：2006 <Children's high chairs-Part 2：Testmethods> 6.5

附表1-1（续）

序号	国家标准名称	标准编号	安全指标中文名称	安全指标英文名称	安全指标单位	适用产品类别（大类）	适用的具体产品名称（小类）	国家标准对应的国际、国外标准（名称、编号）	安全指标对应的检测方法标准（名称、编号）	检测方法标准对应的国际、国外标准（名称、编号）
51	家具 儿童高椅 第1部分：安全要求	GB 22793.1—2008	跨带强度	Strength of harness, belt and crotch strap or bar	mm	家具	儿童高椅	EN 14988-1：2006 <Children's high chairs-Part 1：Safety requirements>	GB 22793.2—2008《家具 儿童高椅 第2部分：试验方法》	EN 14988-2：2006 <Children's high chairs-Part 2：Testmethods> 6.8
52	家具 儿童高椅 第1部分：安全要求	GB 22793.1—2008	靠背	Back rest	—	家具	儿童高椅	EN 14988-1：2006 <Children's high chairs-Part 1：Safety requirements>	GB 22793.2—2008《家具 儿童高椅 第2部分：试验方法》	EN 14988-2：2006 <Children's high chairs-Part 2：Testmethods> 6.9
53	家具 儿童高椅 第1部分：安全要求	GB 22793.1—2008	座椅前沿	Seat front edge	—	家具	儿童高椅	EN 14988-1：2006 <Children's high chairs-Part 1：Safety requirements>	GB 22793.2—2008《家具 儿童高椅 第2部分：试验方法》	EN 14988-2：2006 <Children's high chairs-Part 2：Testmethods>
54	家具 儿童高椅 第1部分：安全要求	GB 22793.1—2008	餐盘跌落	Tray drop test	—	家具	儿童高椅	EN 14988-1：2006 <Children's high chairs-Part 1：Safety requirements>	GB 22793.2—2008《家具 儿童高椅 第2部分：试验方法》	EN 14988-2：2006 <Children's high chairs-Part 2：Testmethods>
55	家具 儿童高椅 第1部分：安全要求	GB 22793.1—2008	侧向保护高度	Height of lateral protection	—	家具	儿童高椅	EN 14988-1：2006 <Children's high chairs-Part 1：Safety requirements>	GB 22793.2—2008《家具 儿童高椅 第2部分：试验方法》	EN 14988-2：2006 <Children's high chairs-Part 2：Testmethods> 6.12
56	家具 儿童高椅 第1部分：安全要求	GB 22793.1—2008	侧向稳定性	Sideways stability	—	家具	儿童高椅	EN 14988-1：2006 <Children's high chairs-Part 1：Safety requirements>	GB 22793.2—2008《家具 儿童高椅 第2部分：试验方法》	EN 14988-2：2006 <Children's high chairs-Part 2：Testmethods> 6.13

附表1-1（续）

序号	国家标准名称	标准编号	安全指标中文名称	安全指标英文名称	安全指标单位	适用产品类别（大类）	适用的具体产品名称（小类）	国家标准对应的国际、国外标准（名称、编号）	安全指标对应的检测方法标准（名称、编号）	检测方法标准对应的国际、国外标准（名称、编号）
57	家具 儿童高椅 第1部分：安全要求	GB 22793.1—2008	后向稳定性	Rearwards stability	—	家具	儿童高椅	EN 14988-1：2006 <Children's high chairs-Part 1：Safety requirements>	GB 22793.2—2008《家具 儿童高椅 第2部分：试验方法》	EN 14988-2：2006 <Children's high chairs-Part 2：Testmethods> 6.13
58	家具 儿童高椅 第1部分：安全要求	GB 22793.1—2008	前向稳定性	Forwards stability	—	家具	儿童高椅	EN 14988-1：2006 <Children's high chairs-Part 1：Safety requirements>	GB 22793.2—2008《家具 儿童高椅 第2部分：试验方法》	EN 14988-2：2006 <Children's high chairs-Part 2：Testmethods> 6.13
59	家具 儿童高椅 第1部分：安全要求	GB 22793.1—2008	材料和表面	Materials and surfaces	—	家具	儿童高椅	EN 14988-1：2006 <Children's high chairs-Part 1：Safety requirements>	GB 22793.2—2008《家具 儿童高椅 第2部分：试验方法》	EN 71-3<Safety of toys-Part 3:Migration of certain elemetnts>
60	家用双层床 第1部分：安全要求	GB 24430.1—2009	范围	Scope	—	家具	双层床和高床	EN 747-1:2012<Furniture-Bunk beds and high beds-Part 1:Safety,strength and durability requirements>	GB 24430.2—2009《家用双层床 安全 第2部分：试验》	EN 747-2:2012 <Furniture-Bunk beds and high beds-Part 2:Test methods>
61	家用双层床 第1部分：安全要求	GB 24430.1—2009	垂直突出零件	Vertically protruding parts	—	家具	双层床和高床	EN 747-1:2012<Furniture-Bunk beds and high beds-Part 1:Safety,strength and durability requirements>	GB 24430.2—2009《家用双层床 安全 第2部分：试验》	EN 747-2:2012 <Furniture-Bunk beds and high beds-Part 2:Test methods>
62	家用双层床 第1部分：安全要求	GB 24430.1—2009	可接触的孔、间隙和开口	Accessible holes，gaps andopenings	—	家具	双层床和高床	EN 747-1:2012<Furniture-Bunk beds and high beds-Part 1:Safety,strength and durability requirements>	GB 24430.2—2009《家用双层床 安全 第2部分：试验》	EN 747-2:2012 <Furniture-Bunk beds and high beds-Part 2:Test methods>

附表1-1（续）

序号	国家标准名称	标准编号	安全指标中文名称	安全指标英文名称	安全指标单位	适用产品类别（大类）	适用的具体产品名称（小类）	国家标准对应的国际、国外标准（名称、编号）	安全指标对应的检测方法标准（名称、编号）	检测方法标准对应的国际、国外标准（名称、编号）
63	家用双层床 第1部分：安全要求	GB 24430.1—2009	上下铺面净空距离	Clear distance between upper and lower bed base	—	家具	双层床和高床	EN 747-1:2012<Furniture-Bunk beds and high beds-Part 1:Safety,strength and durability requirements>	GB 24430.2—2009《家用双层床 安全 第2部分：试验》	EN 747-2:2012 <Furniture-Bunk beds and high beds-Part 2:Test methods>
64	家用双层床 第1部分：安全要求	GB 24430.1—2009	安全栏板与床屏之间的间距	Gaps between barriers and bed end structure	—	家具	双层床和高床	EN 747-1:2012<Furniture-Bunk beds and high beds-Part 1:Safety,strength and durability requirements>	GB 24430.2—2009《家用双层床 安全 第2部分：试验》	EN 747-2:2012 <Furniture-Bunk beds and high beds-Part 2:Test methods>
65	家用双层床 第1部分：安全要求	GB 24430.1—2009	安全栏板高度	Height of safety barriers	—	家具	双层床和高床	EN 747-1:2012<Furniture-Bunk beds and high beds-Part 1:Safety,strength and durability requirements>	GB 24430.2—2009《家用双层床 安全 第2部分：试验》	EN 747-2:2012 <Furniture-Bunk beds and high beds-Part 2:Test methods>
66	家用双层床 第1部分：安全要求	GB 24430.1—2009	安全栏板外沿到床脚外沿的垂直投影的距离	Horizontal distance between the outside of the safety barrier and vertical projection of outmost point of the legs	—	家具	双层床和高床	EN 747-1:2012<Furniture-Bunk beds and high beds-Part 1:Safety,strength and durability requirements>	GB 24430.2—2009《家用双层床 安全 第2部分：试验》	EN 747-2:2012 <Furniture-Bunk beds and high beds-Part 2:Test methods>

附表1-1（续）

序号	国家标准名称	标准编号	安全指标中文名称	安全指标英文名称	安全指标单位	适用产品类别（大类）	适用的具体产品名称（小类）	国家标准对应的国际、国外标准（名称、编号）	安全指标对应的检测方法标准（名称、编号）	检测方法标准对应的国际、国外标准（名称、编号）
67	家用双层床 第1部分：安全要求	GB 24430.1—2009	最低一级的脚踏板离地面距离	Ladder or other means of access	—	家具	双层床和高床	EN 747-1:2012<Furniture-Bunk beds and high beds-Part 1:Safety,strength and durability requirements>	GB 24430.2—2009《家用双层床 安全 第2部分：试验》	EN 747-2:2012 <Furniture-Bunk beds and high beds-Part 2:Test methods>
68	家用双层床 第1部分：安全要求	GB 24430.1—2009	最高一级的脚踏板离入口距离	Ladder or other means of access	—	家具	双层床和高床	EN 747-1:2012<Furniture-Bunk beds and high beds-Part 1:Safety,strength and durability requirements>	GB 24430.2—2009《家用双层床 安全 第2部分：试验》	EN 747-2:2012 <Furniture-Bunk beds and high beds-Part 2:Test methods>
69	家用双层床 第1部分：安全要求	GB 24430.1—2009	连续两脚踏板件距离允差	Ladder or other means of access	—	家具	双层床和高床	EN 747-1:2012<Furniture-Bunk beds and high beds-Part 1:Safety,strength and durability requirements>	GB 24430.2—2009《家用双层床 安全 第2部分：试验》	EN 747-2:2012 <Furniture-Bunk beds and high beds-Part 2:Test methods>
70	家用双层床 第1部分：安全要求	GB 24430.1—2009	所有脚踏板前沿应在同一直线上	Ladder or other means of access	—	家具	双层床和高床	EN 747-1:2012<Furniture-Bunk beds and high beds-Part 1:Safety,strength and durability requirements>	GB 24430.2—2009《家用双层床 安全 第2部分：试验》	EN 747-2:2012 <Furniture-Bunk beds and high beds-Part 2:Test methods>
71	家用双层床 第1部分：安全要求	GB 24430.1—2009	安全栏板拐角弧度	Ladder or other means of access	—	家具	双层床和高床	EN 747-1:2012<Furniture-Bunk beds and high beds-Part 1:Safety,strength and durability requirements>	GB 24430.2—2009《家用双层床 安全 第2部分：试验》	EN 747-2:2012 <Furniture-Bunk beds and high beds-Part 2:Test methods>
72	家用双层床 第1部分：安全要求	GB 24430.1—2009	脚踏板垂直静载荷	Vertical static load on treads	—	家具	双层床和高床	EN 747-1:2012<Furniture-Bunk beds and high beds-Part 1:Safety,strength and durability requirements>	GB 24430.2—2009《家用双层床 安全 第2部分：试验》	EN 747-2:2012 <Furniture-Bunk beds and high beds-Part 2:Test methods>

附表1-1（续）

序号	国家标准名称	标准编号	安全指标中文名称	安全指标英文名称	安全指标单位	适用产品类别（大类）	适用的具体产品名称（小类）	国家标准对应的国际、国外标准（名称、编号）	安全指标对应的检测方法标准（名称、编号）	检测方法标准对应的国际、国外标准（名称、编号）
73	家用双层床 第1部分：安全要求	GB 24430.1—2009	脚踏板耐久性	Durability of treads	—	家具	双层床和高床	EN 747-1:2012<Furniture-Bunk beds and high beds-Part 1:Safety,strength and durability requirements>	GB 24430.2—2009《家用双层床 安全 第2部分：试验》	EN 747-2:2012 <Furniture-Bunk beds and high beds-Part 2:Test methods>
74	家用双层床 第1部分：安全要求	GB 24430.1—2009	稳定性	Stability	—	家具	双层床和高床	EN 747-1:2012<Furniture-Bunk beds and high beds-Part 1:Safety,strength and durability requirements>	GB 24430.2—2009《家用双层床 安全 第2部分：试验》	EN 747-2:2012 <Furniture-Bunk beds and high beds-Part 2:Test methods>
75	家用双层床 第1部分：安全要求	GB 24430.1—2009	使用说明	Instruction for use	—	家具	双层床和高床	EN 747-1:2012<Furniture-Bunk beds and high beds-Part 1:Safety,strength and durability requirements>	GB 24430.2—2009《家用双层床 安全 第2部分：试验》	EN 747-2:2012 <Furniture-Bunk beds and high beds-Part 2:Test methods>
76	实验室家具通用技术条件	GB 24820—2009	范围	scope	—	家具	实验台	EN 13150:2001 <Workbenches for laboratories-Dimensions, safety requirements and test methods>	GB 24820—2009《实验室家具通用技术条件》	EN 13150:2001 <Workbenches for laboratories-Dimensions, safety requirements and test methods>
77	实验室家具通用技术条件	GB 24820—2009	台面高度	work surface heght	—	家具	实验台	EN 13150:2001 <Workbenches for laboratories-Dimensions, safety requirements and test methods>	GB 24820—2009《实验室家具通用技术条件》	EN 13150:2001 <Workbenches for laboratories-Dimensions, safety requirements and test methods>
78	实验室家具通用技术条件	GB 24820—2009	操作台下净空	leg room	—	家具	实验台	EN 13150:2001 <Workbenches for laboratories-Dimensions, safety requirements and test methods>	GB 24820—2009《实验室家具通用技术条件》	EN 13150:2001 <Workbenches for laboratories-Dimensions, safety requirements and test methods>

附表1-1（续）

序号	国家标准名称	标准编号	安全指标中文名称	安全指标英文名称	安全指标单位	适用产品类别（大类）	适用的具体产品名称（小类）	国家标准对应的国际、国外标准（名称、编号）	安全指标对应的检测方法标准（名称、编号）	检测方法标准对应的国际、国外标准（名称、编号）
79	实验室家具通用技术条件	GB 24820—2009	设施区深度	service zone	—	家具	实验台	EN 13150:2001 <Workbenches for laboratories-Dimensions, safety requirements and test methods>	GB 24820—2009《实验室家具通用技术条件》	EN 13150:2001 <Workbenches for laboratories-Dimensions, safety requirements and test methods>
80	实验室家具通用技术条件	GB 24820—2009	挡水板	retaining edges	—	家具	实验台	EN 13150:2001 <Workbenches for laboratories-Dimensions, safety requirements and test methods>	GB 24820—2009《实验室家具通用技术条件》	EN 13150:2001 <Workbenches for laboratories-Dimensions, safety requirements and test methods>
81	实验室家具通用技术条件	GB 24820—2009	水平静载荷	horizontal static load	—	家具	实验台	EN 13150:2001 <Workbenches for laboratories-Dimensions, safety requirements and test methods>	GB 24820—2009《实验室家具通用技术条件》	EN 13150:2001 <Workbenches for laboratories-Dimensions, safety requirements and test methods>
82	实验室家具通用技术条件	GB 24820—2009	活动操作台跌落	drop test of movable workbenches（tables）	—	家具	实验台	EN 13150:2001 <Workbenches for laboratories-Dimensions, safety requirements and test methods>	GB 24820—2009《实验室家具通用技术条件》	EN 13150:2001 <Workbenches for laboratories-Dimensions, safety requirements and test methods>
83	实验室家具通用技术条件	GB 24820—2009	水平耐久性试验	horizontal fatigue test	—	家具	实验台	EN 13150:2001 <Workbenches for laboratories-Dimensions, safety requirements and test methods>	GB 24820—2009《实验室家具通用技术条件》	EN 13150:2001 <Workbenches for laboratories-Dimensions, safety requirements and test methods>

附表1-1（续）

序号	国家标准名称	标准编号	安全指标中文名称	安全指标英文名称	安全指标单位	适用产品类别（大类）	适用的具体产品名称（小类）	国家标准对应的国际、国外标准（名称、编号）	安全指标对应的检测方法标准（名称、编号）	检测方法标准对应的国际、国外标准（名称、编号）
84	实验室家具通用技术条件	GB 24820—2009	垂直耐久性试验	vertical fatigue test	—	家具	实验台	EN 13150:2001 <Workbenches for laboratories-Dimensions, safety requirements and test methods>	GB 24820—2009《实验室家具通用技术条件》	EN 13150:2001 <Workbenches for laboratories-Dimensions, safety requirements and test methods>
85	实验室家具通用技术条件	GB 24820—2009	垂直冲击试验	vertical impact test	—	家具	实验台	EN 13150:2001 <Workbenches for laboratories-Dimensions, safety requirements and test methods>	GB 24820—2009《实验室家具通用技术条件》	EN 13150:2001 <Workbenches for laboratories-Dimensions, safety requirements and test methods>
86	实验室家具通用技术条件	GB 24820—2009	范围	scope	—	家具	实验室用柜	EN 14727:2005 <Laboratory furniture-Storage units for laboratories-Pequirements and test methods>	GB 24820—2009《实验室家具通用技术条件》	EN 14727:2005 <Laboratory furniture-Storage units for laboratories-Pequirements and test methods>
87	实验室家具通用技术条件	GB 24820—2009	搁板弯曲试验	deflection of shelves	—	家具	实验室用柜	EN 14727:2005 <Laboratory furniture-Storage units for laboratories-Pequirements and test methods>	GB 24820—2009《实验室家具通用技术条件》	EN 14727:2005 <Laboratory furniture-Storage units for laboratories-Pequirements and test methods>
88	实验室家具通用技术条件	GB 24820—2009	搁板支撑件强度试验	shgelf supports	—	家具	实验室用柜	EN 14727:2005 <Laboratory furniture-Storage units for laboratories-Pequirements and test methods>	GB 24820—2009《实验室家具通用技术条件》	EN 14727:2005 <Laboratory furniture-Storage units for laboratories-Pequirements and test methods>

附表1-1（续）

序号	国家标准名称	标准编号	安全指标中文名称	安全指标英文名称	安全指标单位	适用产品类别（大类）	适用的具体产品名称（小类）	国家标准对应的国际、国外标准（名称、编号）	安全指标对应的检测方法标准（名称、编号）	检测方法标准对应的国际、国外标准（名称、编号）
89	实验室家具通用技术条件	GB 24820—2009	拉门强度试验	pivoted doors	—	家具	实验室用柜	EN 14727:2005 <Laboratory furniture-Storage units for laboratories-Pequirements and test methods>	GB 24820—2009《实验室家具通用技术条件》	EN 14727:2005 <Laboratory furniture-Storage units for laboratories-Pequirements and test methods>
90	实验室家具通用技术条件	GB 24820—2009	拉门水平静载荷试验	horizontal static force on open door	—	家具	实验室用柜	EN 14727:2005 <Laboratory furniture-Storage units for laboratories-Pequirements and test methods>	GB 24820—2009《实验室家具通用技术条件》	EN 14727:2005 <Laboratory furniture-Storage units for laboratories-Pequirements and test methods>
91	实验室家具通用技术条件	GB 24820—2009	拉门耐久性试验	durability test on hinged and pivoted doors	—	家具	实验室用柜	EN 14727:2005 <Laboratory furniture-Storage units for laboratories-Pequirements and test methods>	GB 24820—2009《实验室家具通用技术条件》	EN 14727:2005 <Laboratory furniture-Storage units for laboratories-Pequirements and test methods>
92	实验室家具通用技术条件	GB 24820—2009	拉门猛开试验	slam-open test of pivoted doors	—	家具	实验室用柜	EN 14727:2005 <Laboratory furniture-Storage units for laboratories-Pequirements and test methods>	GB 24820—2009《实验室家具通用技术条件》	EN 14727:2005 <Laboratory furniture-Storage units for laboratories-Pequirements and test methods>
93	实验室家具通用技术条件	GB 24820—2009	抽屉猛关	slam-shut test for drawers	—	家具	实验室用柜	EN 14727:2005 <Laboratory furniture-Storage units for laboratories-Pequirements and test methods>	GB 24820—2009《实验室家具通用技术条件》	EN 14727:2005 <Laboratory furniture-Storage units for laboratories-Pequirements and test methods>

附表1-1（续）

序号	国家标准名称	标准编号	安全指标中文名称	安全指标英文名称	安全指标单位	适用产品类别（大类）	适用的具体产品名称（小类）	国家标准对应的国际、国外标准（名称、编号）	安全指标对应的检测方法标准（名称、编号）	检测方法标准对应的国际、国外标准（名称、编号）
94	实验室家具通用技术条件	GB 24820—2009	抽屉猛开	slam open test for draewrs equipped with open stops	—	家具	实验室用柜	EN 14727:2005 <Laboratory furniture-Storage units for laboratories-Pequirements and test methods>	GB 24820—2009《实验室家具通用技术条件》	EN 14727:2005 <Laboratory furniture-Storage units for laboratories-Pequirements and test methods>
95	实验室家具通用技术条件	GB 24820—2009	顶板的垂直静载荷试验	static load on top surfaces of storage units	—	家具	实验室用柜	EN 14727:2005 <Laboratory furniture-Storage units for laboratories-Pequirements and test methods>	GB 24820—2009《实验室家具通用技术条件》	EN 14727:2005 <Laboratory furniture-Storage units for laboratories-Pequirements and test methods>
96	实验室家具通用技术条件	GB 24820—2009	顶板的垂直静载荷试验	static load on top surfaces of storage units	—	家具	实验室用柜	EN 14727:2005 <Laboratory furniture-Storage units for laboratories-Pequirements and test methods>	GB 24820—2009《实验室家具通用技术条件》	EN 14727:2005 <Laboratory furniture-Storage units for laboratories-Pequirements and test methods>
97	实验室家具通用技术条件	GB 24820—2009	垂直启闭的卷门猛关试验	slam shut/open of roll-fronts	—	家具	实验室用柜	EN 14727:2005 <Laboratory furniture-Storage units for laboratories-Pequirements and test methods>	GB 24820—2009《实验室家具通用技术条件》	EN 14727:2005 <Laboratory furniture-Storage units for laboratories-Pequirements and test methods>
98	实验室家具通用技术条件	GB 24820—2009	垂直启闭的卷门耐久性试验	durability of roll-fronts	—	家具	实验室用柜	EN 14727:2005 <Laboratory furniture-Storage units for laboratories-Pequirements and test methods>	GB 24820—2009《实验室家具通用技术条件》	EN 14727:2005 <Laboratory furniture-Storage units for laboratories-Pequirements and test methods>

附表1-1（续）

序号	国家标准名称	标准编号	安全指标中文名称	安全指标英文名称	安全指标单位	适用产品类别（大类）	适用的具体产品名称（小类）	国家标准对应的国际、国外标准（名称、编号）	安全指标对应的检测方法标准（名称、编号）	检测方法标准对应的国际、国外标准（名称、编号）
99	实验室家具通用技术条件	GB 24820—2009	过载试验	overload test of wall and top mounted units	—	家具	实验室用柜	EN 14727:2005 <Laboratory furniture-Storage units for laboratories-Pequirements and test methods>	GB 24820—2009《实验室家具通用技术条件》	EN 14727:2005 <Laboratory furniture-Storage units for laboratories-Pequirements and test methods>
100	实验室家具通用技术条件	GB 24820—2009	主体结构和底架的强度试验	strength test of structure and underframe	—	家具	实验室用柜	EN 14727:2005 <Laboratory furniture-Storage units for laboratories-Pequirements and test methods>	GB 24820—2009《实验室家具通用技术条件》	EN 14727:2005 <Laboratory furniture-Storage units for laboratories-Pequirements and test methods>
101	实验室家具通用技术条件	GB 24820—2009	安装说明书	installation instruction	—	家具	实验室用柜	EN 14727:2005 <Laboratory furniture-Storage units for laboratories-Pequirements and test methods>	GB 24820—2009《实验室家具通用技术条件》	EN 14727:2005 <Laboratory furniture-Storage units for laboratories-Pequirements and test methods>
102	卫浴家具	GB 24977—2010			—	家具	卫浴家具	—	GB 24977—2010《卫浴家具》	—
103	折叠翻靠床安全要求和试验方法 第1部分：安全要求	GB 26172.1—2010	折叠翻靠床的安装	mounting of the bed to the building	—	家具	折叠翻靠床	EN 1129-1:1995<Furniture-Foldaway beds-Safety requirements and testing-Part1:Safety requirements>	GB 26172.2—2010《折叠翻靠床 安全要求和试验方法 第2部分：试验方法》	EN 1129-1:1995 <Furniture-Foldaway beds-Safety requirements and testing-Part1:Safety requirements>
104	儿童家具通用技术条件	GB 28007—2011	—	—	—	家具	儿童家具	—	GB 28007—2011《儿童家具通用技术条件》	—

附表1-1（续）

序号	国家标准名称	标准编号	安全指标中文名称	安全指标英文名称	安全指标单位	适用产品类别（大类）	适用的具体产品名称（小类）	国家标准对应的国际、国外标准（名称、编号）	安全指标对应的检测方法标准（名称、编号）	检测方法标准对应的国际、国外标准（名称、编号）
105	玻璃家具安全技术要求	GB 28008—2011	—	—	—	家具	玻璃家具	—	GB 28008—2011《玻璃家具安全技术要求》	—
106	红木家具通用技术条件	GB 28010—2011	—	—	—	家具	红木家具	—	GB 28010—2011《红木家具通用技术条件》	—
107	户外休闲家具安全性能要求桌椅类产品	GB 28478—2012	使用时可接触的管件、孔和间隙	tubular components, holes and gaps accessible during use	—	家具	户外休闲家具	EN 581-2:2009<Outdoor furniture - Seating and tables for camping, domestic and contract use - Part 2: Mechanical safety requirments and test methods for seating>	GB 28478—2012《户外休闲家具安全性能要求　桌椅类产品》	EN 581-2:2009<Outdoor furniture - Seating and tables for camping, domestic and contract use - Part 2：Mechanical safety requirments and test methods for seating>
108	户外休闲家具安全性能要求桌椅类产品	GB 28478—2012	使用时可接触的管件、孔和间隙	tubular components, holes and gaps accessible during use	—	家具	户外休闲家具	EN 581-2:2009<Outdoor furniture - Seating and tables for camping, domestic and contract use - Part 2: Mechanical safety requirments and test methods for seating>	GB 28478—2012《户外休闲家具安全性能要求　桌椅类产品》	EN 581-2:2009<Outdoor furniture - Seating and tables for camping, domestic and contract use - Part 2：Mechanical safety requirments and test methods for seating>
109	户外休闲家具安全性能要求桌椅类产品	GB 28478—2012	范围	scope	—	家具	户外休闲家具	EN 581-2:2009<Outdoor furniture - Seating and tables for camping, domestic and contract use - Part 2: Mechanical safety requirments and test methods for seating>	GB 28478—2012《户外休闲家具安全性能要求　桌椅类产品》	EN 581-2:2009<Outdoor furniture - Seating and tables for camping, domestic and contract use - Part 2：Mechanical safety requirments and test methods for seating>

附表1-1（续）

序号	国家标准名称	标准编号	安全指标中文名称	安全指标英文名称	安全指标单位	适用产品类别（大类）	适用的具体产品名称（小类）	国家标准对应的国际、国外标准（名称、编号）	安全指标对应的检测方法标准（名称、编号）	检测方法标准对应的国际、国外标准（名称、编号）
110	户外休闲家具安全性能要求　桌椅类产品	GB 28478—2012	座背联合疲劳测试	seat and back fatigue test for seating	—	家具	户外休闲家具	EN 581-2:2009<Outdoor furniture - Seating and tables for camping, domestic and contract use - Part 2: Mechanical safety requirments and test methods for seating>	GB 28478—2012《户外休闲家具安全性能要求　桌椅类产品》	EN 581-2:2009<Outdoor furniture - Seating and tables for camping, domestic and contract use - Part 2：Mechanical safety requirments and test methods for seating>
111	户外休闲家具安全性能要求　桌椅类产品	GB 28478—2012	椅背静载荷	seat and back static load test	—	家具	户外休闲家具	EN 581-2:2009<Outdoor furniture - Seating and tables for camping, domestic and contract use - Part 2: Mechanical safety requirments and test methods for seating>	GB 28478—2012《户外休闲家具安全性能要求　桌椅类产品》	EN 581-2:2009<Outdoor furniture - Seating and tables for camping, domestic and contract use - Part 2：Mechanical safety requirments and test methods for seating>
112	户外休闲家具安全性能要求　桌椅类产品	GB 28478—2012	椅背静载荷	seat and back static load test	—	家具	户外休闲家具	EN 581-2:2009<Outdoor furniture - Seating and tables for camping, domestic and contract use - Part 2: Mechanical safety requirments and test methods for seating>	GB 28478—2012《户外休闲家具安全性能要求　桌椅类产品》	EN 581-2:2009<Outdoor furniture - Seating and tables for camping, domestic and contract use - Part 2：Mechanical safety requirments and test methods for seating>
113	家用的童床和折叠小床第1部分：安全要求	QB 2453.1—1999	纺织品、涂层织物、塑料表面的燃烧性能	flammability of textiles, coated textiles and plastic coverings	—	家具	童床和折叠小床	EN 716-1:2008+A1：2013 <Children's cots and folding cots for domestic use Part 1:Safety requirements>	QB 2453.2—1999《家用的童床和折叠小床　第2部分：试验方法》	EN 716-2:2008+A1：2013<Children's cots and folding cots for domestic use Part 2:Test methods>

附表1-1（续）

序号	国家标准名称	标准编号	安全指标中文名称	安全指标英文名称	安全指标单位	适用产品类别（大类）	适用的具体产品名称（小类）	国家标准对应的国际、国外标准（名称、编号）	安全指标对应的检测方法标准（名称、编号）	检测方法标准对应的国际、国外标准（名称、编号）
114	家用的童床和折叠小床　第1部分：安全要求	QB 2453.1—1999	初始稳定性	initial stability	—	家具	童床和折叠小床	EN 716-1:2008+A1：2013 <Children's cots and folding cots for domestic use Part 1:Safety requirements>	QB/T 2453.2—1999《家用的童床和折叠小床　第2部分：试验方法》	EN 716-2:2008+A1：2013<Children's cots and folding cots for domestic use Part 2:Test methods>
115	家用的童床和折叠小床　第1部分：安全要求	QB 2453.1—1999	标签和贴花	labels and decals	—	家具	童床和折叠小床	EN 716-1:2008+A1：2013 <Children's cots and folding cots for domestic use Part 1:Safety requirements>	QB/T 2453.2—1999《家用的童床和折叠小床　第2部分：试验方法》	EN 716-2:2008+A1：2013<Children's cots and folding cots for domestic use Part 2:Test methods>
116	家用的童床和折叠小床　第1部分：安全要求	QB 2453.1—1999	脚轮和轮子	castors and wheels	—	家具	童床和折叠小床	EN 716-1:2008+A1：2013 <Children's cots and folding cots for domestic use Part 1:Safety requirements>	QB/T 2453.2—1999《家用的童床和折叠小床　第2部分：试验方法》	EN 716-2:2008+A1：2013<Children's cots and folding cots for domestic use Part 2:Test methods>
117	家用的童床和折叠小床　第1部分：安全要求	QB 2453.1—1999	童床外侧的头部夹持	head entrapment on the outside of the cot	—	家具	童床和折叠小床	EN 716-1:2008+A1：2013 <Children's cots and folding cots for domestic use Part 1:Safety requirements>	QB/T 2453.2—1999《家用的童床和折叠小床　第2部分：试验方法》	EN 716-2:2008+A1：2013<Children's cots and folding cots for domestic use Part 2:Test methods>
118	家用的童床和折叠小床　第1部分：安全要求	QB 2453.1—1999	探棒直径和施力大小	measuring probe diameters and applied forces	—	家具	童床和折叠小床	EN 716-1:2008+A1：2013 <Children's cots and folding cots for domestic use Part 1:Safety requirements>	QB/T 2453.2—1999《家用的童床和折叠小床　第2部分：试验方法》	EN 716-2:2008+A1：2013<Children's cots and folding cots for domestic use Part 2:Test methods>

附表1-1（续）

序号	国家标准名称	标准编号	安全指标中文名称	安全指标英文名称	安全指标单位	适用产品类别（大类）	适用的具体产品名称（小类）	国家标准对应的国际、国外标准（名称、编号）	安全指标对应的检测方法标准（名称、编号）	检测方法标准对应的国际、国外标准（名称、编号）
119	家用的童床和折叠小床　第1部分：安全要求	QB 2453.1—1999	落脚点	determination of a foothold	—	家具	童床和折叠小床	EN 716-1:2008+A1：2013 <Children's cots and folding cots for domestic use Part 1:Safety requirements>	QB/T 2453.2—1999《家用的童床和折叠小床　第2部分：试验方法》	EN 716-2:2008+A1：2013<Children's cots and folding cots for domestic use Part 2:Test methods>
120	家用的童床和折叠小床　第1部分：安全要求	QB 2453.1—1999	落脚点与床边、床头最高点的距离	distance between fotholds and top of cot sides and ends	—	家具	童床和折叠小床	EN 716-1:2008+A1：2013 <Children's cots and folding cots for domestic use Part 1:Safety requirements>	QB/T 2453.2—1999《家用的童床和折叠小床　第2部分：试验方法》	EN 716-2:2008+A1：2013<Children's cots and folding cots for domestic use Part 2:Test methods>
121	家用的童床和折叠小床　第1部分：安全要求	QB 2453.1—1999	落脚点与床边、床头最高点的距离的测量	measurement of distance between fotholds and top of cot sides and ends	—	家具	童床和折叠小床	EN 716-1:2008+A1：2013 <Children's cots and folding cots for domestic use Part 1:Safety requirements>	QB/T 2453.2—1999《家用的童床和折叠小床　第2部分：试验方法》	EN 716-2:2008+A1：2013<Children's cots and folding cots for domestic use Part 2:Test methods>
122	家用的童床和折叠小床　第1部分：安全要求	QB 2453.1—1999	小零件	small parts	—	家具	童床和折叠小床	EN 716-1:2008+A1：2013 <Children's cots and folding cots for domestic use Part 1:Safety requirements>	QB/T 2453.2—1999《家用的童床和折叠小床　第2部分：试验方法》	EN 716-2:2008+A1：2013<Children's cots and folding cots for domestic use Part 2:Test methods>
123	家用的童床和折叠小床　第1部分：安全要求	QB 2453.1—1999	啃咬测试	bite test	—	家具	童床和折叠小床	EN 716-1:2008+ A1：2013 <Children's cots and folding cots for domestic use Part 1:Safety requirements>	QB/T 2453.2—1999《家用的童床和折叠小床　第2部分：试验方法》	EN 716-2:2008+A1：2013<Children's cots and folding cots for domestic use Part 2:Test methods>

附表1-1（续）

序号	国家标准名称	标准编号	安全指标中文名称	安全指标英文名称	安全指标单位	适用产品类别（大类）	适用的具体产品名称（小类）	国家标准对应的国际、国外标准（名称、编号）	安全指标对应的检测方法标准（名称、编号）	检测方法标准对应的国际、国外标准（名称、编号）
124	家用的童床和折叠小床 第1部分：安全要求	QB 2453.1—1999	床底强度（冲击测试）	strength of bed base and mattress base (impact test)	—	家具	童床和折叠小床	EN 716-1:2008+ A1：2013 <Children's cots and folding cots for domestic use Part 1:Safety requirements>	QB/T 2453.2—1999《家用的童床和折叠小床 第2部分：试验方法》	EN 716-2:2008+A1：2013<Children's cots and folding cots for domestic use Part 2:Test methods>
125	家用的童床和折叠小床 第1部分：安全要求	QB 2453.1—1999	网状及软体的侧面及端面强度（静载荷测试）	strength of mesh and flexible sides and ends (static load test)	—	家具	童床和折叠小床	EN 716-1:2008+ A1：2013 <Children's cots and folding cots for domestic use Part 1:Safety requirements>	QB/T 2453.2—1999《家用的童床和折叠小床 第2部分：试验方法》	EN 716-2:2008+A1：2013<Children's cots and folding cots for domestic use Part 2:Test methods>
126	家用的童床和折叠小床 第1部分：安全要求	QB 2453.1—1999	使用说明	instructions for use	—	家具	童床和折叠小床	EN 716-1:2008+ A1：2013 <Children's cots and folding cots for domestic use Part 1:Safety requirements>	QB/T 2453.2—1999《家用的童床和折叠小床 第2部分：试验方法》	EN 716-2:2008+A1：2013<Children's cots and folding cots for domestic use Part 2:Test methods>
127	家用的童床和折叠小床 第1部分：安全要求	QB 2453.1—1999	使用说明	instructions for use	—	家具	童床和折叠小床	EN 716-1:2008+ A1：2013 <Children's cots and folding cots for domestic use Part 1:Safety requirements>	QB/T 2453.2—1999《家用的童床和折叠小床 第2部分：试验方法》	EN 716-2:2008+A1：2013<Children's cots and folding cots for domestic use Part 2:Test methods>
128	家用的童床和折叠小床 第1部分：安全要求	QB 2453.1—1999	使用说明	instructions for use	—	家具	童床和折叠小床	EN 716-1:2008+ A1：2013 <Children's cots and folding cots for domestic use Part 1:Safety requirements>	QB/T 2453.2—1999《家用的童床和折叠小床 第2部分：试验方法》	EN 716-2:2008+A1：2013<Children's cots and folding cots for domestic use Part 2:Test methods>

附表1-1（续）

序号	国家标准名称	标准编号	安全指标中文名称	安全指标英文名称	安全指标单位	适用产品类别（大类）	适用的具体产品名称（小类）	国家标准对应的国际、国外标准（名称、编号）	安全指标对应的检测方法标准（名称、编号）	检测方法标准对应的国际、国外标准（名称、编号）
129	家用的童床和折叠小床 第1部分：安全要求	QB 2453.1—1999	使用说明	instructions for use	—	家具	童床和折叠小床	EN 716-1:2008+A1：2013 <Children's cots and folding cots for domestic use Part 1:Safety requirements>	QB/T 2453.2—1999《家用的童床和折叠小床 第2部分：试验方法》	EN 716-2:2008+A1：2013<Children's cots and folding cots for domestic use Part 2:Test methods>
130	家用的童床和折叠小床 第1部分：安全要求	QB 2453.1—1999	使用说明	instructions for use	—	家具	童床和折叠小床	EN 716-1:2008+A1：2013 <Children's cots and folding cots for domestic use Part 1:Safety requirements>	QB/T 2453.2—1999《家用的童床和折叠小床 第2部分：试验方法》	EN 716-2:2008+A1：2013<Children's cots and folding cots for domestic use Part 2:Test methods>
131	家用的童床和折叠小床 第1部分：安全要求	QB 2453.1—1999	使用说明	instructions for use	—	家具	童床和折叠小床	EN 716-1:2008+A1：2013 <Children's cots and folding cots for domestic use Part 1:Safety requirements>	QB/T 2453.2—1999《家用的童床和折叠小床 第2部分：试验方法》	EN 716-2:2008+A1：2013<Children's cots and folding cots for domestic use Part 2:Test methods>
132	家用的童床和折叠小床 第1部分：安全要求	QB 2453.1—1999	使用说明	instructions for use	—	家具	童床和折叠小床	EN 716-1:2008+A1：2013 <Children's cots and folding cots for domestic use Part 1:Safety requirements>	QB/T 2453.2—1999《家用的童床和折叠小床 第2部分：试验方法》	EN 716-2:2008+A1：2013<Children's cots and folding cots for domestic use Part 2:Test methods>
133	家用的童床和折叠小床 第1部分：安全要求	QB 2453.1—1999	使用说明	instructions for use	—	家具	童床和折叠小床	EN 716-1:2008+A1：2013 <Children's cots and folding cots for domestic use Part 1:Safety requirements>	QB/T 2453.2—1999《家用的童床和折叠小床 第2部分：试验方法》	EN 716-2:2008+A1：2013<Children's cots and folding cots for domestic use Part 2:Test methods>
134	塑料家具中有害物质限量	GB 28481—2012	—	—	—	家具	塑料家具	—	GB 28481—2012《塑料家具中有害物质限量》	—

附表 1-2 国际标准或国外先进标准信息采集表

序号	国际、国外标准名称	标准编号	安全指标中文名称	安全指标英文名称	安全指标单位	适用产品类别（大类）	适用的具体产品名称（小类）	安全指标对应的检测方法标准（名称、编号）	检测方法标准对应的国家标准（名称、编号）	国际标准对应的国家标准（名称、编号）
1	<Children's high chairs-Part 1：Safety requirements>	EN 14988-1: 2006	孔、间隙和开口	Holes,gaps and openings	mm	家具	儿童高椅	EN 14988-2：2006<Children's high chairs-Part 2：Testmethods>	GB 22793.2—2008《家具 儿童高椅 第2部分：试验方法》	GB 22793.1—2008《家具 儿童高椅 第1部分：安全要求》
2	<Children's high chairs-Part 1：Safety requirements>	EN 14988-1: 2006	锁定机构耐久性	Durability of locking mechanism	—	家具	儿童高椅	EN 14988-2：2006<Children's high chairs-Part 2：Testmethods> 6.3	GB 22793.2—2008《家具 儿童高椅 第2部分：试验方法》	GB 22793.1—2008《家具 儿童高椅 第1部分：安全要求》
3	<Children's high chairs-Part 1：Safety requirements>	EN 14988-1: 2006	锁定机构强度	Strgngth of the locking mechanism	—	家具	儿童高椅	EN 14988-2：2006<Children's high chairs-Part 2：Testmethods> 6.4	GB 22793.2—2008《家具 儿童高椅 第2部分：试验方法》	GB 22793.1—2008《家具 儿童高椅 第1部分：安全要求》
4	<Children's high chairs-Part 1：Safety requirements>	EN 14988-1: 2006	小零件	Samll parts	—	家具	儿童高椅	EN 14988-2：2006<Children's high chairs-Part 2：Testmethods> 6.5	GB 22793.2—2008《家具 儿童高椅 第2部分：试验方法》	GB 22793.1—2008《家具 儿童高椅 第1部分：安全要求》
5	<Children's high chairs-Part 1：Safety requirements>	EN 14988-1: 2006	跨带强度	Strength of harness, belt and crotch strap or bar	mm	家具	儿童高椅	EN 14988-2：2006<Children's high chairs-Part 2：Testmethods> 6.8	GB 22793.2—2008《家具 儿童高椅 第2部分：试验方法》	GB 22793.1—2008《家具 儿童高椅 第1部分：安全要求》
6	<Children's high chairs-Part 1：Safety requirements>	EN 14988-1: 2006	靠背	Back rest	—	家具	儿童高椅	EN 14988-2：2006<Children's high chairs-Part 2：Testmethods> 6.9	GB 22793.2—2008《家具 儿童高椅 第2部分：试验方法》	GB 22793.1—2008《家具 儿童高椅 第1部分：安全要求》

附表1-2（续）

序号	国际、国外标准名称	标准编号	安全指标中文名称	安全指标英文名称	安全指标单位	适用产品类别（大类）	适用的具体产品名称（小类）	安全指标对应的检测方法标准（名称、编号）	检测方法标准对应的国家标准（名称、编号）	国际标准对应的国家标准（名称、编号）
7	<Children’s high chairs-Part 1：Safety requirements>	EN 14988-1:2006	座椅前沿	Seat front edge	—	家具	儿童高椅	EN 14988-2：2006<Children’s high chairs-Part 2：Testmethods>	GB 22793.2—2008《家具　儿童高椅　第2部分：试验方法》	GB 22793.1—2008《家具　儿童高椅　第1部分：安全要求》
8	<Children’s high chairs-Part 1：Safety requirements>	EN 14988-1:2006	餐盘跌落	Tray drop test	—	家具	儿童高椅	EN 14988-2：2006<Children’s high chairs-Part 2：Testmethods>	GB 22793.2—2008《家具　儿童高椅　第2部分：试验方法》	GB 22793.1—2008《家具　儿童高椅　第1部分：安全要求》
9	<Children’s high chairs-Part 1：Safety requirements>	EN 14988-1:2006	侧向保护高度	Height of lateral protection	—	家具	儿童高椅	EN 14988-2：2006<Children’s high chairs-Part 2：Testmethods> 6.12	GB 22793.2—2008《家具　儿童高椅　第2部分：试验方法》	GB 22793.1—2008《家具　儿童高椅　第1部分：安全要求》
10	<Children’s high chairs-Part 1：Safety requirements>	EN 14988-1:2006	侧向稳定性	Sideways stability	—	家具	儿童高椅	EN 14988-2：2006<Children’s high chairs-Part 2：Testmethods> 6.13	GB 22793.2—2008《家具　儿童高椅　第2部分：试验方法》	GB 22793.1—2008《家具　儿童高椅　第1部分：安全要求》
11	<Children’s high chairs-Part 1：Safety requirements>	EN 14988-1:2006	后向稳定性	Rearwards stability	N	家具	儿童高椅	EN 14988-2：2006<Children’s high chairs-Part 2：Testmethods> 6.13	GB 22793.2—2008《家具　儿童高椅　第2部分：试验方法》	GB 22793.1—2008《家具　儿童高椅　第1部分：安全要求》
12	<Children’s high chairs-Part 1：Safety requirements>	EN 14988-1:2006	前向稳定性	Forwards stability	—	家具	儿童高椅	EN 14988-2：2006<Children’s high chairs-Part 2：Testmethods> 6.13	GB 22793.2—2008《家具　儿童高椅　第2部分：试验方法》	GB 22793.1—2008《家具　儿童高椅　第1部分：安全要求》

附表1-2（续）

序号	国际、国外标准名称	标准编号	安全指标中文名称	安全指标英文名称	安全指标单位	适用产品类别（大类）	适用的具体产品名称（小类）	安全指标对应的检测方法标准（名称、编号）	检测方法标准对应的国家标准（名称、编号）	国际标准对应的国家标准（名称、编号）
13	<Children's high chairs-Part 1：Safety requirements>	EN 14988-1:2006	材料和表面	Materials and surfaces	—	家具	儿童高椅	EN 71-3<Safety of toys-Part 3:Migration of certain elemetnts>	《家具 儿童高椅 第2部分：试验方法》GB 22793.2—2008	《家具 儿童高椅 第1部分：安全要求》GB 22793.1—2008
14	<Furniture-Bunk beds and high beds-Part 1:Safety,strength and durability requirements>	EN 747-1:2012	范围	Scope	—	家具	双层床和高床	EN 747-2:2012<Furniture-Bunk beds and high beds-Part 2:Test methods>	GB 24430.2-2009《家用双层床 安全 第2部分：试验》	GB 24430.1—2009《家用双层床 安全 第1部分：要求》
15	<Furniture-Bunk beds and high beds-Part 1:Safety,strength and durability requirements>	EN 747-1:2012	垂直突出零件	Vertically protruding parts	—	家具	双层床和高床	EN 747-2:2012<Furniture-Bunk beds and high beds-Part 2:Test methods>	GB 24430.2—2009《家用双层床 安全 第2部分：试验》	GB 24430.1—2009《家用双层床 安全 第1部分：要求》
16	<Furniture-Bunk beds and high beds-Part 1:Safety,strength and durability requirements>	EN 747-1:2012	可接触的孔、间隙和开口	Accessible holes，gaps andopenings	—	家具	双层床和高床	EN 747-2:2012<Furniture-Bunk beds and high beds-Part 2:Test methods>	GB 24430.2—2009《家用双层床 安全 第2部分：试验》	GB 24430.1—2009《家用双层床 安全 第1部分：要求》
17	<Furniture-Bunk beds and high beds-Part 1:Safety,strength and durability requirements>	EN 747-1:2012	上下铺面净空距离	Clear distance between upper and lower bed base	—	家具	双层床和高床	EN 747-2:2012<Furniture-Bunk beds and high beds-Part 2:Test methods>	GB 24430.2—2009《家用双层床 安全 第2部分：试验》	GB 24430.1—2009《家用双层床 安全 第1部分：要求》
18	<Furniture-Bunk beds and high beds-Part 1:Safety,strength and durability requirements>	EN 747-1:2012	安全栏板与床屏之间的间距	Gaps between barriers and bed end structure	—	家具	双层床和高床	EN 747-2:2012<Furniture-Bunk beds and high beds-Part 2:Test methods>	GB 24430.2—2009《家用双层床 安全 第2部分：试验》	GB 24430.1—2009《家用双层床 安全 第1部分：要求》

附表1-2（续）

序号	国际、国外标准名称	标准编号	安全指标中文名称	安全指标英文名称	安全指标单位	适用产品类别（大类）	适用的具体产品名称（小类）	安全指标对应的检测方法标准（名称、编号）	检测方法标准对应的国家标准（名称、编号）	国际标准对应的国家标准（名称、编号）
19	<Furniture-Bunk beds and high beds-Part 1:Safety,strength and durability requirements>	EN 747-1:2012	安全栏板高度	Height of safety barriers	—	家具	双层床和高床	EN 747-2:2012<Furniture-Bunk beds and high beds-Part 2:Test methods>	GB 24430.2—2009《家用双层床 安全 第2部分：试验》	GB 24430.1—2009《家用双层床 安全 第1部分：要求》
20	<Furniture-Bunk beds and high beds-Part 1:Safety,strength and durability requirements>	EN 747-1:2012	安全栏板外沿到床脚外沿的垂直投影的距离	Horizontal distance between the outside of the safety barrier and vertical projection of outmost point of the legs	—	家具	双层床和高床	EN 747-2:2012<Furniture-Bunk beds and high beds-Part 2:Test methods>	GB 24430.2—2009《家用双层床 安全 第2部分：试验》	GB 24430.1—2009《家用双层床 安全 第1部分：要求》
21	<Furniture-Bunk beds and high beds-Part 1:Safety,strength and durability requirements>	EN 747-1:2012	最低一级的的脚踏板离地面距离	Ladder or other means of access	—	家具	双层床和高床	EN 747-2:2012<Furniture-Bunk beds and high beds-Part 2:Test methods>	GB 24430.2—2009《家用双层床 安全 第2部分：试验》	GB 24430.1—2009《家用双层床 安全 第1部分：要求》
22	<Furniture-Bunk beds and high beds-Part 1:Safety,strength and durability requirements>	EN 747-1:2012	最高一级的的脚踏板离入口距离	Ladder or other means of access	—	家具	双层床和高床	EN 747-2:2012<Furniture-Bunk beds and high beds-Part 2:Test methods>	GB 24430.2—2009《家用双层床 安全 第2部分：试验》	GB 24430.1—2009《家用双层床 安全 第1部分：要求》
23	<Furniture-Bunk beds and high beds-Part 1:Safety,strength and durability requirements>	EN 747-1:2012	连续两脚踏板件距离允差	Ladder or other means of access	—	家具	双层床和高床	EN 747-2:2012<Furniture-Bunk beds and high beds-Part 2:Test methods>	GB 24430.2—2009《家用双层床 安全 第2部分：试验》	GB 24430.1—2009《家用双层床 安全 第1部分：要求》

附表1-2（续）

序号	国际、国外标准名称	标准编号	安全指标中文名称	安全指标英文名称	安全指标单位	适用产品类别（大类）	适用的具体产品名称（小类）	安全指标对应的检测方法标准（名称、编号）	检测方法标准对应的国家标准（名称、编号）	国际标准对应的国家标准（名称、编号）
24	<Furniture-Bunk beds and high beds-Part 1:Safety,strength and durability requirements>	EN 747-1:2012	所有脚踏板前沿应在同一直线上	Ladder or other means of access	—	家具	双层床和高床	EN 747-2:2012<Furniture-Bunk beds and high beds-Part 2:Test methods>	GB 24430.2—2009《家用双层床 安全 第2部分：试验》	GB 24430.1—2009《家用双层床 安全 第1部分：要求》
25	<Furniture-Bunk beds and high beds-Part 1:Safety,strength and durability requirements>	EN 747-1:2012	安全栏板拐角弧度	Ladder or other means of access	—	家具	双层床和高床	EN 747-2:2012<Furniture-Bunk beds and high beds-Part 2:Test methods>	GB 24430.2—2009《家用双层床 安全 第2部分：试验》	GB 24430.1—2009《家用双层床 安全 第1部分：要求》
26	<Furniture-Bunk beds and high beds-Part 1:Safety,strength and durability requirements>	EN 747-1:2012	脚踏板垂直静载荷	Vertical static load on treads	—	家具	双层床和高床	EN 747-2:2012<Furniture-Bunk beds and high beds-Part 2:Test methods>	GB 24430.2-2009《家用双层床 安全 第2部分：试验》	GB 24430.1—2009《家用双层床 安全 第1部分：要求》
27	<Furniture-Bunk beds and high beds-Part 1:Safety,strength and durability requirements>	EN 747-1:2012	脚踏板耐久性	Durability of treads	—	家具	双层床和高床	EN 747-2:2012<Furniture-Bunk beds and high beds-Part 2:Test methods>	GB 24430.2—2009《家用双层床 安全 第2部分：试验》	GB 24430.1—2009《家用双层床 安全 第1部分：要求》
28	<Furniture-Bunk beds and high beds-Part 1:Safety,strength and durability requirements>	EN 747-1:2012	稳定性	Stability	—	家具	双层床和高床	EN 747-2:2012<Furniture-Bunk beds and high beds-Part 2:Test methods>	GB 24430.2—2009《家用双层床 安全 第2部分：试验》	GB 24430.1—2009《家用双层床 安全 第1部分：要求》
29	<Furniture-Bunk beds and high beds-Part 1:Safety,strength and durability requirements>	EN 747-1:2012	使用说明	Instruction for use	—	家具	双层床和高床	EN 747-2:2012<Furniture-Bunk beds and high beds-Part 2:Test methods>	GB 24430.2—2009《家用双层床 安全 第2部分：试验》	GB 24430.1—2009《家用双层床 安全 第1部分：要求》

附表1-2（续）

序号	国际、国外标准名称	标准编号	安全指标中文名称	安全指标英文名称	安全指标单位	适用产品类别（大类）	适用的具体产品名称（小类）	安全指标对应的检测方法标准（名称、编号）	检测方法标准对应的国家标准（名称、编号）	国际标准对应的国家标准（名称、编号）
30	<Furniture - Assessment of ignitability of mattresses and upholstered bed bases - Part 1: Ignition source: smouldering cigarette >	EN 597-1: 1995	范围	scope	—	家具	床垫和软体床基	EN 597-1:1995<Furniture - Assessment of ignitability of mattresses and upholstered bed bases - Part 1: Ignition source: smouldering cigarette >	GB 17927.1—2011《软体家具 床垫和沙发 抗引燃特性的评定 第1部分：阴燃的香烟》	GB 17927.1—2011《软体家具 床垫和沙发 抗引燃特性的评定 第1部分：阴燃的香烟》
31	<Furniture - Assessment of ignitability of mattresses and upholstered bed bases - Part 1: Ignition source: smouldering cigarette >	EN 597-1: 1995	引燃准则	criteria of ignition	—	家具	床垫和软体床基	EN 597-1:1995<Furniture - Assessment of ignitability of mattresses and upholstered bed bases - Part 1: Ignition source: smouldering cigarette >	GB 17927.1—2011《软体家具 床垫和沙发 抗引燃特性的评定 第1部分：阴燃的香烟》	GB 17927.1—2011《软体家具 床垫和沙发 抗引燃特性的评定 第1部分：阴燃的香烟》
32	<Furniture - Assessment of ignitability of mattresses and upholstered bed bases - Part 1: Ignition source: smouldering cigarette >	EN 597-1: 1995	引燃准则	criteria of ignition	—	家具	床垫和软体床基	EN 597-1:1995<Furniture - Assessment of ignitability of mattresses and upholstered bed bases - Part 1: Ignition source: smouldering cigarette >	GB 17927.1—2011《软体家具 床垫和沙发 抗引燃特性的评定 第1部分：阴燃的香烟》	GB 17927.1—2011《软体家具 床垫和沙发 抗引燃特性的评定 第1部分：阴燃的香烟》
33	<Furniture - Assessment of ignitability of mattresses and upholstered bed bases - Part 1: Ignition source: smouldering cigarette >	EN 597-1: 1995	引燃准则	criteria of ignition	—	家具	床垫和软体床基	EN 597-1:1995<Furniture - Assessment of ignitability of mattresses and upholstered bed bases - Part 1: Ignition source: smouldering cigarette >	GB 17927.1—2011《软体家具 床垫和沙发 抗引燃特性的评定 第1部分：阴燃的香烟》	GB 17927.1—2011《软体家具 床垫和沙发 抗引燃特性的评定 第1部分：阴燃的香烟》

附表1-2（续）

序号	国际、国外标准名称	标准编号	安全指标中文名称	安全指标英文名称	安全指标单位	适用产品类别（大类）	适用的具体产品名称（小类）	安全指标对应的检测方法标准（名称、编号）	检测方法标准对应的国家标准（名称、编号）	国际标准对应的国家标准（名称、编号）
34	<Furniture - Assessment of ignitability of mattresses and upholstered bed bases - Part 1: Ignition source: smouldering cigarette >	EN 597-1: 1995	原则	principle	—	家具	床垫和软体床基	EN 597-1:1995<Furniture - Assessment of ignitability of mattresses and upholstered bed bases - Part 1: Ignition source: smouldering cigarette >	GB 17927.1—2011《软体家具 床垫和沙发 抗引燃特性的评定 第1部分：阴燃的香烟》	GB 17927.1—2011《软体家具 床垫和沙发 抗引燃特性的评定 第1部分：阴燃的香烟》
35	<Furniture - Assessment of ignitability of mattresses and upholstered bed bases - Part 1: Ignition source: smouldering cigarette >	EN 597-1: 1995	操作者健康与安全	health and safety of opetators	—	家具	床垫和软体床基	EN 597-1:1995<Furniture - Assessment of ignitability of mattresses and upholstered bed bases - Part 1: Ignition source: smouldering cigarette >	GB 17927.1—2011《软体家具 床垫和沙发 抗引燃特性的评定 第1部分：阴燃的香烟》	GB 17927.1—2011《软体家具 床垫和沙发 抗引燃特性的评定 第1部分：阴燃的香烟》
36	<Furniture - Assessment of ignitability of mattresses and upholstered bed bases - Part 1: Ignition source: smouldering cigarette >	EN 597-1: 1995	测试样品	test specimen	—	家具	床垫和软体床基	EN 597-1:1995<Furniture - Assessment of ignitability of mattresses and upholstered bed bases - Part 1: Ignition source: smouldering cigarette >	GB 17927.1—2011《软体家具 床垫和沙发 抗引燃特性的评定 第1部分：阴燃的香烟》	GB 17927.1—2011《软体家具 床垫和沙发 抗引燃特性的评定 第1部分：阴燃的香烟》
37	<Furniture - Assessment of ignitability of mattresses and upholstered bed bases - Part 1: Ignition source: smouldering cigarette >	EN 597-1: 1995	实验台	test rig	—	家具	床垫和软体床基	EN 597-1:1995<Furniture - Assessment of ignitability of mattresses and upholstered bed bases - Part 1: Ignition source: smouldering cigarette >	GB 17927.1—2011《软体家具 床垫和沙发 抗引燃特性的评定 第1部分：阴燃的香烟》	GB 17927.1—2011《软体家具 床垫和沙发 抗引燃特性的评定 第1部分：阴燃的香烟》

附表1-2（续）

序号	国际、国外标准名称	标准编号	安全指标中文名称	安全指标英文名称	安全指标单位	适用产品类别（大类）	适用的具体产品名称（小类）	安全指标对应的检测方法标准（名称、编号）	检测方法标准对应的国家标准（名称、编号）	国际标准对应的国家标准（名称、编号）
38	<Furniture - Assessment of ignitability of mattresses and upholstered bed bases - Part 1: Ignition source: smouldering cigarette >	EN 597-1:1995	点火源放置	ignition source application	—	家具	床垫和软体床基	EN 597-1:1995<Furniture - Assessment of ignitability of mattresses and upholstered bed bases - Part 1: Ignition source: smouldering cigarette >	GB 17927.1—2011《软体家具 床垫和沙发 抗引燃特性的评定 第1部分：阴燃的香烟》	GB 17927.1—2011《软体家具 床垫和沙发 抗引燃特性的评定 第1部分：阴燃的香烟》
39	<Furniture - Assessment of ignitability of mattresses and upholstered bed bases - Part 1: Ignition source: smouldering cigarette >	EN 597-1:1995	点火源放置	ignition source application	—	家具	床垫和软体床基	EN 597-1:1995<Furniture - Assessment of ignitability of mattresses and upholstered bed bases - Part 1: Ignition source: smouldering cigarette >	GB 17927.1—2011《软体家具 床垫和沙发 抗引燃特性的评定 第1部分：阴燃的香烟》	GB 17927.1—2011《软体家具 床垫和沙发 抗引燃特性的评定 第1部分：阴燃的香烟》
40	<Furniture - Assessment of ignitability of mattresses and upholstered bed bases - Part 1: Ignition source: smouldering cigarette >	EN 597-1:1995	观察燃烧	observe the the progress of combustion	—	家具	床垫和软体床基	EN 597-1:1995<Furniture - Assessment of ignitability of mattresses and upholstered bed bases - Part 1: Ignition source: smouldering cigarette >	GB 17927.1—2011《软体家具 床垫和沙发 抗引燃特性的评定 第1部分：阴燃的香烟》	GB 17927.1—2011《软体家具 床垫和沙发 抗引燃特性的评定 第1部分：阴燃的香烟》
41	<Furniture - Assessment of ignitability of mattresses and upholstered bed bases - Part 1: Ignition source: smouldering cigarette >	EN 597-1:1995	最终检查	final examination	—	家具	床垫和软体床基	EN 597-1:1995<Furniture - Assessment of ignitability of mattresses and upholstered bed bases - Part 1: Ignition source: smouldering cigarette >	GB 17927.1—2011《软体家具 床垫和沙发 抗引燃特性的评定 第1部分：阴燃的香烟》	GB 17927.1—2011《软体家具 床垫和沙发 抗引燃特性的评定 第1部分：阴燃的香烟》

附表1-2（续）

序号	国际、国外标准名称	标准编号	安全指标中文名称	安全指标英文名称	安全指标单位	适用产品类别（大类）	适用的具体产品名称（小类）	安全指标对应的检测方法标准（名称、编号）	检测方法标准对应的国家标准（名称、编号）	国际标准对应的国家标准（名称、编号）
42	<Furniture - Assessment of ignitability of mattresses and upholstered bed bases - Part 2: Ignition source: match flame equivalent >	EN 597-2:1995	范围	scope	—	家具	床垫和软体床基	EN 597-2:1995<Furniture - Assessment of ignitability of mattresses and upholstered bed bases - Part 2: Ignition source: match flame equivalent >	GB 17927.2—2011《软体家具 床垫和沙发 抗引燃特性的评定 第2部分：模拟火柴火焰》	GB 17927.2—2011《软体家具 床垫和沙发 抗引燃特性的评定 第2部分：模拟火柴火焰》
43	<Furniture - Assessment of ignitability of mattresses and upholstered bed bases - Part 2: Ignition source: match flame equivalent >	EN 597-2:1995	引燃准则	criteria of ignition	—	家具	床垫和软体床基	EN 597-2:1995<Furniture - Assessment of ignitability of mattresses and upholstered bed bases - Part 2: Ignition source: match flame equivalent >	GB 17927.2—2011《软体家具 床垫和沙发 抗引燃特性的评定 第2部分：模拟火柴火焰》	GB 17927.2—2011《软体家具 床垫和沙发 抗引燃特性的评定 第2部分：模拟火柴火焰》
44	<Furniture - Assessment of ignitability of mattresses and upholstered bed bases - Part 2: Ignition source: match flame equivalent >	EN 597-2:1995	引燃准则	criteria of ignition	—	家具	床垫和软体床基	EN 597-2:1995<Furniture - Assessment of ignitability of mattresses and upholstered bed bases - Part 2: Ignition source: match flame equivalent >	GB 17927.2—2011《软体家具 床垫和沙发 抗引燃特性的评定 第2部分：模拟火柴火焰》	GB 17927.2—2011《软体家具 床垫和沙发 抗引燃特性的评定 第2部分：模拟火柴火焰》
45	<Furniture - Assessment of ignitability of mattresses and upholstered bed bases - Part 2: Ignition source: match flame equivalent >	EN 597-2:1995	原则	principle	—	家具	床垫和软体床基	EN 597-2:1995<Furniture - Assessment of ignitability of mattresses and upholstered bed bases - Part 2: Ignition source: match flame equivalent >	GB 17927.2—2011《软体家具 床垫和沙发 抗引燃特性的评定 第2部分：模拟火柴火焰》	GB 17927.2—2011《软体家具 床垫和沙发 抗引燃特性的评定 第2部分：模拟火柴火焰》

附表1-2（续）

序号	国际、国外标准名称	标准编号	安全指标中文名称	安全指标英文名称	安全指标单位	适用产品类别（大类）	适用的具体产品名称（小类）	安全指标对应的检测方法标准（名称、编号）	检测方法标准对应的国家标准（名称、编号）	国际标准对应的国家标准（名称、编号）
46	<Furniture - Assessment of ignitability of mattresses and upholstered bed bases - Part 2: Ignition source: match flame equivalent >	EN 597-2:1995	实验台	test rig	—	家具	床垫和软体床基	EN 597-2:1995<Furniture - Assessment of ignitability of mattresses and upholstered bed bases - Part 2: Ignition source: match flame equivalent >	GB 17927.2—2011《软体家具 床垫和沙发 抗引燃特性的评定 第2部分：模拟火柴火焰》	GB 17927.2—2011《软体家具 床垫和沙发 抗引燃特性的评定 第2部分：模拟火柴火焰》
47	<Furniture - Assessment of ignitability of mattresses and upholstered bed bases - Part 2: Ignition source: match flame equivalent >	EN 597-2:1995	点火源系统	ignition source：match equivalent	—	家具	床垫和软体床基	EN 597-2:1995<Furniture - Assessment of ignitability of mattresses and upholstered bed bases - Part 2: Ignition source: match flame equivalent >	GB 17927.2—2011《软体家具 床垫和沙发 抗引燃特性的评定 第2部分：模拟火柴火焰》	GB 17927.2—2011《软体家具 床垫和沙发 抗引燃特性的评定 第2部分：模拟火柴火焰》
48	<Furniture - Assessment of ignitability of mattresses and upholstered bed bases - Part 2: Ignition source: match flame equivalent >	EN 597-2:1995	测试样品	test specimen	—	家具	床垫和软体床基	EN 597-2:1995<Furniture - Assessment of ignitability of mattresses and upholstered bed bases - Part 2: Ignition source: match flame equivalent >	GB 17927.2—2011《软体家具 床垫和沙发 抗引燃特性的评定 第2部分：模拟火柴火焰》	GB 17927.2—2011《软体家具 床垫和沙发 抗引燃特性的评定 第2部分：模拟火柴火焰》
49	<Furniture - Assessment of ignitability of mattresses and upholstered bed bases - Part 2: Ignition source: match flame equivalent >	EN 597-2:1995	小规模测试	small scale	—	家具	床垫和软体床基	EN 597-2:1995<Furniture - Assessment of ignitability of mattresses and upholstered bed bases - Part 2: Ignition source: match flame equivalent >	GB 17927.2—2011《软体家具 床垫和沙发 抗引燃特性的评定 第2部分：模拟火柴火焰》	GB 17927.2—2011《软体家具 床垫和沙发 抗引燃特性的评定 第2部分：模拟火柴火焰》

附表1-2（续）

序号	国际、国外标准名称	标准编号	安全指标中文名称	安全指标英文名称	安全指标单位	适用产品类别（大类）	适用的具体产品名称（小类）	安全指标对应的检测方法标准（名称、编号）	检测方法标准对应的国家标准（名称、编号）	国际标准对应的国家标准（名称、编号）
50	<Furniture - Assessment of ignitability of mattresses and upholstered bed bases - Part 2: Ignition source: match flame equivalent >	EN 597-2:1995	点火源放置	ignition source application	—	家具	床垫和软体床基	EN 597-2:1995<Furniture - Assessment of ignitability of mattresses and upholstered bed bases - Part 2: Ignition source: match flame equivalent >	GB 17927.2—2011《软体家具 床垫和沙发 抗引燃特性的评定 第2部分：模拟火柴火焰》	GB 17927.2—2011《软体家具 床垫和沙发 抗引燃特性的评定 第2部分：模拟火柴火焰》
51	<Specification for resistance to ignition of mattresses, mattress pads, divans and bed bases>	BS 7177:2008	防火表现要求	performance reqirements for resistance to ignition	—	家具	床垫、软床、床基	EN 597-1:1995<Furniture - Assessment of ignitability of mattresses and upholstered bed bases - Part 1: Ignition source: smouldering cigarette >、EN 597-2:1995<Furniture - Assessment of ignitability of mattresses and upholstered bed bases - Part 2: Ignition source: match flame equivalent > BS 6807:2006<Methods of test for assessment of the ignitability of mattresses, upholstered divans and upholstered bed bases with flaming types of primary and secondary sources of ignition>	GB 17927.1—2011《软体家具 床垫和沙发 抗引燃特性的评定 第1部分：阴燃的香烟》 GB 17927.2—2011《软体家具 床垫和沙发 抗引燃特性的评定 第2部分：模拟火柴火焰》	无
52	<Children's cots and folding cots for domestic use Part 1:Safety requirements>	EN 716-1:2008+A1：2013	易接触部件	accessible parts	—	家具	童床和折叠小床	EN 716-2:2008+A1：2013 <Children's cots and folding cots for domestic use Part 2:Test methods>	QB/T 2453.2—1999《家用的童床和折叠小床 第2部分：试验方法》	QB/T 2453.1—1999《家用的童床和折叠小床 第1部分：安全要求》

附表1-2（续）

序号	国际、国外标准名称	标准编号	安全指标中文名称	安全指标英文名称	安全指标单位	适用产品类别（大类）	适用的具体产品名称（小类）	安全指标对应的检测方法标准（名称、编号）	检测方法标准对应的国家标准（名称、编号）	国际标准对应的国家标准（名称、编号）
53	<Children's cots and folding cots for domestic use Part 1:Safety requirements>	EN 716-1:2008+A1：2013	纺织品、涂层织物、塑料表面的燃烧性能	flammability of textiles, coated textiles and plastic coverings	—	家具	童床和折叠小床	EN 716-2:2008+A1：2013 <Children's cots and folding cots for domestic use Part 2:Test methods>	QB/T 2453.2—1999《家用的童床和折叠小床 第2部分：试验方法》	QB/T 2453.1—1999《家用的童床和折叠小床 第1部分：安全要求》
54	<Children's cots and folding cots for domestic use Part 1:Safety requirements>	EN 716-1:2008+A1：2013	初始稳定性	initial stability	—	家具	童床和折叠小床	EN 716-2:2008+A1：2013 <Children's cots and folding cots for domestic use Part 2:Test methods>	QB/T 2453.2—1999《家用的童床和折叠小床 第2部分：试验方法》	QB/T 2453.1—1999《家用的童床和折叠小床 第1部分：安全要求》
55	<Children's cots and folding cots for domestic use Part 1:Safety requirements>	EN 716-1:2008+A1：2013	标签和贴花	labels and decals	—	家具	童床和折叠小床	EN 716-2:2008+A1：2013 <Children's cots and folding cots for domestic use Part 2:Test methods>	QB 2453.2—1999《家用的童床和折叠小床 第2部分：试验方法》	QB 2453.1—1999《家用的童床和折叠小床 第1部分：安全要求》
56	<Children's cots and folding cots for domestic use Part 1:Safety requirements>	EN 716-1:2008+A1：2013	脚轮和轮子	castors and wheels	—	家具	童床和折叠小床	EN 716-2:2008+A1：2013 <Children's cots and folding cots for domestic use Part 2:Test methods>	QB/T 2453.2—1999《家用的童床和折叠小床 第2部分：试验方法》	QB/T 2453.1—1999《家用的童床和折叠小床 第1部分：安全要求》
57	<Children's cots and folding cots for domestic use Part 1:Safety requirements>	EN 716-1:2008+A1：2013	童床外侧的头部夹持	head entrapment on the outside of the cot	—	家具	童床和折叠小床	EN 716-2:2008+A1：2013 <Children's cots and folding cots for domestic use Part 2:Test methods>	QB/T 2453.2—1999《家用的童床和折叠小床 第2部分：试验方法》	QB/T 2453.1—1999《家用的童床和折叠小床 第1部分：安全要求》

附表1-2（续）

序号	国际、国外标准名称	标准编号	安全指标中文名称	安全指标英文名称	安全指标单位	适用产品类别（大类）	适用的具体产品名称（小类）	安全指标对应的检测方法标准（名称、编号）	检测方法标准对应的国家标准（名称、编号）	国际标准对应的国家标准（名称、编号）
58	<Children's cots and folding cots for domestic use Part 1:Safety requirements>	EN 716-1:2008+A1：2013	探棒直径和施力大小	measuring probe diameters and applied forces	mm, N	家具	童床和折叠小床	EN 716-2:2008+A1：2013 <Children's cots and folding cots for domestic use Part 2:Test methods>	QB/T 2453.2—1999《家用的童床和折叠小床第2部分：试验方法》	QB/T 2453.1—1999《家用的童床和折叠小床第1部分：安全要求》
59	<Children's cots and folding cots for domestic use Part 1:Safety requirements>	EN 716-1:2008+A1：2013	落脚点	determination of a foothold	—	家具	童床和折叠小床	EN 716-2:2008+A1：2013 <Children's cots and folding cots for domestic use Part 2:Test methods>	QB/T 2453.2—1999《家用的童床和折叠小床第2部分：试验方法》	QB/T 2453.1—1999《家用的童床和折叠小床第1部分：安全要求》
60	<Children's cots and folding cots for domestic use Part 1:Safety requirements>	EN 716-1:2008+A1：2013	落脚点与床边、床头最高点的距离	distance between footholds and top of cot sides and ends	mm	家具	童床和折叠小床	EN 716-2:2008+A1：2013 <Children's cots and folding cots for domestic use Part 2:Test methods>	QB/T 2453.2—1999《家用的童床和折叠小床第2部分：试验方法》	QB/T 2453.1—1999《家用的童床和折叠小床第1部分：安全要求》
61	<Children's cots and folding cots for domestic use Part 1:Safety requirements>	EN 716-1:2008+A1：2013	落脚点与床边、床头最高点的距离的测量	measurement of distance between footholds and top of cot sides and ends	—	家具	童床和折叠小床	EN 716-2:2008+A1：2013 <Children's cots and folding cots for domestic use Part 2:Test methods>	QB/T 2453.2—1999《家用的童床和折叠小床第2部分：试验方法》	QB/T 2453.1—1999《家用的童床和折叠小床第1部分：安全要求》
62	<Children's cots and folding cots for domestic use Part 1:Safety requirements>	EN 716-1:2008+A1：2013	小零件	small parts	mm, N	家具	童床和折叠小床	EN 716-2:2008+A1：2013 <Children's cots and folding cots for domestic use Part 2:Test methods>	QB/T 2453.2—1999《家用的童床和折叠小床第2部分：试验方法》	QB/T 2453.1—1999《家用的童床和折叠小床第1部分：安全要求》

附表1-2（续）

序号	国际、国外标准名称	标准编号	安全指标中文名称	安全指标英文名称	安全指标单位	适用产品类别（大类）	适用的具体产品名称（小类）	安全指标对应的检测方法标准（名称、编号）	检测方法标准对应的国家标准（名称、编号）	国际标准对应的国家标准（名称、编号）
63	<Children's cots and folding cots for domestic use Part 1:Safety requirements>	EN 716-1:2008+A1：2013	啃咬测试	bite test	N，s	家具	童床和折叠小床	EN 716-2:2008+A1：2013 <Children's cots and folding cots for domestic use Part 2:Test methods>	QB/T 2453.2—1999《家用的童床和折叠小床 第2部分：试验方法》	QB/T 2453.1—1999《家用的童床和折叠小床 第1部分：安全要求》
64	<Children's cots and folding cots for domestic use Part 1:Safety requirements>	EN 716-1:2008+A1：2013	床底强度（冲击测试）	strength of bed base and mattress base (impact test)	—	家具	童床和折叠小床	EN 716-2:2008+A1：2013 <Children's cots and folding cots for domestic use Part 2:Test methods>	QB/T 2453.2—1999《家用的童床和折叠小床 第2部分：试验方法》	QB/T 2453.1—1999《家用的童床和折叠小床 第1部分：安全要求》
65	<Children's cots and folding cots for domestic use Part 1:Safety requirements>	EN 716-1:2008+A1：2013	网状及软体的侧面及端面强度（静载荷测试）	strength of mesh and flexible sides and ends（static load test）	N，s	家具	童床和折叠小床	EN 716-2:2008+A1：2013 <Children's cots and folding cots for domestic use Part 2:Test methods>	QB/T 2453.2—1999《家用的童床和折叠小床 第2部分：试验方法》	QB/T 2453.1—1999《家用的童床和折叠小床 第1部分：安全要求》
66	<Children's cots and folding cots for domestic use Part 1:Safety requirements>	EN 716-1:2008+A1：2013	使用说明	instructions for use	mm	家具	童床和折叠小床	EN 716-2:2008+A1：2013 <Children's cots and folding cots for domestic use Part 2:Test methods>	QB/T 2453.2—1999《家用的童床和折叠小床 第2部分：试验方法》	QB/T 2453.1—1999《家用的童床和折叠小床 第1部分：安全要求》
67	<Children's cots and folding cots for domestic use Part 1:Safety requirements>	EN 716-1:2008+A1：2013	使用说明	instructions for use	—	家具	童床和折叠小床	EN 716-2:2008+A1：2013 <Children's cots and folding cots for domestic use Part 2:Test methods>	QB/T 2453.2—1999《家用的童床和折叠小床 第2部分：试验方法》	QB/T 2453.1—1999《家用的童床和折叠小床 第1部分：安全要求》

附表1-2（续）

序号	国际、国外标准名称	标准编号	安全指标中文名称	安全指标英文名称	安全指标单位	适用产品类别（大类）	适用的具体产品名称（小类）	安全指标对应的检测方法标准（名称、编号）	检测方法标准对应的国家标准（名称、编号）	国际标准对应的国家标准（名称、编号）
68	<Children's cots and folding cots for domestic use Part 1:Safety requirements>	EN 716-1: 2008+A1：2013	使用说明	instructions for use	—	家具	童床和折叠小床	EN 716-2:2008+A1：2013 <Children's cots and folding cots for domestic use Part 2:Test methods>	QB/T 2453.2—1999《家用的童床和折叠小床 第2部分：试验方法》	QB/T 2453.1—1999《家用的童床和折叠小床 第1部分：安全要求》
69	<Children's cots and folding cots for domestic use Part 1:Safety requirements>	EN 716-1: 2008+A1：2013	使用说明	instructions for use	—	家具	童床和折叠小床	EN 716-2:2008+A1：2013 <Children's cots and folding cots for domestic use Part 2:Test methods>	QB/T 2453.2—1999《家用的童床和折叠小床 第2部分：试验方法》	QB/T 2453.1—1999《家用的童床和折叠小床 第1部分：安全要求》
70	<Children's cots and folding cots for domestic use Part 1:Safety requirements>	EN 716-1: 2008+A1：2013	使用说明	instructions for use	—	家具	童床和折叠小床	EN 716-2:2008+A1：2013 <Children's cots and folding cots for domestic use Part 2:Test methods>	QB/T 2453.2—1999《家用的童床和折叠小床 第2部分：试验方法》	QB/T 2453.1—1999《家用的童床和折叠小床 第1部分：安全要求》
71	<Children's cots and folding cots for domestic use Part 1:Safety requirements>	EN 716-1: 2008+A1：2013	使用说明	instructions for use	—	家具	童床和折叠小床	EN 716-2:2008+A1：2013 <Children's cots and folding cots for domestic use Part 2:Test methods>	QB/T 2453.2—1999《家用的童床和折叠小床 第2部分：试验方法》	QB/T 2453.1—1999《家用的童床和折叠小床 第1部分：安全要求》
72	<Children's cots and folding cots for domestic use Part 1:Safety requirements>	EN 716-1: 2008+A1：2013	使用说明	instructions for use	—	家具	童床和折叠小床	EN 716-2:2008+A1：2013 <Children's cots and folding cots for domestic use Part 2:Test methods>	QB/T 2453.2—1999《家用的童床和折叠小床 第2部分：试验方法》	QB 2453.1—1999《家用的童床和折叠小床 第1部分：安全要求》

附表1-2（续）

序号	国际、国外标准名称	标准编号	安全指标中文名称	安全指标英文名称	安全指标单位	适用产品类别（大类）	适用的具体产品名称（小类）	安全指标对应的检测方法标准（名称、编号）	检测方法标准对应的国家标准（名称、编号）	国际标准对应的国家标准（名称、编号）
73	<Children’s cots and folding cots for domestic use Part 1:Safety requirements>	EN 716-1:2008+A1：2013	使用说明	instructions for use	—	家具	童床和折叠小床	EN 716-2:2008+A1：2013 <Children’s cots and folding cots for domestic use Part 2:Test methods>	QB/T 2453.2—1999《家用的童床和折叠小床 第2部分：试验方法》	QB/T 2453.1—1999《家用的童床和折叠小床 第1部分：安全要求》
74	<Workbenches for laboratories-Dimensions, safety requirements and test methods>	EN 13150:2001	范围	scope	—	家具	实验台	EN 13150:2001<Workbenches for laboratories-Dimensions, safety requirements and test methods>	GB 24820—2009《实验室家具通用技术条件》	GB 24820—2009《实验室家具通用技术条件》
75	<Workbenches for laboratories-Dimensions, safety requirements and test methods>	EN 13150:2001	台面高度	work surface heght	—	家具	实验台	EN 13150:2001<Workbenches for laboratories-Dimensions, safety requirements and test methods>	GB 24820—2009《实验室家具通用技术条件》	GB 24820—2009《实验室家具通用技术条件》
76	<Workbenches for laboratories-Dimensions, safety requirements and test methods>	EN 13150:2001	操作台下净空	leg room	—	家具	实验台	EN 13150:2001<Workbenches for laboratories-Dimensions, safety requirements and test methods>	GB 24820—2009《实验室家具通用技术条件》	GB 24820—2009《实验室家具通用技术条件》
77	<Workbenches for laboratories-Dimensions, safety requirements and test methods>	EN 13150:2001	设施区深度	service zone	—	家具	实验台	EN 13150:2001<Workbenches for laboratories-Dimensions, safety requirements and test methods>	GB 24820—2009《实验室家具通用技术条件》	GB 24820—2009《实验室家具通用技术条件》
78	<Workbenches for laboratories-Dimensions, safety requirements and test methods>	EN 13150:2001	挡水板	retaining edges	—	家具	实验台	EN 13150:2001<Workbenches for laboratories-Dimensions, safety requirements and test methods>	GB 24820—2009《实验室家具通用技术条件》	GB 24820—2009《实验室家具通用技术条件》

附表1-2（续）

序号	国际、国外标准名称	标准编号	安全指标中文名称	安全指标英文名称	安全指标单位	适用产品类别（大类）	适用的具体产品名称（小类）	安全指标对应的检测方法标准（名称、编号）	检测方法标准对应的国家标准（名称、编号）	国际标准对应的国家标准（名称、编号）
79	<Workbenches for laboratories-Dimensions, safety requirements and test methods>	EN 13150:2001	水平静载荷	horizontal static load	—	家具	实验台	EN 13150:2001<Workbenches for laboratories-Dimensions, safety requirements and test methods>	GB 24820—2009《实验室家具通用技术条件》	GB 24820—2009《实验室家具通用技术条件》
80	<Workbenches for laboratories-Dimensions, safety requirements and test methods>	EN 13150:2001	活动操作台跌落	drop test of movable workbenches（tables）	—	家具	实验台	EN 13150:2001<Workbenches for laboratories-Dimensions, safety requirements and test methods>	GB 24820—2009《实验室家具通用技术条件》	GB 24820—2009《实验室家具通用技术条件》
81	<Workbenches for laboratories-Dimensions, safety requirements and test methods>	EN 13150:2001	水平耐久性试验	horizontal fatigue test	—	家具	实验台	EN 13150:2001<Workbenches for laboratories-Dimensions, safety requirements and test methods>	GB 24820—2009《实验室家具通用技术条件》	GB 24820—2009《实验室家具通用技术条件》
82	<Workbenches for laboratories-Dimensions, safety requirements and test methods>	EN 13150:2001	垂直耐久性试验	vertical fatigue test	—	家具	实验台	EN 13150:2001<Workbenches for laboratories-Dimensions, safety requirements and test methods>	GB 24820—2009《实验室家具通用技术条件》	GB 24820—2009《实验室家具通用技术条件》
83	<Workbenches for laboratories-Dimensions, safety requirements and test methods>	EN 13150:2001	垂直冲击试验	vertical impact test	—	家具	实验台	EN 13150:2001<Workbenches for laboratories-Dimensions, safety requirements and test methods>	GB 24820—2009《实验室家具通用技术条件》	GB 24820—2009《实验室家具通用技术条件》
84	<Laboratory furniture-Storage units for laboratories-Pequirements and test methods>	EN 14727:2005	范围	scope	—	家具	实验室用柜	EN 14727:2005<Laboratory furniture-Storage units for laboratories-Pequirements and test methods>	GB 24820—2009《实验室家具通用技术条件》	GB 24820—2009《实验室家具通用技术条件》

附表1-2（续）

序号	国际、国外标准名称	标准编号	安全指标中文名称	安全指标英文名称	安全指标单位	适用产品类别（大类）	适用的具体产品名称（小类）	安全指标对应的检测方法标准（名称、编号）	检测方法标准对应的国家标准（名称、编号）	国际标准对应的国家标准（名称、编号）
85	<Laboratory furniture-Storage units for laboratories-Pequirements and test methods>	EN 14727:2005	搁板弯曲试验	deflection of shelves	—	家具	实验室用柜	EN 14727:2005<Laboratory furniture-Storage units for laboratories-Pequirements and test methods>	GB 24820—2009《实验室家具通用技术条件》	GB 24820—2009《实验室家具通用技术条件》
86	<Laboratory furniture-Storage units for laboratories-Pequirements and test methods>	EN 14727:2005	搁板支撑件强度试验	shgelf supports	—	家具	实验室用柜	EN 14727:2005<Laboratory furniture-Storage units for laboratories-Pequirements and test methods>	GB 24820—2009《实验室家具通用技术条件》	GB 24820—2009《实验室家具通用技术条件》
87	<Laboratory furniture-Storage units for laboratories-Pequirements and test methods>	EN 14727:2005	拉门强度试验	pivoted doors	—	家具	实验室用柜	EN 14727:2005<Laboratory furniture-Storage units for laboratories-Pequirements and test methods>	GB 24820—2009《实验室家具通用技术条件》	GB 24820—2009《实验室家具通用技术条件》
88	<Laboratory furniture-Storage units for laboratories-Pequirements and test methods>	EN 14727:2005	拉门水平静载荷试验	horizontal static force on open door	—	家具	实验室用柜	EN 14727:2005<Laboratory furniture-Storage units for laboratories-Pequirements and test methods>	GB 24820—2009《实验室家具通用技术条件》	GB 24820—2009《实验室家具通用技术条件》
89	<Laboratory furniture-Storage units for laboratories-Pequirements and test methods>	EN 14727:2005	拉门耐久性试验	durability test on hinged and pivoted doors	—	家具	实验室用柜	EN 14727:2005<Laboratory furniture-Storage units for laboratories-Pequirements and test methods>	GB 24820—2009《实验室家具通用技术条件》	GB 24820—2009《实验室家具通用技术条件》
90	<Laboratory furniture-Storage units for laboratories-Pequirements and test methods>	EN 14727:2005	拉门猛开试验	slam-open test of pivoted doors	—	家具	实验室用柜	EN 14727:2005<Laboratory furniture-Storage units for laboratories-Pequirements and test methods>	GB 24820—2009《实验室家具通用技术条件》	GB 24820—2009《实验室家具通用技术条件》

附表1-2（续）

序号	国际、国外标准名称	标准编号	安全指标中文名称	安全指标英文名称	安全指标单位	适用产品类别（大类）	适用的具体产品名称（小类）	安全指标对应的检测方法标准（名称、编号）	检测方法标准对应的国家标准（名称、编号）	国际标准对应的国家标准（名称、编号）
91	<Laboratory furniture-Storage units for laboratories-Pequirements and test methods>	EN 14727:2005	抽屉猛关	slam-shut test for drawers	—	家具	实验室用柜	EN 14727:2005<Laboratory furniture-Storage units for laboratories-Pequirements and test methods>	GB 24820—2009《实验室家具通用技术条件》	GB 24820—2009《实验室家具通用技术条件》
92	<Laboratory furniture-Storage units for laboratories-Pequirements and test methods>	EN 14727:2005	抽屉猛开	slam open test for draewrs equipped with open stops	—	家具	实验室用柜	EN 14727:2005<Laboratory furniture-Storage units for laboratories-Pequirements and test methods>	GB 24820—2009《实验室家具通用技术条件》	GB 24820—2009《实验室家具通用技术条件》
93	<Laboratory furniture-Storage units for laboratories-Pequirements and test methods>	EN 14727:2005	顶板的垂直静载荷试验	static load on top surfaces of storage units	—	家具	实验室用柜	EN 14727:2005<Laboratory furniture-Storage units for laboratories-Pequirements and test methods>	GB 24820—2009《实验室家具通用技术条件》	GB 24820—2009《实验室家具通用技术条件》
94	<Laboratory furniture-Storage units for laboratories-Pequirements and test methods>	EN 14727:2005	顶板的垂直静载荷试验	static load on top surfaces of storage units	—	家具	实验室用柜	EN 14727:2005<Laboratory furniture-Storage units for laboratories-Pequirements and test methods>	GB 24820—2009《实验室家具通用技术条件》	GB 24820—2009《实验室家具通用技术条件》
95	<Laboratory furniture-Storage units for laboratories-Pequirements and test methods>	EN 14727:2005	垂直启闭的卷门猛关试验	slam shut/open of roll-fronts	—	家具	实验室用柜	EN 14727:2005<Laboratory furniture-Storage units for laboratories-Pequirements and test methods>	GB 24820—2009《实验室家具通用技术条件》	GB 24820—2009《实验室家具通用技术条件》
96	<Laboratory furniture-Storage units for laboratories-Pequirements and test methods>	EN 14727:2005	垂直启闭的卷门耐久性试验	durability of roll-fronts	—	家具	实验室用柜	EN 14727:2005<Laboratory furniture-Storage units for laboratories-Pequirements and test methods>	GB 24820—2009《实验室家具通用技术条件》	GB 24820—2009《实验室家具通用技术条件》

附表1-2（续）

序号	国际、国外标准名称	标准编号	安全指标中文名称	安全指标英文名称	安全指标单位	适用产品类别（大类）	适用的具体产品名称（小类）	安全指标对应的检测方法标准（名称、编号）	检测方法标准对应的国家标准（名称、编号）	国际标准对应的国家标准（名称、编号）
97	<Laboratory furniture-Storage units for laboratories-Pequirements and test methods>	EN 14727:2005	过载试验	overload test of wall and top mounted units	—	家具	实验室用柜	EN 14727:2005<Laboratory furniture-Storage units for laboratories-Pequirements and test methods>	GB 24820—2009《实验室家具通用技术条件》	GB 24820—2009《实验室家具通用技术条件》
98	<Laboratory furniture-Storage units for laboratories-Pequirements and test methods>	EN 14727:2005	主体结构和底架的强度试验	strength test of structure and under-frame	—	家具	实验室用柜	EN 14727:2005<Laboratory furniture-Storage units for laboratories-Pequirements and test methods>	GB 24820—2009《实验室家具通用技术条件》	GB 24820—2009《实验室家具通用技术条件》
99	<Laboratory furniture-Storage units for laboratories-Pequirements and test methods>	EN 14727:2005	安装说明书	installation instruction	—	家具	实验室用柜	EN 14727:2005<Laboratory furniture-Storage units for laboratories-Pequirements and test methods>	GB 24820—2009《实验室家具通用技术条件》	GB 24820—2009《实验室家具通用技术条件》
100	<Outdoor furniture - Seating and tables for camping, domestic and contract use - Part 1：General safety requirements>	EN 581-1:2006	使用时可接触的管件、孔和间隙	tubular components，holes and gaps accessible during use	—	家具	户外休闲家具 桌椅	EN 581-2:2009<Outdoor furniture - Seating and tables for camping, domestic and contract use - Part 2：Mechanical safety requirments and test methods for seating>	GB 28478—2012《户外休闲家具安全性能要求 桌椅类产品》	GB 28478—2012《户外休闲家具安全性能要求 桌椅类产品》
101	<Outdoor furniture - Seating and tables for camping, domestic and contract use - Part 1：General safety requirements>	EN 581-1:2006	使用时可接触的管件、孔和间隙	tubular components，holes and gaps accessible during use	—	家具	户外休闲家具 桌椅	EN 581-2:2009<Outdoor furniture - Seating and tables for camping, domestic and contract use - Part 2：Mechanical safety requirments and test methods for seating>	GB 28478—2012《户外休闲家具安全性能要求 桌椅类产品》	GB 28478—2012《户外休闲家具安全性能要求 桌椅类产品》

附表1-2（续）

序号	国际、国外标准名称	标准编号	安全指标中文名称	安全指标英文名称	安全指标单位	适用产品类别（大类）	适用的具体产品名称（小类）	安全指标对应的检测方法标准（名称、编号）	检测方法标准对应的国家标准（名称、编号）	国际标准对应的国家标准（名称、编号）
102	<Outdoor furniture - Seating and tables for camping, domestic and contract use - Part 1：General safety requirements>	EN 581-1:2006	范围	scope	—	家具	户外休闲家具 桌椅	EN 581-2:2009<Outdoor furniture - Seating and tables for camping, domestic and contract use - Part 2：Mechanical safety requirments and test methods for seating>	GB 28478—2012《户外休闲家具安全性能要求 桌椅类产品》	GB 28478—2012《户外休闲家具安全性能要求 桌椅类产品》
103	<Outdoor furniture - Seating and tables for camping, domestic and contract use - Part 1：General safety requirements>	EN 581-1:2006	座背联合疲劳测试	seat and back fatigue test for seating	—	家具	户外休闲家具 桌椅	EN 581-2:2009<Outdoor furniture - Seating and tables for camping, domestic and contract use - Part 2：Mechanical safety requirments and test methods for seating>	GB 28478—2012《户外休闲家具安全性能要求 桌椅类产品》	GB 28478—2012《户外休闲家具安全性能要求 桌椅类产品》
104	<Outdoor furniture - Seating and tables for camping, domestic and contract use - Part 1：General safety requirements>	EN 581-1:2006	椅背静载荷	seat and back static load test	—	家具	户外休闲家具 桌椅	EN 581-2:2009<Outdoor furniture - Seating and tables for camping, domestic and contract use - Part 2：Mechanical safety requirments and test methods for seating>	GB 28478—2012《户外休闲家具安全性能要求 桌椅类产品》	GB 28478—2012《户外休闲家具安全性能要求 桌椅类产品》
105	<Outdoor furniture - Seating and tables for camping, domestic and contract use - Part 1：General safety requirements>	EN 581-1:2006	椅背静载荷	seat and back static load test	—	家具	户外休闲家具 桌椅	EN 581-2:2009<Outdoor furniture - Seating and tables for camping, domestic and contract use - Part 2：Mechanical safety requirments and test methods for seating>	GB 28478—2012《户外休闲家具安全性能要求 桌椅类产品》	GB 28478—2012《户外休闲家具安全性能要求 桌椅类产品》

附表1-2（续）

序号	国际、国外标准名称	标准编号	安全指标中文名称	安全指标英文名称	安全指标单位	适用产品类别（大类）	适用的具体产品名称（小类）	安全指标对应的检测方法标准（名称、编号）	检测方法标准对应的国家标准（名称、编号）	国际标准对应的国家标准（名称、编号）
106	<General-Purpose Office Chairs-Tests>	ANSI/BIFMA X5.1-2011	范围	scope	—	家具	办公椅	ANSI/BIFMA X5.1-2011 <General-Purpose Office Chairs-Tests>	QB/T 2280—2015《办公家具 办公椅》	QB/T 2280—2015《办公家具 办公椅》
107	<Standard Test Method for Determining Formaldehyde Concentrations in Air and Emission Rates from Wood Products Using a Large Chamber>	ASTM E 1333-2010	预处理	conditioning	—	家具	木家具	ASTM E 1333 <Standard Test Method for Determining Formaldehyde Concentrations in Air and Emission Rates from Wood Products Using a Large Chamber>	GB 18584—201x《木家具中挥发性有机物质及重金属迁移限量》	GB 18584—201x《木家具中挥发性有机物质及重金属迁移限量》
108	<Standard Test Method for Determining Formaldehyde Concentrations in Air and Emission Rates from Wood Products Using a Large Chamber>	ASTM E 1333-2010	空气交换率	air exchange rate	—	家具	木家具	ASTM E 1333 <Standard Test Method for Determining Formaldehyde Concentrations in Air and Emission Rates from Wood Products Using a Large Chamber>	GB 18584—201x《木家具中挥发性有机物质及重金属迁移限量》	GB 18584—201x《木家具中挥发性有机物质及重金属迁移限量》
109	<Standard Test Method for Determining Formaldehyde Concentrations in Air and Emission Rates from Wood Products Using a Large Chamber>	ASTM E 1333-2010	承载率	loading rate	—	家具	木家具	ASTM E 1333 <Standard Test Method for Determining Formaldehyde Concentrations in Air and Emission Rates from Wood Products Using a Large Chamber>	GB 18584—201x《木家具中挥发性有机物质及重金属迁移限量》	GB 18584—201x《木家具中挥发性有机物质及重金属迁移限量》
110	<Standard Test Method for Determining Formaldehyde Concentrations in Air and Emission Rates from Wood Products Using a Large Chamber>	ASTM E 1333-2010	采样时间点	sampling time point	—	家具	木家具	ASTM E 1333 <Standard Test Method for Determining Formaldehyde Concentrations in Air and Emission Rates from Wood Products Using a Large Chamber>	GB 18584—201x《木家具中挥发性有机物质及重金属迁移限量》	GB 18584—201x《木家具中挥发性有机物质及重金属迁移限量》

附表1-2（续）

序号	国际、国外标准名称	标准编号	安全指标中文名称	安全指标英文名称	安全指标单位	适用产品类别（大类）	适用的具体产品名称（小类）	安全指标对应的检测方法标准（名称、编号）	检测方法标准对应的国家标准（名称、编号）	国际标准对应的国家标准（名称、编号）
111	<Standard Test Method for Determining Formaldehyde Concentrations in Air and Emission Rates from Wood Products Using a Large Chamber>	ASTM E 1333-2010	采样点数量	the number of samples	—	家具	木家具	ASTM E 1333 <Standard Test Method for Determining Formaldehyde Concentrations in Air and Emission Rates from Wood Products Using a Large Chamber>	GB 18584—201x《木家具中挥发性有机物质及重金属迁移限量》	GB 18584—201x《木家具中挥发性有机物质及重金属迁移限量》
112	<Standard Test Method for Determining Formaldehyde Concentrations in Air and Emission Rates from Wood Products Using a Large Chamber>	ASTM E 1333-2010	采样要求	requirement of sampling	—	家具	木家具	ASTM E 1333 <Standard Test Method for Determining Formaldehyde Concentrations in Air and Emission Rates from Wood Products Using a Large Chamber>	GB 18584—201x《木家具中挥发性有机物质及重金属迁移限量》	GB 18584—201x《木家具中挥发性有机物质及重金属迁移限量》
113	<Standard Test Method for Determining Formaldehyde Concentrations in Air and Emission Rates from Wood Products Using a Large Chamber>	ASTM E 1333-2010	污染物背景浓度	background concentration	—	家具	木家具	ASTM E 1333 <Standard Test Method for Determining Formaldehyde Concentrations in Air and Emission Rates from Wood Products Using a Large Chamber>	GB 18584—201x《木家具中挥发性有机物质及重金属迁移限量》	GB 18584—201x《木家具中挥发性有机物质及重金属迁移限量》
114	<Standard Test Method For Determining VOC Emissions From Office Furniture Systems, Components And Seating>	ANSI/BIFMA M7.1-2007	预处理	conditioning	—	家具	木家具	ANSI/BIFMA M7.1-2007<Standard Test Method For Determining VOC Emissions From Office Furniture Systems, Components And Seating>	GB 18584—201x《木家具中挥发性有机物质及重金属迁移限量》	GB 18584—201x《木家具中挥发性有机物质及重金属迁移限量》

附表1-2（续）

序号	国际、国外标准名称	标准编号	安全指标中文名称	安全指标英文名称	安全指标单位	适用产品类别（大类）	适用的具体产品名称（小类）	安全指标对应的检测方法标准（名称、编号）	检测方法标准对应的国家标准（名称、编号）	国际标准对应的国家标准（名称、编号）
115	<Standard Test Method For Determining VOC Emissions From Office Furniture Systems, Components And Seating>	ANSI/BIFMA M7.1-2007	空气交换率	air exchange rate	—	家具	木家具	ANSI/BIFMA M7.1-2007<Standard Test Method For Determining VOC Emissions From Office Furniture Systems, Components And Seating>	GB 18584—201x《木家具中挥发性有机物质及重金属迁移限量》	GB 18584—201x《木家具中挥发性有机物质及重金属迁移限量》
116	<Standard Test Method For Determining VOC Emissions From Office Furniture Systems, Components And Seating>	ANSI/BIFMA M7.1-2007	承载率	loading rate	—	家具	木家具	ANSI/BIFMA M7.1-2007<Standard Test Method For Determining VOC Emissions From Office Furniture Systems, Components And Seating>	GB 18584—201x《木家具中挥发性有机物质及重金属迁移限量》	GB 18584—201x《木家具中挥发性有机物质及重金属迁移限量》
117	<Standard Test Method For Determining VOC Emissions From Office Furniture Systems, Components And Seating>	ANSI/BIFMA M7.1-2007	采样时间点	sampling time point	—	家具	木家具	ANSI/BIFMA M7.1-2007 <Standard Test Method For Determining VOC Emissions From Office Furniture Systems, Components And Seating>	GB 18584—201x《木家具中挥发性有机物质及重金属迁移限量》	GB 18584—201x《木家具中挥发性有机物质及重金属迁移限量》
118	<Standard Test Method For Determining VOC Emissions From Office Furniture Systems, Components And Seating>	ANSI/BIFMA M7.1-2007	采样点数量	the number of samples	—	家具	木家具	ANSI/BIFMA M7.1-2007 <Standard Test Method For Determining VOC Emissions From Office Furniture Systems, Components And Seating>	GB 18584—201x《木家具中挥发性有机物质及重金属迁移限量》	GB 18584—201x《木家具中挥发性有机物质及重金属迁移限量》
119	<Standard Test Method For Determining VOC Emissions From Office Furniture Systems, Components And Seating>	ANSI/BIFMA M7.1-2007	采样要求	requirement of sampling	—	家具	木家具	ANSI/BIFMA M7.1-2007 <Standard Test Method For Determining VOC Emissions From Office Furniture Systems, Components And Seating>	GB 18584—201x《木家具中挥发性有机物质及重金属迁移限量》	GB 18584—201x《木家具中挥发性有机物质及重金属迁移限量》

附表1-2（续）

序号	国际、国外标准名称	标准编号	安全指标中文名称	安全指标英文名称	安全指标单位	适用产品类别（大类）	适用的具体产品名称（小类）	安全指标对应的检测方法标准（名称、编号）	检测方法标准对应的国家标准（名称、编号）	国际标准对应的国家标准（名称、编号）
120	<Standard Test Method For Determining VOC Emissions From Office Furniture Systems, Components And Seating>	ANSI/BIFMA M7.1-2007	污染物背景浓度	background concentration	—	家具	木家具	ANSI/BIFMA M7.1-2007 <Standard Test Method For Determining VOC Emissions From Office Furniture Systems, Components And Seating>	GB 18584—201x《木家具中挥发性有机物质及重金属迁移限量》	GB 18584—201x《木家具中挥发性有机物质及重金属迁移限量》
121	<Indoor air - Part 9: Determination of the emission of volatile organic compounds from building products and furnishing Emission test chamber method>	ISO 16000-9:2006	预处理	conditioning	—	家具	木家具	ISO 16000-9:2006<Indoor air - Part 9: Determination of the emission of volatile organic compounds from building products and furnishing Emission test chamber method>	《木家具中挥发性有机物质及重金属迁移限量》GB 18584—201x	《木家具中挥发性有机物质及重金属迁移限量》GB 18584—201x
122	<Indoor air - Part 9: Determination of the emission of volatile organic compounds from building products and furnishing Emission test chamber method>	ISO 16000-9:2006	空气交换率	air exchange rate	—	家具	木家具	ISO 16000-9:2006<Indoor air - Part 9: Determination of the emission of volatile organic compounds from building products and furnishing Emission test chamber method>	GB 18584—201x《木家具中挥发性有机物质及重金属迁移限量》	GB 18584—201x《木家具中挥发性有机物质及重金属迁移限量》
123	<Indoor air - Part 9: Determination of the emission of volatile organic compounds from building products and furnishing Emission test chamber method>	ISO 16000-9:2006	承载率	loading rate	—	家具	木家具	ISO 16000-9:2006<Indoor air - Part 9: Determination of the emission of volatile organic compounds from building products and furnishing Emission test chamber method>	GB 18584—201x《木家具中挥发性有机物质及重金属迁移限量》	GB 18584—201x《木家具中挥发性有机物质及重金属迁移限量》

附表1-2（续）

序号	国际、国外标准名称	标准编号	安全指标中文名称	安全指标英文名称	安全指标单位	适用产品类别（大类）	适用的具体产品名称（小类）	安全指标对应的检测方法标准（名称、编号）	检测方法标准对应的国家标准（名称、编号）	国际标准对应的国家标准（名称、编号）
124	<Indoor air - Part 9: Determination of the emission of volatile organic compounds from building products and furnishing Emission test chamber method>	ISO 16000-9:2006	采样时间点	sampling time point	—	家具	木家具	ISO 16000-9:2006<Indoor air - Part 9: Determination of the emission of volatile organic compounds from building products and furnishing Emission test chamber method>	GB 18584—201x《木家具中挥发性有机物质及重金属迁移限量》	GB 18584—201x《木家具中挥发性有机物质及重金属迁移限量》
125	<Indoor air - Part 9: Determination of the emission of volatile organic compounds from building products and furnishing Emission test chamber method>	ISO 16000-9:2006	采样点数量	the number of samples	—	家具	木家具	ISO 16000-9:2006<Indoor air - Part 9: Determination of the emission of volatile organic compounds from building products and furnishing Emission test chamber method>	GB 18584—201x《木家具中挥发性有机物质及重金属迁移限量》	GB 18584—201x《木家具中挥发性有机物质及重金属迁移限量》
126	<Indoor air - Part 9: Determination of the emission of volatile organic compounds from building products and furnishing Emission test chamber method>	ISO 16000-9:2006	采样要求	requirement of sampling	—	家具	木家具	ISO 16000-9:2006<Indoor air - Part 9: Determination of the emission of volatile organic compounds from building products and furnishing Emission test chamber method>	GB 18584—201x《木家具中挥发性有机物质及重金属迁移限量》	GB 18584—201x《木家具中挥发性有机物质及重金属迁移限量》
127	<Indoor air - Part 9: Determination of the emission of volatile organic compounds from building products and furnishing Emission test chamber method>	ISO 16000-9:2006	污染物背景浓度	background concentration	—	家具	木家具	ISO 16000-9:2006<Indoor air - Part 9: Determination of the emission of volatile organic compounds from building products and furnishing Emission test chamber method>	GB 18584—201x《木家具中挥发性有机物质及重金属迁移限量》	GB 18584—201x《木家具中挥发性有机物质及重金属迁移限量》

附表1-2（续）

序号	国际、国外标准名称	标准编号	安全指标中文名称	安全指标英文名称	安全指标单位	适用产品类别（大类）	适用的具体产品名称（小类）	安全指标对应的检测方法标准（名称、编号）	检测方法标准对应的国家标准（名称、编号）	国际标准对应的国家标准（名称、编号）
128	<Wood-based panels-determination of formaldehyde release-Part 1: Formaldehyde emission by the chamber method>	EN 717-1: 2004	采样要求	requirement of sampling	—	家具	木家具	EN 717-1:2004<Wood-based panels-determination of formaldehyde release-Part 1: Formaldehyde emission by the chamber method>	GB 18584—201x《木家具中挥发性有机物质及重金属迁移限量》	GB 18584—201x《木家具中挥发性有机物质及重金属迁移限量》
129	<Wood-based panels-determination of formaldehyde release-Part 1: Formaldehyde emission by the chamber method>	EN 717-1: 2004	承载率	loading rate	—	家具	木家具	EN 717-1:2004<Wood-based panels-determination of formaldehyde release-Part 1: Formaldehyde emission by the chamber method>	GB 18584—201x《木家具中挥发性有机物质及重金属迁移限量》	GB 18584—201x《木家具中挥发性有机物质及重金属迁移限量》
130	<Standard Practice for Full-Scale Chamber Determination of Volatile Organic Emissions from Indoor Materials/Products>	ASTM D6670-2001(2007)	污染物背景浓度	background concentration	—	家具	木家具	ASTM D6670-2001(2007) <Standard Practice for Full-Scale Chamber Determination of Volatile Organic Emissions from Indoor Materials/Products>	GB 18584—201x《木家具中挥发性有机物质及重金属迁移限量》	GB 18584—201x《木家具中挥发性有机物质及重金属迁移限量》
131	<Children Plastic Chair for Outdoor Use>	ASTM_F1838-98 Reapproved_2008	座面冲击	seat impact test	—	家具	儿童户外用椅	ASTM_F1838-98 Reapproved_2008<Children Plastic Chair for Outdoor Use>	GB/T 10357.3《家具力学性能试验 椅凳类强度和耐久性》	GB 28007—2011儿童家具通用技术条件
132	<Furniture-Foldaway beds-Safety requirements and testing-Part1:Safety requirements>	EN 1129-1: 1995	折叠翻靠床的安装	mounting of the bed to the building	—	家具	折叠翻靠床	EN 1129-1:1995<Furniture-Foldaway beds-Safety requirements and testing-Part1:Safety requirements>	GB 26172.2—2010《折叠翻靠床 安全要求和试验方法 第2部分：试验方法》	GB 26172.2—2010《折叠翻靠床 安全要求和试验方法 第2部分：试验方法》

附表 1-3　标准指标数据对比表

序号	产品类别	产品危害类别	安全指标中文名称	安全指标英文名称	安全指标对应的国家标准				安全指标对应的国际标准或国外标准				安全指标差异情况
					名称、编号	安全指标要求	安全指标单位	检测标准名称、编号	名称、编号	安全指标要求	安全指标单位	安全指标对应的检测标准名称、编号	
1	家具	物理	孔、间隙和开口	Holes,gaps and openings	GB 22793.1—2008《家具　儿童高椅　第1部分：安全要求》	可接触范围没有5mm～12mm且深度大于10mm的孔或间隙	mm	GB 22793.2—2008《家具　儿童高椅　第2部分：试验方法》	EN 14988-1：2006<Children's high chairs-Part 1：Safety requirements>	非活动部件可接触范围没有7mm～12mm且深度大于10mm的孔或间隙	mm	EN 14988-2：2006 <Children's high chairs-Part 2：Testmethods>	宽于国标
2	家具	物理	锁定机构耐久性	Durability of locking mechanism	GB 22793.1—2008《家具　儿童高椅　第1部分：安全要求》	无	—	GB 22793.2—2008《家具　儿童高椅　第2部分：试验方法》	EN 14988-1：2006<Children's high chairs-Part 1：Safety requirements>	操作任意锁定机构300次	—	EN 14988-2：2006 <Children's high chairs-Part 2：Testmethods> 6.3	严于国标
3	家具	物理	锁定机构强度	Strgngth of the locking mechanism	GB 22793.1—2008《家具　儿童高椅　第1部分：安全要求》	无	—	GB 22793.2—2008《家具　儿童高椅　第2部分：试验方法》	EN 14988-1：2006<Children's high chairs-Part 1：Safety requirements>	在最可能收合高脚的方向和点处施加200N	N	EN 14988-2：2006 <Children's high chairs-Part 2：Testmethods> 6.4	严于国标
4	家具	物理	小零件	Samll parts	GB 22793.1—2008《家具　儿童高椅　第1部分：安全要求》	无	—	GB 22793.2—2008《家具　儿童高椅　第2部分：试验方法》	EN 14988-1：2006<Children's high chairs-Part 1：Safety requirements>	组件尺寸小于等于6mm 50N；大于6mm 90N脱落组件不可以放入小零件筒内	N	EN 14988-2：2006 <Children's high chairs-Part 2：Testmethods> 6.5	严于国标
5	家具	物理	跨带强度	Strength of harness, belt and crotch strap or bar	GB 22793.1—2008《家具　儿童高椅　第1部分：安全要求》	跨带应无破坏	mm	GB 22793.2—2008《家具　儿童高椅　第2部分：试验方法》	EN 14988-1：2006<Children's high chairs-Part 1：Safety requirements>	不可损坏且调整器与带最大位移小于20mm	mm	EN 14988-2：2006 <Children's high chairs-Part 2：Testmethods> 6.8	严于国标

附表1-3（续）

序号	产品类别	产品危害类别	安全指标中文名称	安全指标英文名称	安全指标对应的国家标准				安全指标对应的国际标准或国外标准				安全指标差异情况
					名称、编号	安全指标要求	安全指标单位	检测标准名称、编号	名称、编号	安全指标要求	安全指标单位	安全指标对应的检测标准名称、编号	
6	家具	物理	靠背	Back rest	GB 22793.1—2008《家具 儿童高椅 第1部分：安全要求》	无	—	GB 22793.2—2008《家具 儿童高椅 第2部分：试验方法》	EN 14988-1：2006<Children's high chairs-Part 1：Safety requirements>	最小高度250mm，倾斜角小于60度时，最小长度400mm	mm	EN 14988-2：2006 <Children's high chairs-Part 2：Testmethods> 6.9	严于国标
7	家具	物理	座椅前沿	Seat front edge	GB 22793.1—2009《家具 儿童高椅 第1部分：安全要求》	无	—	GB 22793.2—2008《家具 儿童高椅 第2部分：试验方法》	EN 14988-1：2006<Children's high chairs-Part 1：Safety requirements>	座椅上部前沿至少倒角5mm	mm	EN 14988-2：2006 <Children's high chairs-Part 2：Testmethods>	严于国标
8	家具	物理	餐盘跌落	Tray drop test	GB 22793.1—2009《家具 儿童高椅 第1部分：安全要求》	无	—	GB 22793.2—2008《家具 儿童高椅 第2部分：试验方法》	EN 14988-1：2006<Children's high chairs-Part 1：Safety requirements>	餐盘从1000mm高度跌落	mm	EN 14988-2：2006 <Children's high chairs-Part 2：Testmethods>	严于国标
9	家具	物理	侧向保护高度	Height of lateral protection	GB 22793.1—2009《家具 儿童高椅 第1部分：安全要求》	无	—	GB 22793.2—2008《家具 儿童高椅 第2部分：试验方法》	EN 14988-1：2006<Children's high chairs-Part 1：Safety requirements>	侧向保护高度至少140mm	mm	EN 14988-2：2006 <Children's high chairs-Part 2：Testmethods> 6.12	严于国标
10	家具	物理	侧向稳定性	Sideways stability	GB 22793.1—2009《家具 儿童高椅 第1部分：安全要求》	高椅任何一条腿不应翘离地面	—	GB 22793.2—2008《家具 儿童高椅 第2部分：试验方法》	EN 14988-1：2006<Children's high chairs-Part 1：Safety requirements>	高椅不应翻覆	—	EN 14988-2：2006 <Children's high chairs-Part 2：Testmethods> 6.13	宽于国标

附表1-3（续）

序号	产品类别	产品危害类别	安全指标中文名称	安全指标英文名称	安全指标对应的国家标准				安全指标对应的国际标准或国外标准				安全指标差异情况
					名称、编号	安全指标要求	安全指标单位	检测标准名称、编号	名称、编号	安全指标要求	安全指标单位	安全指标对应的检测标准名称、编号	
11	家具	物理	后向稳定性	Rearwards stability	GB 22793.1—2009《家具　儿童高椅　第1部分：安全要求》	1在距离高椅后背顶部内侧120mm处施加向下150N，高椅任何一条腿不应翘离地面	N	GB 22793.2—2008《家具　儿童高椅　第2部分：试验方法》	EN 14988-1：2006<Children's high chairs-Part 1：Safety requirements>	在距离高椅后背顶部内侧140mm处施加向下150N，不应翻覆	N	EN 14988-2：2006 <Children's high chairs-Part 2：Testmethods> 6.13	/
12	家具	物理	前向稳定性	Forwards stability	GB 22793.1—2009《家具　儿童高椅　第1部分：安全要求》	无	—	GB 22793.2—2008《家具　儿童高椅　第2部分：试验方法》	EN 14988-1：2006<Children's high chairs-Part 1：Safety requirements>	前部最上方施加25N水平力，无翻覆	N	EN 14988-2：2006 <Children's high chairs-Part 2：Testmethods> 6.13	严于国标
13	家具	化学	材料和表面	Materials and surfaces	GB 22793.1—2009《家具　儿童高椅　第1部分：安全要求》	木材、金属、染色纺织品符合要求	—	GB 22793.2—2008《家具　儿童高椅　第2部分：试验方法》 GB/T 3922《纺织品耐汗渍色牢度试验方法》	EN 14988-1：2006<Children's high chairs-Part 1：Safety requirements>	生产商、进口商、零售商应提供材料证明可接触材料和表面符合EN 71-3（玩具安全 第3部分 元素的迁移）的要求	—	EN 71-3<Safety of toys-Part 3:Migration of certain elemetnts>	/

附表1-3（续）

序号	产品类别	产品危害类别	安全指标中文名称	安全指标英文名称	安全指标对应的国家标准				安全指标对应的国际标准或国外标准				安全指标差异情况
					名称、编号	安全指标要求	安全指标单位	检测标准名称、编号	名称、编号	安全指标要求	安全指标单位	安全指标对应的检测标准名称、编号	
14	家具		范围	Scope	GB 24430.1—2009《家用双层床 安全 第1部分：要求》	双层床、铺面高度大于800mm的单层床	—	GB 24430.2—2009《家用双层床 安全 第2部分：试验》	EN 747-1:2012 <Furniture-Bunk beds and high beds-Part 1:Safety, strength and durability requirements>	床长大于1400mm，床宽小于1200mm的双层床	—	EN 747-2:2012 <Furniture-Bunk beds and high beds-Part 2:Test methods>	/
15	家具	物理	垂直突出零件	Vertically protruding parts	GB 24430.1—2009《家用双层床 安全 第1部分：要求》	无	—	GB 24430.2—2009《家用双层床 安全 第2部分：试验》	EN 747-1:2012 <Furniture-Bunk beds and high beds-Part 1:Safety, strength and durability requirements>	1. 最小连续水平宽度300mm，且无其他垂直突出零件 2. 相对于相邻零件，连续垂直最小高度600mm 3. 若最大宽度大于50mm，其突出部分高度小于其宽度的20% 4. 若最大宽度小于50mm，其突出部分高度不超过10mm	—	EN 747-2:2012 <Furniture-Bunk beds and high beds-Part 2:Test methods>	严于国标
16	家具	物理	可接触的孔、间隙和开口	Accessible holes, gaps an-dopenings	GB 24430.1—2009《家用双层床 安全 第1部分：要求》	、	—	GB 24430.2—2009《家用双层床 安全 第2部分：试验》	EN 747-1:2012 <Furniture-Bunk beds and high beds-Part 1:Safety, strength and durability requirements>	不能存在直径或宽度在7～12mm之间，深度大于10mm的孔或间隙	mm	EN 747-2:2012 <Furniture-Bunk beds and high beds-Part 2:Test methods>	严于国标

附表1-3（续）

序号	产品类别	产品危害类别	安全指标中文名称	安全指标英文名称	安全指标对应的国家标准				安全指标对应的国际标准或国外标准				安全指标差异情况
					名称、编号	安全指标要求	安全指标单位	检测标准名称、编号	名称、编号	安全指标要求	安全指标单位	安全指标对应的检测标准名称、编号	
17	家具	物理	上下铺面净空距离	Clear distance between upper and lower bed base	GB 24430.1—2009《家用双层床　安全　第1部分：要求》	6岁以下的（包括6岁），不少于750mm，其他的不少于1150mm	mm	GB 24430.2—2009《家用双层床　安全　第2部分：试验》	EN 747-1:2012 <Furniture-Bunk beds and high beds-Part 1:Safety, strength and durability requirements>	至少750mm	mm	EN 747-2:2012 <Furniture-Bunk beds and high beds-Part 2:Test methods>	宽于国标
18	家具	物理	安全栏板与床屏之间的间距	Gaps between barriers and bed end structure	GB 24430.1—2009《家用双层床　安全　第1部分：要求》	无	—	GB 24430.2—2009《家用双层床　安全　第2部分：试验》	EN 747-1:2012 <Furniture-Bunk beds and high beds-Part 1:Safety, strength and durability requirements>	小于7mm	mm	EN 747-2:2012 <Furniture-Bunk beds and high beds-Part 2:Test methods>	严于国标
19	家具	物理	安全栏板高度	Height of safety barriers	GB 24430.1—2009《家用双层床　安全　第1部分：要求》	安全栏板顶边到床铺面不少于300mm，到床褥上表面不少于200mm	mm	GB 24430.2—2009《家用双层床　安全　第2部分：试验》	EN 747-1:2012 <Furniture-Bunk beds and high beds-Part 1:Safety, strength and durability requirements>	安全栏板顶边到床铺面不少于260mm，到床褥上表面不少于160mm	mm	EN 747-2:2012 <Furniture-Bunk beds and high beds-Part 2:Test methods>	宽于国标
20	家具	物理	安全栏板外沿	Horizontal distance between	GB 24430.1—2009《家用双层床　安全　第1部分：要求》	无	—	GB 24430.2—2009《家用双层床　安全　第2部分：试验》	EN 747-1:2012 <Furniture-Bunk beds and high	小于55mm或大于230mm	mm	EN 747-2:2012 <Furniture-Bunk beds and high beds-Part 2:Test methods>	严于国标

附表1-3（续）

序号	产品类别	产品危害类别	安全指标中文名称	安全指标英文名称	安全指标对应的国家标准				安全指标对应的国际标准或国外标准				安全指标差异情况
					名称、编号	安全指标要求	安全指标单位	检测标准名称、编号	名称、编号	安全指标要求	安全指标单位	安全指标对应的检测标准名称、编号	
			到床脚外沿的垂直投影的距离	the outside of the safety barrier and vertical projection of outmost point of the legs					beds-Part 1:Safety, strength and durability requirements>				
21	家具	物理	最低一级的的脚踏板离地面距离	Ladder or other means of access	GB 24430.1—2009《家用双层床 安全 第1部分：要求》	无	—	GB 24430.2—2009《家用双层床 安全 第2部分：试验》	EN 747-1:2012 <Furniture-Bunk beds and high beds-Part 1:Safety, strength and durability requirements>	最低一级的的脚踏板离地面不超过400mm	mm	EN 747-2:2012 <Furniture-Bunk beds and high beds-Part 2:Test methods>	严于国标
22	家具	物理	最高一级的的脚踏板离入口距离	Ladder or other means of access	GB 24430.1—2009《家用双层床 安全 第1部分：要求》	无	—	GB 24430.2—2009《家用双层床 安全 第2部分：试验》	EN 747-1:2012 <Furniture-Bunk beds and high beds-Part 1:Safety, strength and durability requirements>	最高一级的的脚踏板离入口距离不超过500mm	mm	EN 747-2:2012 <Furniture-Bunk beds and high beds-Part 2:Test methods>	严于国标

附表1-3（续）

序号	产品类别	产品危害类别	安全指标中文名称	安全指标英文名称	安全指标对应的国家标准				安全指标对应的国际标准或国外标准				安全指标差异情况
					名称、编号	安全指标要求	安全指标单位	检测标准名称、编号	名称、编号	安全指标要求	安全指标单位	安全指标对应的检测标准名称、编号	
23	家具	物理	连续两脚踏板件距离允差	Ladder or other means of access	GB 24430.1—2009《家用双层床　安全　第1部分：要求》	± 2mm	mm	GB 24430.2—2009《家用双层床　安全　第2部分：试验》	EN 747-1:2012 <Furniture-Bunk beds and high beds-Part 1:Safety, strength and durability requirements>	± 5mm	mm	EN 747-2:2012 <Furniture-Bunk beds and high beds-Part 2:Test methods>	宽于国标
24	家具	物理	所有脚踏板前沿应在同一直线上	Ladder or other means of access	GB 24430.1—2009《家用双层床　安全　第1部分：要求》	无	—	GB 24430.2—2009《家用双层床　安全　第2部分：试验》	EN 747-1:2012 <Furniture-Bunk beds and high beds-Part 1:Safety, strength and durability requirements>	所有脚踏板前沿应在同一直线上且偏差小于20mm		EN 747-2:2012 <Furniture-Bunk beds and high beds-Part 2:Test methods>	严于国标
25	家具	物理	安全栏板拐角弧度	Ladder or other means of access	GB 24430.1—2009《家用双层床　安全　第1部分：要求》	无	—	GB 24430.2—2009《家用双层床　安全　第2部分：试验》	EN 747-1:2012 <Furniture-Bunk beds and high beds-Part 1:Safety,strength and durability requirements>	安全栏板拐角弧度小于等于85mm	mm	EN 747-2:2012 <Furniture-Bunk beds and high beds-Part 2:Test methods>	严于国标
26	家具	物理	脚踏板垂直静载荷	Vertical static load on treads	GB 24430.1—2009《家用双层床　安全　第1部分：要求》	无	—	GB 24430.2—2009《家用双层床　安全　第2部分：试验》	EN 747-1:2012 <Furniture-Bunk beds and high	垂直向下1200N，10次，每次30s	N	EN 747-2:2012 <Furniture-Bunk beds and high beds-Part 2:Test methods>	严于国标

附表1-3（续）

序号	产品类别	产品危害类别	安全指标中文名称	安全指标英文名称	安全指标对应的国家标准				安全指标对应的国际标准或国外标准				安全指标差异情况
					名称、编号	安全指标要求	安全指标单位	检测标准名称、编号	名称、编号	安全指标要求	安全指标单位	安全指标对应的检测标准名称、编号	
									beds-Part 1:Safety, strength and durability requirements>				
27	家具	物理	脚踏板耐久性	Durability of treads	GB 24430.1—2009《家用双层床 安全 第1部分：要求》	无	—	GB 24430.2—2009《家用双层床 安全 第2部分：试验》	EN 747-1:2012 <Furniture-Bunk beds and high beds-Part 1:Safety, strength and durability requirements>	垂直向下1000N，1000次	N	EN 747-2:2012 <Furniture-Bunk beds and high beds-Part 2:Test methods>	严于国标
28	家具	物理	稳定性	Stability	GB 24430.1—2009《家用双层床 安全 第1部分：要求》	不可超过一只脚翘离地面	—	GB 24430.2—2009《家用双层床 安全 第2部分：试验》	EN 747-1:2012 <Furniture-Bunk beds and high beds-Part 1:Safety, strength and durability requirements>	不可倾翻	—	EN 747-2:2012 <Furniture-Bunk beds and high beds-Part 2:Test methods>	宽于国标
29	家具	物理	使用说明	Instruction for use	GB 24430.1—2009《家用双层床 安全 第1部分：要求》	警示语：“注意（6岁一下）小孩从上层床跌落的危险性”	—	GB 24430.2—2009《家用双层床 安全 第2部分：试验》	EN 747-1:2012 <Furniture-Bunk beds and high beds-Part 1:Safety, strength and durability requirements>	警示语：“高床和双层床上层不适合6岁以下儿童使用，有跌落的风险”	—	EN 747-2:2012 <Furniture-Bunk beds and high beds-Part 2:Test methods>	严于国标

附表1-3（续）

序号	产品类别	产品危害类别	安全指标中文名称	安全指标英文名称	安全指标对应的国家标准				安全指标对应的国际标准或国外标准				安全指标差异情况
					名称、编号	安全指标要求	安全指标单位	检测标准名称、编号	名称、编号	安全指标要求	安全指标单位	安全指标对应的检测标准名称、编号	
30	家具		范围	scope	GB 17927.1—2011《软体家具 床垫和沙发 抗引燃特性的评定 第1部分：阴燃的香烟》	适用于家庭用床垫、沙发等软体家具	—	《软体家具 床垫和沙发 抗引燃特性的评定 第1部分：阴燃的香烟》	EN 597-1:1995 <Furniture - Assessment of ignitability of mattresses and upholstered bed bases - Part 1: Ignition source: smouldering cigarette >	适用于床垫、软体床基	—	EN 597-1:1995 <Furniture - Assessment of ignitability of mattresses and upholstered bed bases - Part 1: Ignition source: smouldering cigarette >	—
31	家具	物理	引燃准则	criteria of ignition	GB 17927.1—2011《软体家具 床垫和沙发 抗引燃特性的评定 第1部分：阴燃的香烟》	试样上除了最靠近火源上方外的任何方向上，离火源100mm以外出现任何不同于变色的烧焦现象	—	《软体家具 床垫和沙发 抗引燃特性的评定 第1部分：阴燃的香烟》	EN 597-1:1995 <Furniture - Assessment of ignitability of mattresses and upholstered bed bases - Part 1: Ignition source: smouldering cigarette >	水平方向上，离火源50mm以外出现任何不同于变色的烧焦现象	—	EN 597-1:1995 <Furniture - Assessment of ignitability of mattresses and upholstered bed bases - Part 1: Ignition source: smouldering cigarette >	严于国标
32	家具	物理	引燃准则	criteria of ignition	GB 17927.1—2011《软体家具 床垫和沙发 抗引燃特性的评定 第1部分：阴燃的香烟》	—	—	《软体家具 床垫和沙发 抗引燃特性的评定 第1部分：阴燃的香烟》	EN 597-1:1995 <Furniture - Assessment of ignitability of mattresses and upholstered bed bases - Part 1: Ignition source: smouldering cigarette >	任何试样引燃超过1个小时（判断为发展性闷烧）	小时	EN 597-1:1995 <Furniture - Assessment of ignitability of mattresses and upholstered bed bases - Part 1: Ignition source: smouldering cigarette >	严于国标

附表1-3（续）

序号	产品类别	产品危害类别	安全指标中文名称	安全指标英文名称	安全指标对应的国家标准				安全指标对应的国际标准或国外标准				安全指标差异情况
					名称、编号	安全指标要求	安全指标单位	检测标准名称、编号	名称、编号	安全指标要求	安全指标单位	安全指标对应的检测标准名称、编号	
33	家具	物理	引燃准则	criteria of ignition	GB 17927.1—2011《软体家具 床垫和沙发 抗引燃特性的评定 第1部分：阴燃的香烟》	a）加剧续燃，需要灭火；b）软包部分续燃烧尽；c）燃烧火焰抵达边缘或穿透厚度	—	《软体家具 床垫和沙发 抗引燃特性的评定 第1部分：阴燃的香烟》	EN 597-1:1995 <Furniture - Assessment of ignitability of mattresses and upholstered bed bases - Part 1: Ignition source: smouldering cigarette >	出现由持续引燃引起的火焰(判断为有焰燃烧)	—	EN 597-1:1995 <Furniture - Assessment of ignitability of mattresses and upholstered bed bases - Part 1: Ignition source: smouldering cigarette >	严于国标
34	家具	物理	原则	principle	GB 17927.1—2011《软体家具 床垫和沙发 抗引燃特性的评定 第1部分：阴燃的香烟》	—	—	《软体家具 床垫和沙发 抗引燃特性的评定 第1部分：阴燃的香烟》	EN 597-1:1995 <Furniture - Assessment of ignitability of mattresses and upholstered bed bases - Part 1: Ignition source: smouldering cigarette >	有不同特性的床垫、床基的不同区域都需进行测试	—	EN 597-1:1995 <Furniture - Assessment of ignitability of mattresses and upholstered bed bases - Part 1: Ignition source: smouldering cigarette >	严于国标
35	家具	物理	操作者健康与安全	health and safety of opetators	GB 17927.1—2011《软体家具 床垫和沙发 抗引燃特性的评定 第1部分：阴燃的香烟》	—	—	《软体家具 床垫和沙发 抗引燃特性的评定 第1部分：阴燃的香烟》	EN 597-1:1995 <Furniture - Assessment of ignitability of mattresses and upholstered bed bases - Part 1: Ignition source: smouldering cigarette >	适当的防护设施需要准备，如防护服、呼吸面具等	—	EN 597-1:1995 <Furniture - Assessment of ignitability of mattresses and upholstered bed bases - Part 1: Ignition source: smouldering cigarette >	严于国标

附表1-3（续）

序号	产品类别	产品危害类别	安全指标中文名称	安全指标英文名称	安全指标对应的国家标准				安全指标对应的国际标准或国外标准				安全指标差异情况
					名称、编号	安全指标要求	安全指标单位	检测标准名称、编号	名称、编号	安全指标要求	安全指标单位	安全指标对应的检测标准名称、编号	
36	家具	物理	测试样品	test specimen	GB 17927.1—2011《软体家具 床垫和沙发 抗引燃特性的评定 第1部分：阴燃的香烟》	—	—	《软体家具 床垫和沙发 抗引燃特性的评定 第1部分：阴燃的香烟》	EN 597-1:1995 <Furniture - Assessment of ignitability of mattresses and upholstered bed bases - Part 1: Ignition source: smouldering cigarette >	测试样品应该具有代表性，若两面有任何不同，则两面都应取样	—	EN 597-1:1995 <Furniture - Assessment of ignitability of mattresses and upholstered bed bases - Part 1: Ignition source: smouldering cigarette >	严于国标
37	家具	物理	试验台	test rig	GB 17927.1—2011《软体家具 床垫和沙发 抗引燃特性的评定 第1部分：阴燃的香烟》	—	—	《软体家具 床垫和沙发 抗引燃特性的评定 第1部分：阴燃的香烟》	EN 597-1:1995 <Furniture - Assessment of ignitability of mattresses and upholstered bed bases - Part 1: Ignition source: smouldering cigarette >	一个至少450mm × 450mm的金属网平面，至少离一个刚性平台75mm	—	EN 597-1:1995 <Furniture - Assessment of ignitability of mattresses and upholstered bed bases - Part 1: Ignition source: smouldering cigarette >	/
38	家具	物理	点火源放置	ignition source application	GB 17927.1—2011《软体家具 床垫和沙发 抗引燃特性的评定 第1部分：阴燃的香烟》	水平放置在床垫上表面平坦部位，距离边部或以前试验留下的痕迹至少100mm	—	《软体家具 床垫和沙发 抗引燃特性的评定 第1部分：阴燃的香烟》	EN 597-1:1995 <Furniture - Assessment of ignitability of mattresses and upholstered bed bases - Part 1: Ignition source: smouldering cigarette >	水平放置在上表面平坦部位，距离边部及以前试验留下的痕迹至少50mm。若试件有滚边、胶边、缝边或毛边，在这些边部额外放置测试香烟	—	EN 597-1:1995 <Furniture - Assessment of ignitability of mattresses and upholstered bed bases - Part 1: Ignition source: smouldering cigarette >	严于国标

附表1-3（续）

序号	产品类别	产品危害类别	安全指标中文名称	安全指标英文名称	安全指标对应的国家标准				安全指标对应的国际标准或国外标准				安全指标差异情况
					名称、编号	安全指标要求	安全指标单位	检测标准名称、编号	名称、编号	安全指标要求	安全指标单位	安全指标对应的检测标准名称、编号	
39	家具	物理	点火源放置	ignition source application	GB 17927.1—2011《软体家具 床垫和沙发 抗引燃特性的评定 第1部分：阴燃的香烟》	将香烟放置在坐垫与靠背的结合处，香烟紧贴立面；或放置在其他易燃部位，距离试样两端或以前试验留下的痕迹至少50mm	—	《软体家具 床垫和沙发 抗引燃特性的评定 第1部分：阴燃的香烟》	EN 597-1:1995 <Furniture - Assessment of ignitability of mattresses and upholstered bed bases - Part 1: Ignition source: smouldering cigarette >	水平放置在上表面平坦部位，距离边部及以前试验留下的痕迹至少50mm。若试件有滚边、胶边、缝边或毛边，在这些边部额外放置测试香烟	—	EN 597-1:1995 <Furniture - Assessment of ignitability of mattresses and upholstered bed bases - Part 1: Ignition source: smouldering cigarette >	严于国标
40	家具	物理	观察燃烧	observe the the progress of combustion	GB 17927.1—2011《软体家具 床垫和沙发 抗引燃特性的评定 第1部分：阴燃的香烟》	—	—	《软体家具 床垫和沙发 抗引燃特性的评定 第1部分：阴燃的香烟》	EN 597-1:1995 <Furniture - Assessment of ignitability of mattresses and upholstered bed bases - Part 1: Ignition source: smouldering cigarette >	观察引燃比较困难，可以通过观察某一点的烟雾来判断，通过在镜子中俯视烟雾柱可以更便捷地进行观察	—	EN 597-1:1995 <Furniture - Assessment of ignitability of mattresses and upholstered bed bases - Part 1: Ignition source: smouldering cigarette >	/
41	家具	物理	最终检查	final examination	GB 17927.1—2011《软体家具 床垫和沙发 抗引燃特性的评定 第1部分：阴燃的香烟》	—	—	《软体家具 床垫和沙发 抗引燃特性的评定 第1部分：阴燃的香烟》	EN 597-1:1995 <Furniture - Assessment of ignitability of mattresses and upholstered	在两个燃烧点的距离大于100mm时，重复燃烧测试可以与第一个同时进行	—	EN 597-1:1995 <Furniture - Assessment of ignitability of mattresses and upholstered bed bases - Part 1: Ignition	严于国标

附表1-3（续）

序号	产品类别	产品危害类别	安全指标中文名称	安全指标英文名称	安全指标对应的国家标准				安全指标对应的国际标准或国外标准				安全指标差异情况
					名称、编号	安全指标要求	安全指标单位	检测标准名称、编号	名称、编号	安全指标要求	安全指标单位	安全指标对应的检测标准名称、编号	
									bed bases - Part 1: Ignition source: smouldering cigarette >			source: smouldering cigarette >	
42	家具		范围	scope	GB 17927.2—2011《软体家具 床垫和沙发 抗引燃特性的评定 第2部分：模拟火柴火焰》	适用于家庭用床垫、沙发等软体家具	—	《软体家具 床垫和沙发 抗引燃特性的评定 第2部分：模拟火柴火焰》	EN 597-2:1995 <Furniture - Assessment of ignitability of mattresses and upholstered bed bases - Part 2: Ignition source: match flame equivalent >	适用于床垫、软体床基	—	EN 597-2:1995 <Furniture - Assessment of ignitability of mattresses and upholstered bed bases - Part 2: Ignition source: match flame equivalent >	/
43	家具	物理	引燃准则	criteria of ignition	GB 17927.2—2011《软体家具 床垫和沙发 抗引燃特性的评定 第2部分：模拟火柴火焰》	试样上除了最靠近火源上方外的任何方向上，离火源100mm以外出现任何不同于变色的烧焦现象	—	《软体家具 床垫和沙发 抗引燃特性的评定 第2部分：模拟火柴火焰》	EN 597-2:1995 <Furniture - Assessment of ignitability of mattresses and upholstered bed bases - Part 2: Ignition source: match flame equivalent >	水平方向上，离火源50mm以外出现任何不同于变色的烧焦现象	—	EN 597-2:1995 <Furniture - Assessment of ignitability of mattresses and upholstered bed bases - Part 2: Ignition source: match flame equivalent >	严于国标

附表1-3（续）

序号	产品类别	产品危害类别	安全指标中文名称	安全指标英文名称	安全指标对应的国家标准				安全指标对应的国际标准或国外标准				安全指标差异情况
					名称、编号	安全指标要求	安全指标单位	检测标准名称、编号	名称、编号	安全指标要求	安全指标单位	安全指标对应的检测标准名称、编号	
44	家具	物理	引燃准则	criteria of ignition	GB 17927.2—2011《软体家具 床垫和沙发 抗引燃特性的评定 第2部分：模拟火柴火焰》	—	—	《软体家具 床垫和沙发 抗引燃特性的评定 第2部分：模拟火柴火焰》	EN 597-2:1995 <Furniture - Assessment of ignitability of mattresses and upholstered bed bases - Part 2: Ignition source: match flame equivalent >	任何试样引燃超过1个小时（判断为发展性闷烧）	h	EN 597-2:1995 <Furniture - Assessment of ignitability of mattresses and upholstered bed bases - Part 2: Ignition source: match flame equivalent >	严于国标
45	家具	物理	原则	principle	GB 17927.2—2011《软体家具 床垫和沙发 抗引燃特性的评定第2部分：模拟火柴火焰》	—	—	《软体家具 床垫和沙发 抗引燃特性的评定 第2部分：模拟火柴火焰》	EN 597-2:1995 <Furniture - Assessment of ignitability of mattresses and upholstered bed bases - Part 2: Ignition source: match flame equivalent >	有不同特性的床垫、床基的不同区域都需进行测试	—	EN 597-2:1995 <Furniture - Assessment of ignitability of mattresses and upholstered bed bases - Part 2: Ignition source: match flame equivalent >	严于国标
46	家具	物理	试验台	test rig	GB 17927.2—2011《软体家具 床垫和沙发 抗引燃特性的评定第2部分：模拟火柴火焰》	—	—	《软体家具 床垫和沙发 抗引燃特性的评定 第2部分：模拟火柴火焰》	EN 597-2:1995 <Furniture - Assessment of ignitability of mattresses and upholstered bed bases - Part 2: Ignition source: match flame equivalent >	一个至少450mm × 450mm的金属网平面，至少离一个刚性平台75mm	—	EN 597-2:1995 <Furniture - Assessment of ignitability of mattresses and upholstered bed bases - Part 2: Ignition source: match flame equivalent >	/

附表1-3（续）

序号	产品类别	产品危害类别	安全指标中文名称	安全指标英文名称	安全指标对应的国家标准				安全指标对应的国际标准或国外标准				安全指标差异情况
					名称、编号	安全指标要求	安全指标单位	检测标准名称、编号	名称、编号	安全指标要求	安全指标单位	安全指标对应的检测标准名称、编号	
47	家具	物理	点火源系统	ignition source: match equivalent	GB 17927.2—2011《软体家具 床垫和沙发 抗引燃特性的评定 第2部分：模拟火柴火焰》	—	—	《软体家具 床垫和沙发 抗引燃特性的评定 第2部分：模拟火柴火焰》	EN 597-2:1995 <Furniture - Assessment of ignitability of mattresses and upholstered bed bases - Part 2: Ignition source: match flame equivalent >	这相当于一个在25 ℃下35mm左右高的火焰	mm	EN 597-2:1995 <Furniture - Assessment of ignitability of mattresses and upholstered bed bases - Part 2: Ignition source: match flame equivalent >	严于国标
48	家具	物理	测试样品	test specimen	GB 17927.2—2011《软体家具 床垫和沙发 抗引燃特性的评定 第2部分：模拟火柴火焰》	—	—	《软体家具 床垫和沙发 抗引燃特性的评定 第2部分：模拟火柴火焰》	EN 597-2:1995 <Furniture - Assessment of ignitability of mattresses and upholstered bed bases - Part 2: Ignition source: match flame equivalent >	测试样品应该具有代表性，若两面有任何不同，则两面都应取样	—	EN 597-2:1995 <Furniture - Assessment of ignitability of mattresses and upholstered bed bases - Part 2: Ignition source: match flame equivalent >	严于国标
49	家具	物理	小规模测试	small scale	GB 17927.2—2011《软体家具 床垫和沙发 抗引燃特性的评定 第2部分：模拟火柴火焰》	—	—	《软体家具 床垫和沙发 抗引燃特性的评定 第2部分：模拟火柴火焰》	EN 597-2:1995 <Furniture - Assessment of ignitability of mattresses and upholstered bed bases - Part 2: Ignition source: match flame equivalent >	对于小规模测试，试样为矩形，至少450mm × 350mm × 床垫厚度。	mm	EN 597-2:1995 <Furniture - Assessment of ignitability of mattresses and upholstered bed bases - Part 2: Ignition source: match flame equivalent >	—

附表1-3（续）

序号	产品类别	产品危害类别	安全指标中文名称	安全指标英文名称	安全指标对应的国家标准				安全指标对应的国际标准或国外标准				安全指标差异情况
					名称、编号	安全指标要求	安全指标单位	检测标准名称、编号	名称、编号	安全指标要求	安全指标单位	安全指标对应的检测标准名称、编号	
50	家具	物理	点火源放置	ignition source application	GB 17927.2—2011《软体家具 床垫和沙发 抗引燃特性的评定 第2部分：模拟火柴火焰》	水平放置在床垫上表面平坦部位，距离边部或以前试验留下的痕迹至少100mm	—	《软体家具 床垫和沙发 抗引燃特性的评定 第2部分：模拟火柴火焰》	EN 597-2:1995 <Furniture - Assessment of ignitability of mattresses and upholstered bed bases - Part 2: Ignition source: match flame equivalent >	水平放置在上表面平坦部位，距离边部及以前试验留下的痕迹至少100mm	mm	EN 597-2:1995 <Furniture - Assessment of ignitability of mattresses and upholstered bed bases - Part 2: Ignition source: match flame equivalent >	宽于国标
51	家具	物理	防火表现要求	performance reqirements for resistance to ignition	—	—	—	—	BS 7177:2008 <Specification for resistance to ignition of mattresses, mattress pads, divans and bed bases>	安全等级分类： 1．低危：家庭用（包括非机动大篷车） 2．中危：日托所、寄宿学校、大学公寓、宿舍、假日野营小屋、旅馆、招待所、老住宅 3．高危：特定医院病房、招待所、旅社、老住宅、船舶设施 4．极高危：精神病院、监狱	—	EN 597-1:1995 <Furniture - Assessment of ignitability of mattresses and upholstered bed bases - Part 1: Ignition source: smouldering cigarette >、 EN 597-2:1995 <Furniture - Assessment of ignitability of mattresses and upholstered bed bases - Part 2: Ignition source: match flame equivalent > BS 6807:2006<Methods of test for assessment of	严于国标

附表1-3（续）

序号	产品类别	产品危害类别	安全指标中文名称	安全指标英文名称	安全指标对应的国家标准				安全指标对应的国际标准或国外标准				安全指标差异情况
					名称、编号	安全指标要求	安全指标单位	检测标准名称、编号	名称、编号	安全指标要求	安全指标单位	安全指标对应的检测标准名称、编号	
												the ignitability of mattresses, upholstered divans and upholstered bed bases with flaming types of primary and secondary sources of ignition>	
52	家具	物理	易接触部件	accessible parts	QB 2453.1—1999《家用的童床和折叠小床 第1部分：安全要求》	—	—	—	EN 716-1:2008+A1：2013<Children's cots and folding cots for domestic use Part 1:Safety requirements>	若孩子的手碰不到边部或端部，那童床内部和顶部边沿以下300mm的所有的外部边沿均为易接触部件；若孩子的手碰的到边部或顶端，那么除了床基背面的所有部件均为易接触部件	—	EN 716-1:2008+A1：2013<Children's cots and folding cots for domestic use Part 1:Safety requirements>	/
53	家具	物理	纺织品、涂层织物、塑料表面的燃烧性能	flammability of textiles, coated textiles and plastic coverings	QB 2453.1—1999《家用的童床和折叠小床 第1部分：安全要求》	—	—	—	EN 716-1:2008+A1：2013<Children's cots and folding cots for domestic use Part 1:Safety requirements>	满足EN 71-2:2008+ A1:2013 5.4的要求，满足EN 1103的要求	—	EN 1103：2005 <Textiles-Fabrics for apparel-Detailed procedure to determine burining behaviour> EN 71-2:2008+A1:2013 <Safety of toys Part 2：Flammability>	严于国标

附表1-3（续）

序号	产品类别	产品危害类别	安全指标中文名称	安全指标英文名称	安全指标对应的国家标准				安全指标对应的国际标准或国外标准				安全指标差异情况
					名称、编号	安全指标要求	安全指标单位	检测标准名称、编号	名称、编号	安全指标要求	安全指标单位	安全指标对应的检测标准名称、编号	
54	家具	物理	初始稳定性	initial stability	QB 2453.1—1999《家用的童床和折叠小床 第1部分：安全要求》	在童床旁板上侧边中点的内部放置砝码，砝码重心低于床边上边沿50mm，然后在上边缘中点水平向外施加一个30N的力，应无一条以上的床腿或床脚离开地面	—	QB/T 2453.2—1999《家用的童床和折叠小床 第2部分：试验方法》	EN 716-1:2008+A1：2013<Children's cots and folding cots for domestic use Part 1:Safety requirements>	在童床旁板上侧边中点的内部放置砝码，砝码重心低于床边上边沿50mm，然后在上边缘中点水平向外施加一个 30N的力，应无倾翻	—	EN 716-2:2008+A1：2013<Children's cots and folding cots for domestic use Part 2:Test methods>	宽于国标
55	家具	物理	标签和贴花	labels and decals	QB 2453.1—1999《家用的童床和折叠小床 第1部分：安全要求》	—	—	QB/T 2453.2—1999《家用的童床和折叠小床 第2部分：试验方法》	EN 716-1:2008+A1：2013<Children's cots and folding cots for domestic use Part 1:Safety requirements>	除了床垫以下的部位，胶粘的标识或贴花不应使用在床侧边和端部的内表面	—	EN 716-2:2008+A1：2013<Children's cots and folding cots for domestic use Part 2:Test methods>	严于国标
56	家具	物理	脚轮和轮子	castors and wheels	QB 2453.1—1999《家用的童床和折叠小床	除下列安排外，不应安装脚轮：	—	QB/T 2453.2—1999《家用的童床和折叠	EN 716-1:2008+A1：2013<Children's	除以下情况外，不应安装脚轮： a）两个脚轮或轮子和至	—	EN 716-2:2008+A1：2013<Children's cots and folding cots for do	严于国标

附表1-3（续）

序号	产品类别	产品危害类别	安全指标中文名称	安全指标英文名称	安全指标对应的国家标准				安全指标对应的国际标准或国外标准				安全指标差异情况
					名称、编号	安全指标要求	安全指标单位	检测标准名称、编号	名称、编号	安全指标要求	安全指标单位	安全指标对应的检测标准名称、编号	
					第1部分：安全要求》	a）两个脚轮和两条腿； b）四个脚轮中至少有两个能被锁定		小床　第2部分：试验方法》	cots and folding cots for domestic use Part 1:Safety requirements>	少两个其他支撑位置； b）有至少四个脚轮或轮子其中至少两个可以被锁定		mestic use Part 2:Test methods>	
57	家具	物理	童床外侧的头部夹持	head entrapment on the outside of the cot	QB 2453.1—1999《家用的童床和折叠小床 第1部分：安全要求》	—	—	QB/T 2453.2—1999《家用的童床和折叠小床　第2部分：试验方法》	EN 716-1:2008+A1：2013<Children's cots and folding cots for domestic use Part 1:Safety requirements>	以下要求不适用于边部或端部为网状或纤维材料且有刚性支撑结构，开口的最低位置离地小于100mm的童床。 若使用最大30N的力能够使小型头部塞规通过开口，则在最大5N的作用力下，大型头部塞规也应通过开口。 大的头部塞规可以通过的开口需满足半封闭型、V型和异型开口的要求。 半封闭、V型和异型开口需满足： a）按照EN716-2测试时，测试模板的B段不能进入开口部分； b）按照EN716-1测试时，测试模板的A段不能接触到开口底部	—	EN 716-2:2008+A1：2013<Children's cots and folding cots for domestic use Part 2:Test methods>	严于国标

附表1-3（续）

序号	产品类别	产品危害类别	安全指标中文名称	安全指标英文名称	安全指标对应的国家标准				安全指标对应的国际标准或国外标准				安全指标差异情况
					名称、编号	安全指标要求	安全指标单位	检测标准名称、编号	名称、编号	安全指标要求	安全指标单位	安全指标对应的检测标准名称、编号	
58	家具	物理	探棒直径和施力大小	measuring probe diameters and applied forces	QB 2453.1—1999《家用的童床和折叠小床 第1部分：安全要求》	—	mm, N	QB/T 2453.2—1999《家用的童床和折叠小床 第2部分：试验方法》	EN 716-1:2008+A1：2013<Children's cots and folding cots for domestic use Part 1:Safety requirements>	剪切和挤压点，5mm直径探棒，不施力剪切和挤压点，18mm直径探棒，不施力其他孔、间隙和开口，7mm直径探棒、25mm和65mm直径探针，30N其他孔、间隙和开口，12mm直径探棒、45mm直径探针，不施力	Mm,N	EN 716-2:2008+A1：2013<Children's cots and folding cots for domestic use Part 2:Test methods>	严于国标
59	家具	物理	落脚点	determination of a foothold	QB 2453.1—1999《家用的童床和折叠小床 第1部分：安全要求》	—	—	QB/T 2453.2—1999《家用的童床和折叠小床 第2部分：试验方法》	EN 716-1:2008+A1：2013<Children's cots and folding cots for domestic use Part 1:Safety requirements>	1．模板上的连续四个三角形被覆盖为连续结构 2．模板上粗线与边缘以外的两个或两个以上的三角形被覆盖为非连续结构 3．任何最大宽度5mm的且能横跨模板上两根粗线的结构为线型、细长型或类似落脚点		EN 716-2:2008+A1：2013<Children's cots and folding cots for domestic use Part 2:Test methods>	严于国标
60	家具	物理	落脚点与床边、床头最高点的	distance between fotholds and top of cot sides and ends	QB 2453.1—1999《家用的童床和折叠小床 第1部分：安全要求》	1．床板和床头内高至少600mm 2．床铺面处于最高位置时，床侧板与床头的	mm	QB/T 2453.2—1999《家用的童床和折叠小床 第2部分：试验方法》	EN 716-1:2008+A1：2013<Children's cots and folding cots for domestic use Part 1:Safety requirements>	1．床板和床头内高至少600mm 2．床铺面处于最高位置时，床侧板与床头的相对高度至少300mm，适用于可调床侧板的最高位置 3．落脚点与床侧板或床	mm	EN 716-2:2008+A1：2013<Children's cots and folding cots for domestic use Part 2:Test methods>	严于国标

附表1-3（续）

序号	产品类别	产品危害类别	安全指标中文名称	安全指标英文名称	安全指标对应的国家标准				安全指标对应的国际标准或国外标准				安全指标差异情况
					名称、编号	安全指标要求	安全指标单位	检测标准名称、编号	名称、编号	安全指标要求	安全指标单位	安全指标对应的检测标准名称、编号	
			距离			相对高度至少300mm，适用于可调床侧板的最高位置				头最高点之间的距离至少为600mm			
61	家具	物理	落脚点与床边、床头最高点的距离的测量	measurement of distance between fotholds and top of cot sides and ends	QB 2453.1—1999《家用的童床和折叠小床 第1部分：安全要求》	—	—	QB/T 2453.2—1999《家用的童床和折叠小床 第2部分：试验方法》	EN 716-1:2008+A1：2013<Children's cots and folding cots for domestic use Part 1:Safety requirements>	测量所有立足点顶部到床侧边和床头顶部的距离，立足点包括床铺面板但不包括侧面板和床头的顶部。 若刚性零件表面覆盖有软质材料，则需通过模板在水平方向上在零件上施加一个最大30N的水平力，然后观察是否有四个连续的三角形被覆盖	—	EN 716-2:2008+A1：2013<Children's cots and folding cots for domestic use Part 2:Test methods>	严于国标
62	家具	物理	小零件	small parts	QB 2453.1—1999《家用的童床和折叠小床 第1部分：安全要求》	最大易接触尺寸小于等于6mm时，施加50N最大易接触尺寸大于6mm时，施加90N	mm，N	QB/T 2453.2—1999《家用的童床和折叠小床 第2部分：试验方法》	EN 716-2:2008+A1：2013<Children's cots and folding cots for domestic use Part 2:Test methods>	1．按照顺时针方向，在大约5s的时间内逐步对部件施加扭矩直至a）从起始位置旋转180° b）转矩已达到0.34Nm 2．最大易接触尺寸小于等于6mm时，施加50N最大易接触尺寸大于6mm时，施加90N	mm，N	EN 716-2:2008+A1：2013<Children's cots and folding cots for domestic use Part 2:Test methods>	严于国标

附表1-3（续）

序号	产品类别	产品危害类别	安全指标中文名称	安全指标英文名称	安全指标对应的国家标准				安全指标对应的国际标准或国外标准				安全指标差异情况
					名称、编号	安全指标要求	安全指标单位	检测标准名称、编号	名称、编号	安全指标要求	安全指标单位	安全指标对应的检测标准名称、编号	
63	家具	物理	啃咬测试	bite test	QB 2453.1—1999《家用的童床和折叠小床 第1部分：安全要求》	—	N，s	QB/T 2453.2—1999《家用的童床和折叠小床　第2部分：试验方法》	EN 716-2:2008+A1：2013<Children's cots and folding cots for domestic use Part 2:Test methods>	a）用手指捏起床边内表面一块材料，使四颗牙齿能够咬住最小块的材料，施加一个50N的拉力保持10s； b）将咬合器打开至最大，尽可能将床边推入直至被挡块挡住，咬住床边后，施加50N的拉力，保持10s	N，s	EN 716-2:2008+A1：2013<Children's cots and folding cots for domestic use Part 2:Test methods>	严于国标
64	家具	物理	床底强度（冲击测试）	strength of bed base and mattress base (impact test)	QB 2453.1—1999《家用的童床和折叠小床 第1部分：安全要求》	冲击器外沿与床铺面内沿之间的距离应不大于50mm	—	QB/T 2453.2—1999《家用的童床和折叠小床　第2部分：试验方法》	EN 716-1:2008+A1：2013<Children's cots and folding cots for domestic use Part 1:Safety requirements>	冲击器外沿与床铺面内沿之间的距离应等于50mm	—	EN 716-2:2008+A1：2013<Children's cots and folding cots for domestic use Part 2:Test methods>	/
65	家具	物理	网状及软体的侧面及端面强度（静载荷测试）	strength of mesh and flexible sides and ends（static load test）	QB 2453.1—1999《家用的童床和折叠小床 第1部分：安全要求》	—	N，s	QB/T 2453.2—1999《家用的童床和折叠小床　第2部分：试验方法》	EN 716-2:2008+A1：2013<Children's cots and folding cots for domestic use Part 2:Test methods>	从内向外在网状及软体的侧面及端面部位施加一个250N的水平力3次，每次保持30s	N，s	EN 716-2:2008+A1：2013<Children's cots and folding cots for domestic use Part 2:Test methods>	严于国标

附表1-3（续）

序号	产品类别	产品危害类别	安全指标中文名称	安全指标英文名称	安全指标对应的国家标准				安全指标对应的国际标准或国外标准				安全指标差异情况
					名称、编号	安全指标要求	安全指标单位	检测标准名称、编号	名称、编号	安全指标要求	安全指标单位	安全指标对应的检测标准名称、编号	
66	家具	物理	使用说明	instructions for use	QB 2453.1—1999《家用的童床和折叠小床 第1部分：安全要求》	这些使用说明应加上刊头： 重要—留作参考—仔细阅读	mm	QB/T 2453.2—1999《家用的童床和折叠小床 第2部分：试验方法》	EN 716-1:2008+A1：2013<Children's cots and folding cots for domestic use Part 1:Safety requirements>	这些使用说明应加上刊头： 重要—留作参考—仔细阅读 字体高不小于5mm	mm	EN 716-2:2008+A1：2013<Children's cots and folding cots for domestic use Part 2:Test methods>	严于国标
67	家具	物理	使用说明	instructions for use	QB 2453.1—1999《家用的童床和折叠小床 第1部分：安全要求》	—	—	QB/T 2453.2—1999《家用的童床和折叠小床 第2部分：试验方法》	EN 716-1:2008+A1：2013<Children's cots and folding cots for domestic use Part 1:Safety requirements>	b）不要使用任何零件破损、丢失的童床，仅使用制造商提供的配件	—	EN 716-2:2008+A1：2013<Children's cots and folding cots for domestic use Part 2:Test methods>	严于国标
68	家具	物理	使用说明	instructions for use	QB 2453.1—1999《家用的童床和折叠小床 第1部分：安全要求》	—	—	QB/T 2453.2—1999《家用的童床和折叠小床 第2部分：试验方法》	EN 716-1:2008+A1：2013<Children's cots and folding cots for domestic use Part 1:Safety requirements>	d）不要使用超过1张床垫	—	EN 716-2:2008+A1：2013<Children's cots and folding cots for domestic use Part 2:Test methods>	严于国标
69	家具	物理	使用说明	instructions for use	QB 2453.1—1999《家用的童床和折叠小床 第1部分：安全	—	—	QB/T 2453.2—1999《家用的童床和折叠小床 第2部	EN 716-1:2008+A1：2013<Children's cots and folding	g）如果童床上有活动侧边，须说明："若将孩子单独留在床内，须确保所	—	EN 716-2:2008+A1：2013<Children's cots and folding cots for domestic use Part 2:Test	严于国标

附表1-3（续）

序号	产品类别	产品危害类别	安全指标中文名称	安全指标英文名称	安全指标对应的国家标准				安全指标对应的国际标准或国外标准				安全指标差异情况
					名称、编号	安全指标要求	安全指标单位	检测标准名称、编号	名称、编号	安全指标要求	安全指标单位	安全指标对应的检测标准名称、编号	
					要求》			分：试验方法》	cots for domestic use Part 1:Safety requirements>	有活动侧边处于关闭状态”		methods>	
70	家具	物理	使用说明	instructions for use	QB 2453.1—1999《家用的童床和折叠小床 第1部分：安全要求》	h）当床垫不是与童床一起销售时，涉及床垫尺寸的推荐	—	QB/T 2453.2—1999《家用的童床和折叠小床 第2部分：试验方法》	EN 716-1:2008+A1：2013<Children's cots and folding cots for domestic use Part 1:Safety requirements>	i）使用的最小床垫的说明，床垫与床内部边沿的最大缝隙小于30mm	mm	EN 716-2:2008+A1：2013<Children's cots and folding cots for domestic use Part 2:Test methods>	严于国标
71	家具	物理	使用说明	instructions for use	QB 2453.1—1999《家用的童床和折叠小床 第1部分：安全要求》	g）关于所有安装配件应该适当紧固以及注意没有一个螺钉松动的说明，因为一个儿童能够使部分身体或衣服（如串线、项圈、玩具娃娃用的丝带等等）陷入困境，可能造成勒死危险	—	QB 2453.2—1999《家用的童床和折叠小床 第2部分：试验方法》	EN 716-1:2008+A1：2013<Children's cots and folding cots for domestic use Part 1:Safety requirements>	m）所有零件应该紧固并且定期检查，如有必要可以重新紧固	—	EN 716-2:2008+A1：2013<Children's cots and folding cots for domestic use Part 2:Test methods>	严于国标

附表1-3（续）

序号	产品类别	产品危害类别	安全指标中文名称	安全指标英文名称	安全指标对应的国家标准				安全指标对应的国际标准或国外标准				安全指标差异情况
					名称、编号	安全指标要求	安全指标单位	检测标准名称、编号	名称、编号	安全指标要求	安全指标单位	安全指标对应的检测标准名称、编号	
72	家具	物理	使用说明	instructions for use	QB 2453.1—1999《家用的童床和折叠小床 第1部分：安全要求》	—	—	《QB 2453.2—1999家用的童床和折叠小床 第2部分：试验方法》	EN 716-1:2008+A1：2013<Children's cots and folding cots for domestic use Part 1:Safety requirements>	n）如有需要，说明清洗方法	—	EN 716-2:2008+A1：2013<Children's cots and folding cots for domestic use Part 2:Test methods>	严于国标
73	家具	物理	使用说明	instructions for use	QB 2453.1—1999《家用的童床和折叠小床 第1部分：安全要求》	—	—	QB 2453.2—1999《家用的童床和折叠小床 第2部分：试验方法》	EN 716-1:2008+A1：2013<Children's cots and folding cots for domestic use Part 1:Safety requirements>	o）说明：当孩子有能力爬出童床时，不应继续使用	—	EN 716-2:2008+A1：2013<Children's cots and folding cots for domestic use Part 2:Test methods>	严于国标
74	家具	物理	折叠翻靠床的安装	mounting of the bed to the building	GB 26172.1—2010《折叠翻靠床 安全要求和试验方法 第1部分：安全要求》	—	—	GB 26172.2—2010《折叠翻靠床 安全要求和试验方法 第2部分：试验方法》	EN 1129-1:1995<Furniture-Foldaway beds-Safety requirements and testing-Part1:Safety requirements>	任何折叠翻靠床至少有两个与建筑连接的安装点，每个安装点至少有两个连接孔	—	EN 1129-2:1995<Furniture-Foldaway beds-Safety requirements and testing-Part2:Test methods>	严于国标
75	家具	物理	范围	scope	GB 24820—2009《实验室家具通用技术条件》	本标准适用于学校、医院、科	—	GB 24820—2009《实验室家具通用技术条件》	EN 13150:2001<Workbenches for labora	本欧洲标准规定了实验室工作台包括桌的安全要求及试验方法而且给出了尺寸建议	—	EN 13150:2001<Workbenches for laboratories-	/

附表1-3（续）

序号	产品类别	产品危害类别	安全指标中文名称	安全指标英文名称	安全指标对应的国家标准				安全指标对应的国际标准或国外标准				安全指标差异情况
					名称、编号	安全指标要求	安全指标单位	检测标准名称、编号	名称、编号	安全指标要求	安全指标单位	安全指标对应的检测标准名称、编号	
						研、质检等单位实验室用物理实验台、化学实验台、生物实验台、操作台及储物柜等普通实验室家具。本标准不适用于实验室用椅、凳和特殊实验室（如老化、退化的评估、发热效应、人类工程学及防火等）使用的家具			tories-Dimensions, safety requirements and test methods>	本欧洲标准不适用于未成年人学校的科学实验室。不适用于特殊用途的工作台，如重型医疗设备		Dimensions, safety requirements and test methods>	
76	家具	物理	范围	scope	GB 24820—2009《实验室家具通用技术条件》	本标准适用于学校、医院、科研、质检等单位实验室用物	—	GB 24820—2009《实验室家具通用技术条件》	EN 14727:2005 <Laboratory furniture- Storage units for laboratories-	本欧洲标准规定了实验室柜类家具的要求和试验方法	—	EN 14727:2005 <Laboratory furniture-Storage units for laboratories-Pequirements and test methods>	/

附表1-3（续）

序号	产品类别	产品危害类别	安全指标中文名称	安全指标英文名称	安全指标对应的国家标准				安全指标对应的国际标准或国外标准				安全指标差异情况
					名称、编号	安全指标要求	安全指标单位	检测标准名称、编号	名称、编号	安全指标要求	安全指标单位	安全指标对应的检测标准名称、编号	
						理实验台、化学实验台、生物实验台、操作台及储物柜等普通实验室家具。本标准不适用于实验室用椅、凳和特殊实验室（如老化、退化的评估、发热效应、人类工程学及防火等）使用的家具			Pequirements and test methods>	对于家具老化、退化、电器的发热效应、人体工学及防火的评估不包括在内			
77	家具	物理	台面高度	work surface heght	GB 24820—2009《实验室家具通用技术条件》	台面高度（h1）： 坐姿≤760 站姿≤900 尺寸级差：10	mm	GB 24820—2009《实验室家具通用技术条件》	EN 13150:2001 <Workbenches for laboratories-Dimensions, safety requirements and test methods>	台面高度（h1）： 坐姿：720 站姿：900 尺寸级差：最小20	mm	EN 13150:2001 <Workbenches for laboratories-Dimensions, safety requirements and test methods>	/

附表1-3（续）

序号	产品类别	产品危害类别	安全指标中文名称	安全指标英文名称	安全指标对应的国家标准				安全指标对应的国际标准或国外标准				安全指标差异情况
					名称、编号	安全指标要求	安全指标单位	检测标准名称、编号	名称、编号	安全指标要求	安全指标单位	安全指标对应的检测标准名称、编号	
78	家具	物理	操作台下净空	leg room	GB 24820—2009《实验室家具通用技术条件》	净空高：≥580 净空宽：≥520 尺寸极差：10	mm	GB 24820—2009《实验室家具通用技术条件》	EN 13150:2001 <Workbenches for laboratories-Dimensions, safety requirements and test methods>	EN 527-1：宽：不小于600mm 深：不小于600mm 高：不小于650mm 若因技术原因无法满足，需满足下图要求：	mm	EN 13150:2001 <Workbenches for laboratories-Dimensions, safety requirements and test methods>	严于国标
79	家具	物理	设施区深度	service zone	GB 24820—2009《实验室家具通用技术条件》	设施区深度：50～400 尺寸级差：10	mm	GB 24820—2009《实验室家具通用技术条件》	EN 13150:2001 <Workbenches for laboratories-Dimensions, safety requirements and test methods>	设施区深度：25～400	mm	EN 13150:2001 <Workbenches for laboratories-Dimensions, safety requirements and test methods>	宽于国标
80	家具	物理	挡水板	retaining edges	GB 24820—2009《实验室家具通用技术条件》	需要保留液体的工作台面，应在其所有边上配有挡水板，	—	GB 24820—2009《实验室家具通用技术条件》	EN 13150:2001 <Workbenches for laboratories-Dimensions, safety requirements and test methods>	需要挡水的工作面需在所有方向安装挡水板，挡水能力为至少每平方米5L	L	EN 13150:2001 <Workbenches for laboratories-Dimensions, safety requirements and test methods>	严于国标

附表1-3（续）

序号	产品类别	产品危害类别	安全指标中文名称	安全指标英文名称	安全指标对应的国家标准				安全指标对应的国际标准或国外标准				安全指标差异情况
					名称、编号	安全指标要求	安全指标单位	检测标准名称、编号	名称、编号	安全指标要求	安全指标单位	安全指标对应的检测标准名称、编号	
						挡水板与台面拼接应牢固、接缝应紧密，挡水板与挡水板对接应无错位							
81	家具	物理	水平静载荷	horizontal static load	GB 24820—2009《实验室家具通用技术条件》	桌面放置不超过100kg的平衡载荷，水平加载600N，10次	N	GB 24820—2009《实验室家具通用技术条件》	EN 13150:2001 <Workbenches for laboratories-Dimensions, safety requirements and test methods>	水平加载600N的力，若工作台出现倾斜，则调整加载角度，10次	N	EN 13150:2001 <Workbenches for laboratories-Dimensions, safety requirements and test methods>	
82	家具	物理	活动操作台跌落	drop test of movable workbenches (tables)	GB 24820—2009《实验室家具通用技术条件》	跌落高度：150mm，10次	mm	GB 24820—2009《实验室家具通用技术条件》	EN 13150:2001 <Workbenches for laboratories-Dimensions, safety requirements and test methods>	跌落高度：150mm，10次若结构不对称，另一端重复	mm	EN 13150:2001 <Workbenches for laboratories-Dimensions, safety requirements and test methods>	严于国标
83	家具	物理	水平耐久性试验	horizontal fatigue test	GB 24820—2009《实验室家具通用技术条件》	把载荷均布在桌面上，载荷质量应以刚好能防止桌子在试	—	GB 24820—2009《实验室家具通用技术条件》	EN 13150:2001 <Workbenches for laboratories-Dimensions, safety requirements and	在操作面几何中心放置50kg的平衡载荷	—	EN 13150:2001 <Workbenches for laboratories-Dimensions, safety requirements and test methods>	

附表1-3（续）

序号	产品类别	产品危害类别	安全指标中文名称	安全指标英文名称	安全指标对应的国家标准				安全指标对应的国际标准或国外标准				安全指标差异情况
					名称、编号	安全指标要求	安全指标单位	检测标准名称、编号	名称、编号	安全指标要求	安全指标单位	安全指标对应的检测标准名称、编号	
						验时倾翻为宜，但最重不能超过100kg			test methods>				
84	家具	物理	垂直耐久性试验	vertical fatigue test	GB 24820—2009《实验室家具通用技术条件》	适用范围：独腿支撑的试验台加载力：300N、400N、500N桌面均布载荷小于100kg	N	GB 24820—2009《实验室家具通用技术条件》	EN 13150:2001 <Workbenches for laboratories-Dimensions, safety requirements and test methods>	适用范围：所有操作台加载力：300N、400N、500N	—	EN 13150:2001 <Workbenches for laboratories-Dimensions, safety requirements and test methods>	严于国标
85	家具	物理	垂直冲击试验	vertical impact test	GB 24820—2009《实验室家具通用技术条件》	—距离最长边的中心100mm—距离脚边缘100mm的位置 —对于不同几何形状，“最长边的中心”为距离尽可能远离台面支撑件100mm的点	—	GB 24820—2009《实验室家具通用技术条件》	EN 13150:2001 <Workbenches for laboratories-Dimensions, safety requirements and test methods>	—尽可能接近支撑构件但距离边沿大于100mm —距离边沿100mm且位于最大跨度的中点—位于桌面一角且距离边沿100mm 对于不同的几何形状，最大跨度的中点是指一个点距离边沿100mm且尽可能的远离支撑结构	—	EN 13150:2001 <Workbenches for laboratories-Dimensions, safety requirements and test methods>	严于国标

附表1-3（续）

序号	产品类别	产品危害类别	安全指标中文名称	安全指标英文名称	安全指标对应的国家标准				安全指标对应的国际标准或国外标准				安全指标差异情况
					名称、编号	安全指标要求	安全指标单位	检测标准名称、编号	名称、编号	安全指标要求	安全指标单位	安全指标对应的检测标准名称、编号	
86	家具	物理	搁板弯曲试验	deflection of shelves	GB 24820—2009《实验室家具通用技术条件》	均布载荷：1.0kg/dm^2	kg/dm^2	GB 24820—2009《实验室家具通用技术条件》	EN 14727:2005 <Laboratory furniture-Storage units for laboratories-Pequirements and test methods>	搁板、翻板、底板：1.00 kg/dm^2 内高≤100mm的拉篮：0.65kg/dm^3 其他拉篮：0.2kg/dm^3 净高≤110mm的拉伸构件：0.35kg/dm^3 其他抽屉：0.2kg/dm^3	—	EN 14727:2005<Laboratory furniture-Storage units for laboratories-Pequirements and test methods>	—
87	家具	物理	搁板支撑件强度试验	shgelf supports	GB 24820—2009《实验室家具通用技术条件》	均布载荷：1.0kg/dm^2	kg/dm^2	GB 24820—2009《实验室家具通用技术条件》	EN 14727:2005 <Laboratory furniture-Storage units for laboratories-Pequirements and test methods>	搁板、翻板、底板：1.00 kg/dm^2 内高≤100mm的拉篮：0.65kg/dm^3 其他拉篮：0.2kg/dm^3 净高≤110mm的拉伸构件：0.35kg/dm^3 其他抽屉：0.2kg/dm^3 冲击钢块底部带有3mm厚的橡胶垫	—	EN 14727:2005<Laboratory furniture-Storage units for laboratories-Pequirements and test methods>	仅搁板一项宽于国标
88	家具	物理	拉门强度试验	pivoted doors	GB 24820—2009《实验室家具通用技术条件》	然后用手将门从离全关闭位置10°至离全部打开位置10°的范围内轻轻往复摆动	—	GB 24820—2009《实验室家具通用技术条件》	EN 14727:2005 <Laboratory furniture-Storage units for laboratories-Pequirements and test methods>	然后用手将门从离全关闭位置45°至离全部打开位置10°的范围内轻轻往复摆动10次。门从打开到关闭往复一个循环作为一次。门的开启与关闭时间各为3～5s，门的最大开	—	EN 14727:2005<Laboratory furniture-Storage units for laboratories-Pequirements and test methods>	宽于国标

附表1-3（续）

序号	产品类别	产品危害类别	安全指标中文名称	安全指标英文名称	安全指标对应的国家标准				安全指标对应的国际标准或国外标准				安全指标差异情况
					名称、编号	安全指标要求	安全指标单位	检测标准名称、编号	名称、编号	安全指标要求	安全指标单位	安全指标对应的检测标准名称、编号	
						10次。门从打开到关闭往复一个循环作为一次。门的开启与关闭时间各为3～5s.门的最大开启角度不应超过180°				启角度不应超过135°			
89	家具	物理	拉门水平静载荷试验	horizontal static force on open door	GB 24820—2009《实验室家具通用技术条件》	如果门完全打开角度大于135°时，则取135°	度	GB 24820—2009《实验室家具通用技术条件》	EN 14727:2005 <Laboratory furniture-Storage units for laboratories-Pequirements and test methods>	适用于最大打开角度小于等于135° 的门	—	EN 14727:2005<Laboratory furniture-Storage units for laboratories-Pequirements and test methods>	—
90	家具	物理	拉门耐久性试验	durability test on hinged and pivoted doors	GB 24820—2009《实验室家具通用技术条件》	将质量为3kg的重物垂直挂在门内面的垂直中心线上，然后按表1规定的次数，使门从全部关闭位置至全	—	GB 24820—2009《实验室家具通用技术条件》	EN 14727:2005 <Laboratory furniture-Storage units for laboratories-Pequirements and test methods>	将门从离全关闭位置45°至离全部打开位置10° 的范围内开闭5000次，最大开启角度135° 测试结束后，开启和关闭力变化不得超过20%	—	EN 14727:2005<Laboratory furniture-Storage units for laboratories-Pequirements and test methods>	—

附表1-3（续）

序号	产品类别	产品危害类别	安全指标中文名称	安全指标英文名称	安全指标对应的国家标准				安全指标对应的国际标准或国外标准				安全指标差异情况
					名称、编号	安全指标要求	安全指标单位	检测标准名称、编号	名称、编号	安全指标要求	安全指标单位	安全指标对应的检测标准名称、编号	
						部开启位置之间作往复运动。最大开启角度小于130°							
91	家具	物理	拉门猛开试验	slam-open test of pivoted doors	GB 24820—2009《实验室家具通用技术条件》	把门开到离门全开位置的起始位置，通过滑轮把门全部打开10次。试验时，重物应在门离全部打开位置10mm时预先落地	—	GB 24820—2009《实验室家具通用技术条件》	EN 14727:2005 <Laboratory furniture-Storage units for laboratories-Pequirements and test methods>	—	—	EN 14727:2005<Laboratory furniture-Storage units for laboratories-Pequirements and test methods>	宽于国标
92	家具	物理	抽屉猛关	slam-shut test for drawers	GB 24820—2009《实验室家具通用技术条件》	加载抽屉，将抽展抽出三分之二，但应不大于300mm，内留不小于100mm，按规定线速度的试验设备，猛关抽屉10次	—	GB 24820—2009《实验室家具通用技术条件》	EN 14727:2005 <Laboratory furniture-Storage units for laboratories-Pequirements and test methods>	—	—	EN 14727:2005<Laboratory furniture-Storage units for laboratories-Pequirements and test methods>	宽于国标

附表1-3（续）

序号	产品类别	产品危害类别	安全指标中文名称	安全指标英文名称	安全指标对应的国家标准				安全指标对应的国际标准或国外标准				安全指标差异情况
					名称、编号	安全指标要求	安全指标单位	检测标准名称、编号	名称、编号	安全指标要求	安全指标单位	安全指标对应的检测标准名称、编号	
93	家具	物理	抽屉猛开	slam open test for draewrs equipped with open stops	GB 24820—2009《实验室家具通用技术条件》	—	—		EN 14727:2005 <Laboratory furniture-Storage units for laboratories-Pequirements and test methods>	从距离全部打开300mm的位置（若行程少于300mm则全部关闭）猛开10次	—	EN 14727:2005<Laboratory furniture-Storage units for laboratories-Pequirements and test methods>	宽于国标
94	家具	物理	顶板的垂直静载荷试验	static load on top surfaces of storage units	GB 24820—2009《实验室家具通用技术条件》	在桌面易于发生破坏的位置，通过加载垫，垂直向下重复施加1000N的力10次，每次至少保持10s	N，s	GB 24820—2009《实验室家具通用技术条件》	EN 14727:2005 <Laboratory furniture-Storage units for laboratories-Pequirements and test methods>	在桌面易于发生破坏的位置，通过加载垫，垂直向下重复施加1000N的力10次，加载位置距离边沿不得小于50mm 加载时间10s ± 2s	—	EN 14727:2005<Laboratory furniture-Storage units for laboratories-Pequirements and test methods>	—
95	家具	物理	顶板的垂直静载荷试验	static load on top surfaces of storage units	GB 24820—2009《实验室家具通用技术条件》	适用于顶板到地面不大于1050mm的家具	N，s	GB 24820—2009《实验室家具通用技术条件》	EN 14727:2005 <Laboratory furniture-Storage units for laboratories-Pequirements and test methods>	适用于顶板到地面不大于1100mm的家具	—	EN 14727:2005<Laboratory furniture-Storage units for laboratories-Pequirements and test methods>	宽于国标
96	家具	物理	垂直启闭的卷	slam shut/open of roll-fronts	GB 24820—2009《实验室家具通用技术条件》	使门从起落平衡点自落，如果卷	—	GB 24820—2009《实验室家具通用技术	EN 14727:2005 <Laboratory furniture-Storage units	—	—	EN 14727:2005<Laboratory furniture-Storage units for laboratories-	宽于国标

附表1-3（续）

序号	产品类别	产品危害类别	安全指标中文名称	安全指标英文名称	安全指标对应的国家标准				安全指标对应的国际标准或国外标准				安全指标差异情况
					名称、编号	安全指标要求	安全指标单位	检测标准名称、编号	名称、编号	安全指标要求	安全指标单位	安全指标对应的检测标准名称、编号	
			门猛关试验			门不能自落，应按拉门猛关的规定做试验30次		条件》	for laboratories-Pequirements and test methods>			Pequirements and test methods>	
97	家具	物理	垂直启闭的卷门耐久性试验	durability of roll-fronts	GB 24820—2009《实验室家具通用技术条件》	以平均约为0.25m/s的线速度，使卷门在全开启和全关闭位置间作往复运动1000次	—	GB 24820—2009《实验室家具通用技术条件》	EN 14727:2005 <Laboratory furniture-Storage units for laboratories-Pequirements and test methods>	—	—	EN 14727:2005<Laboratory furniture-Storage units for laboratories-Pequirements and test methods>	宽于国标
98	家具	物理	过载试验	overload test of wall and top mounted units	GB 24820—2009《实验室家具通用技术条件》	适用范围：所有柜类	—	GB 24820—2009《实验室家具通用技术条件》	EN 14727:2005 <Lab oratory furniture-Storage units for laboratories-Pequirements and test methods>	适用范围：装在墙上的柜类	—	EN 14727:2005<Laboratory furniture-Storage units for laboratories-Pequirements and test methods>	宽于国标
99	家具	物理	主体结构和底架的强度试验	strength test of structure and under-frame	GB 24820—2009《实验室家具通用技术条件》	在试件侧面中心线上离地高度1600mm处加载10次对于高度小于1600mm	—	GB 24820—2009《实验室家具通用技术条件》	EN 14727:2005 <Laboratory furniture-Storage units for laboratories-Pequirements and	—	—	EN 14727:2005<Laboratory furniture-Storage units for laboratories-Pequirements and test methods>	宽于国标

附表1-3（续）

序号	产品类别	产品危害类别	安全指标中文名称	安全指标英文名称	安全指标对应的国家标准				安全指标对应的国际标准或国外标准				安全指标差异情况
					名称、编号	安全指标要求	安全指标单位	检测标准名称、编号	名称、编号	安全指标要求	安全指标单位	安全指标对应的检测标准名称、编号	
						的试件，其加载部位为试件侧面中心线的顶端			test methods>				
100	家具	物理	安装说明书	installation instruction	GB 24820—2009《实验室家具通用技术条件》	—	—	GB 24820—2009《实验室家具通用技术条件》	EN 14727:2005 <Laboratory furniture-Storage units for laboratories-Pequirements and test methods>	所有安装在墙上的柜类家具都应提供安装说明书。说明书至少应包括以下内容： 1．非正确安装的危险； 2．安装需专业人士； 3．需检查墙体和连接件的强度是否足够； 对于自行安装的柜类家具须提供： 4．零件清单； 5．所需工具清单； 6．螺栓和其他连接件的图纸	—	EN 14727:2005<Laboratory furniture-Storage units for laboratories-Pequirements and test methods>	严于国标
101	家具	物理	使用时可接触的管件、	tubular components, holes and gaps ac	GB 28478—2012《户外休闲家具安全性能要求 桌椅类产品》	无论哪个方向，如用试验棒能够塞进管件、孔或间隙，塞	mm，N	GB 28478—2012《户外休闲家具安全性能要求 桌椅类产品》	EN 581-1:2006<Outdoor furniture – Seating and tables for camping, domestic	无论哪个方向，如用最大30N的力能将试验棒塞进管件、孔或间隙，塞进深度大于10mm，并且不能以最大30N的力反向拔出，	mm，N	EN 581-2:2009<Outdoor furniture – Seating and tables for camping, domestic and contract use – Part 2：Mechanical	严于国标

附表1-3（续）

序号	产品类别	产品危害类别	安全指标中文名称	安全指标英文名称	安全指标对应的国家标准				安全指标对应的国际标准或国外标准				安全指标差异情况
					名称、编号	安全指标要求	安全指标单位	检测标准名称、编号	名称、编号	安全指标要求	安全指标单位	安全指标对应的检测标准名称、编号	
			孔和间隙	cessible during use		进深度大于10mm，并且不能以30N的力反向拔出，应封闭端口			and contract use – Part 1：General safety requirements>	应封闭端口		safety equirements and test methods for seating>	
102	家具	物理	使用时可接触的管件、孔和间隙	tubular components，holes and gaps accessible during use	GB 28478—2012《户外休闲家具安全性能要求 桌椅类产品》	—	—	GB 28478-2012《户外休闲家具安全性能要求 桌椅类产品》	EN 581-1:2006 <Outdoor furniture – Seating and tables for camping, domestic and contract use – Part 1：General safety requirements>	管状的椅腿底部应封闭	—	EN 581-2:2009<Outdoor furniture – Seating and tables for camping, domestic and contract use – Part 2：Mechanical safety equirements and test methods for seating>	严于国标
103	家具	物理	范围	scope	GB 28478—2012《户外休闲家具安全性能要求 桌椅类产品》	成人用的野营、家用、商用户外桌椅	—	GB 28478-2012《户外休闲家具安全性能要求 桌椅类产品》	EN 581-2:2009 <Outdoor furniture – Seating and tables for camping, domestic and contract use – Part 2：Mechanical safety equirements and test methods for seating>	测试要求适用于体重110kg以下的使用人群	kg	EN 581-2:2009<Outdoor furniture – Seating and tables for camping, domestic and contract use – Part 2：Mechanical safety equirements and test methods for seating>	严于国标

附表1-3（续）

序号	产品类别	产品危害类别	安全指标中文名称	安全指标英文名称	安全指标对应的国家标准				安全指标对应的国际标准或国外标准				安全指标差异情况
					名称、编号	安全指标要求	安全指标单位	检测标准名称、编号	名称、编号	安全指标要求	安全指标单位	安全指标对应的检测标准名称、编号	
104	家具	物理	座背联合疲劳测试	seat and back fatigue test for seating	GB 28478—2012《户外休闲家具安全性能要求 桌椅类产品》	如果座面和靠背均采用同一种弹性材料制成，则只需在座面上进行测试	—	GB 28478—2012《户外休闲家具安全性能要求 桌椅类产品》	EN 581-2:2009 <Outdoor furniture – Seating and tables for camping, domestic and contract use – Part 2: Mechanical safety equirements and test methods for seating>	如果座面与靠背是同一块软体材料，支队座面进行测试	—	EN 581-2:2009<Outdoor furniture – Seating and tables for camping, domestic and contract use – Part 2：Mechanical safety equirements and test methods for seating>	严于国标
105	家具	物理	椅背静载荷	seat and back static load test	GB 28478—2012《户外休闲家具安全性能要求 桌椅类产品》	对于脚架为三角形的凳子，依次把力沿任意三边中线方向记载各5次	—	GB 28478—2012《户外休闲家具安全性能要求 桌椅类产品》	EN 581-2:2009 <Outdoor furniture – Seating and tables for camping, domestic and contract use – Part 2: Mechanical safety equirements and test methods for seating>	对于脚架为三角形的凳子，依次把力沿任意两边中线方向记载各10次	—	EN 1728<Domestic furniture – Seating – Test method for the determination of strength and durability>	严于国标
106	家具	物理	椅背静载荷	seat and back static load test	GB 28478—2012《户外休闲家具安全性能要求 桌椅类产品》	对于具有四个或更多座面的椅子，先在两个相邻的中心位	—	GB 28478—2012《户外休闲家具安全性能要求 桌椅类产品》	EN 581-2:2009 <Outdoor furniture – Seating and tables for camping, domestic and con	对于具有四个或更多座面的椅子，先在两个相邻的边位座面上同时进行实验，然后在两个相邻的中心位座面上同时进行试验	—	EN 1728<Domestic furniture – Seating – Test method for the determination of strength and durability>	—

附表1-3（续）

序号	产品类别	产品危害类别	安全指标中文名称	安全指标英文名称	安全指标对应的国家标准				安全指标对应的国际标准或国外标准				安全指标差异情况
					名称、编号	安全指标要求	安全指标单位	检测标准名称、编号	名称、编号	安全指标要求	安全指标单位	安全指标对应的检测标准名称、编号	
						座面上同时进行实验，然后在两个相邻的边位座面上同时进行试验			tract use – Part 2：Mechanical safety equirements and test methods for seating>				
107	家具	物理	范围	scope	QB/T 2280—2015《办公家具 办公椅》	本标准规定了办公椅的术语和定义、产品分类、要求、试验方法、检验规则及标志、包装、运输和贮存。 本标准适用于室内工作用椅。	—	QB/T 2280—2015《办公家具 办公椅》	ANSI/BIFMA X5.1-2011 <General-Purpose Office Chairs-Tests>	本标准规定了评估一般用途办公椅的方法，不包括材料测试、生产过程、结构设计和美学设计。本标准没有提出休闲椅、阻燃性、表面材料耐久性、软包材料、污染物释放和人体工学的要求。本标准规定了具体的试验方法、可能用到的试验设备、测试条件和一般用途的办公椅可以接受的最低测试指标。这些测试指标和参数基于BIFMA的国际成员的具体使用和测试经验。测试方法基于预期使用寿命为十年的单班使用的办公椅而设计。产品使用寿命会受使用者身高体重、产	—	ANSI/BIFMA X5.1-2011<General-Purpose Office Chairs-Tests>	—

附表1-3（续）

序号	产品类别	产品危害类别	安全指标中文名称	安全指标英文名称	安全指标对应的国家标准				安全指标对应的国际标准或国外标准				安全指标差异情况
					名称、编号	安全指标要求	安全指标单位	检测标准名称、编号	名称、编号	安全指标要求	安全指标单位	安全指标对应的检测标准名称、编号	
										品使用环境、维护保养等各种因素影响，因此满足本标准并不保证能达到十年的使用寿命。本标准适用于新品不适用于已经使用的产品			
108	家具	化学	预处理	conditioning	GB 18584—201x《木家具中挥发性有机物质及重金属迁移限量》	预处理时间为（120±2）h。预处理环境条件为：温度（23±2）℃；相对湿度（45±10）%；样品间的距离不小于300mm；样品间的甲醛浓度≤0.10mg/m³，TVOC≤0.60mg/m³	—	GB 18584—201x《木家具中挥发性有机物质及重金属迁移限量》	ASTM E 1333 <Standard Test Method for Determining Formaldehyde Concentrations in Air and Emission Rates from Wood Products Using a Large Chamber>	预处理环境条件为：温度（24±3）℃；相对湿度（50±5）%；样品间的距离不小于150mm；距离样品300mm以内的甲醛浓度≤0.1ppm（约0.12mg/m³），样品应处于未开封状态而预处理的时间则是由实验室决定	—	ASTM E 1333 <Standard Test Method for Determining Formaldehyde Concentrations in Air and Emission Rates from Wood Products Using a Large Chamber>	宽于国标
109	家具	化学	预处理	conditioning	GB 18584—201x《木家具中挥发性有机物质及重	预处理时间为（120±2）h。预	—	GB 18584—201x《木家具中挥发性有机	ANSI/BIFMA M7.1-2007<Standard	允许样品在进入气候舱之前在存储间放置≤10天，且样品应处于未开封状	—	ANSI/BIFMA M7.1-2007<Standard Test Method For Determining	严于国标

附表1-3（续）

序号	产品类别	产品危害类别	安全指标中文名称	安全指标英文名称	安全指标对应的国家标准				安全指标对应的国际标准或国外标准				安全指标差异情况
					名称、编号	安全指标要求	安全指标单位	检测标准名称、编号	名称、编号	安全指标要求	安全指标单位	安全指标对应的检测标准名称、编号	
					金属迁移限量》	处理环境条件为：温度（23±2）℃；相对湿度（45±10）%；样品间的距离不小于300mm；样品间的甲醛浓度≤0.10mg/m^3，TVOC≤0.60mg/m^3		物质及重金属迁移限量》	Test Method For Determining VOC Emissions From Office Furniture Systems, Components And Seating>	态。存储环境条件为：温度（24±3）℃；相对湿度≤60%；TVOC≤0.1mg/m^3；单个VOC≤0.010.1mg/m^3；颗粒直径≥0.5μm的微粒≤1000/m^3		VOC Emissions From Office Furniture Systems, Components And Seating>	
110	家具	化学	预处理	conditioning	GB 18584—201x《木家具中挥发性有机物质及重金属迁移限量》	预处理时间为（120±2）h。预处理环境条件为：温度（23±2）℃；相对湿度（45±10）%；样品间的距离不小于300mm；样品间的甲醛	—	GB 18584—201x《木家具中挥发性有机物质及重金属迁移限量》	ISO 16000-9:2006 <Indoor air - Part 9: Determination of the emission of volatile organic compounds from building products and furnishing Emission test chamber method>	预处理环境条件为：温度23℃；相对湿度50%；避免样品被其他样品污染；样品应处于未开封状态；预处理事件未给出	—	ISO 16000-9:2006 <Indoor air - Part 9: Determination of the emission of volatile organic compounds from building products and furnishing Emission test chamber method>	—

附表1-3（续）

序号	产品类别	产品危害类别	安全指标中文名称	安全指标英文名称	安全指标对应的国家标准				安全指标对应的国际标准或国外标准				安全指标差异情况
					名称、编号	安全指标要求	安全指标单位	检测标准名称、编号	名称、编号	安全指标要求	安全指标单位	安全指标对应的检测标准名称、编号	
						浓度≤0.10mg/m^3，TVOC≤0.60mg/m^3							
111	家具	化学	空气交换率	air exchange rate	GB 18584—201x《木家具中挥发性有机物质及重金属迁移限量》	1h^{-1}	h^{-1}	GB 18584—201x《木家具中挥发性有机物质及重金属迁移限量》	ANSI/BIFMA M7.1-2007 <Standard Test Method For Determining VOC Emissions From Office Furniture Systems, Components And Seating>	仅对33m^{3}气候舱而言，若按（6～10）L/s的速度进行换气，其换气率介于0.65～1.09之间	—	ANSI/BIFMA M7.1-2007<Standard Test Method For Determining VOC Emissions From Office Furniture Systems, Components And Seating>	—
112	家具	化学	空气交换率	air exchange rate	GB 18584—201x《木家具中挥发性有机物质及重金属迁移限量》	1h^{-1}	h^{-1}	GB 18584—201x《木家具中挥发性有机物质及重金属迁移限量》	ASTM E 1333 <Standard Test Method for Determining Formaldehyde Concentrations in Air and Emission Rates from Wood Products Using a Large Chamber>	—	—	ASTM E 1333 <Standard Test Method for Determining Formaldehyde Concentrations in Air and Emission Rates from Wood Products Using a Large Chamber>	—

附表1-3（续）

序号	产品类别	产品危害类别	安全指标中文名称	安全指标英文名称	安全指标对应的国家标准				安全指标对应的国际标准或国外标准				安全指标差异情况
					名称、编号	安全指标要求	安全指标单位	检测标准名称、编号	名称、编号	安全指标要求	安全指标单位	安全指标对应的检测标准名称、编号	
113	家具	化学	承载率	loading rate	GB 18584—201x《木家具中挥发性有机物质及重金属迁移限量》	$0.15m^3/m^3$	m^3/m^3	GB 18584—201x《木家具中挥发性有机物质及重金属迁移限量》	ANSI/BIFMA M7.1-2007 <Standard Test Method For Determining VOC Emissions From Office Furniture Systems, Components And Seating>	对20-55m^3的气候舱，普通工作位家具总表面积21.76m^2，私人办公室24.92m^2。偏差范围5%	—	ANSI/BIFMA M7.1-2007<Standard Test Method For Determining VOC Emissions From Office Furniture Systems, Components And Seating>	—
114	家具	化学	承载率	loading rate	GB 18584—201x《木家具中挥发性有机物质及重金属迁移限量》	$0.15m^3/m^3$	m^3/m^3	GB 18584—201x《木家具中挥发性有机物质及重金属迁移限量》	ASTM E 1333 <Standard Test Method for Determining Formaldehyde Concentrations in Air and Emission Rates from Wood Products Using a Large Chamber>	$0.95m^2/m^3$——胶合板 $0.43m^2/m^3$——刨花板 $0.26m^2/m^3$——中纤板	—	ASTM E 1333 <Standard Test Method for Determining Formaldehyde Concentrations in Air and Emission Rates from Wood Products Using a Large Chamber>	—
115	家具	化学	承载率	loading rate	GB 18584—201x《木家具中挥发性有机物质及重金属迁移限量》	$0.15m^3/m^3$	m^3/m^3	GB 18584—201x《木家具中挥发性有机物质及重金属迁移限量》	EN 717-1:2004 <Wood-based panels-determination of formaldehyde release-Part 1: Formaldehyde emission by the chamber method>	$1m^2/m^3$	—	EN 717-1:2004<Wood-based panels-determination of formaldehyde release-Part 1: Formaldehyde emission by the chamber method>	—

附表1-3（续）

序号	产品类别	产品危害类别	安全指标中文名称	安全指标英文名称	安全指标对应的国家标准				安全指标对应的国际标准或国外标准				安全指标差异情况
					名称、编号	安全指标要求	安全指标单位	检测标准名称、编号	名称、编号	安全指标要求	安全指标单位	安全指标对应的检测标准名称、编号	
116	家具	化学	承载率	loading rate	GB 18584—201x《木家具中挥发性有机物质及重金属迁移限量》	$0.15m^3/m^3$	m^3/m^3	GB 18584—201x《木家具中挥发性有机物质及重金属迁移限量》	ISO 16000-9:2006 <Indoor air - Part 9: Determination of the emission of volatile organic compounds from building products and furnishing Emission test chamber method>	未给出	—	ISO 16000-9:2006 <Indoor air - Part 9: Determination of the emission of volatile organic compounds from building products and furnishing Emission test chamber method>	—
117	家具	化学	采样时间点	sampling time point	GB 18584—201x《木家具中挥发性有机物质及重金属迁移限量》	第(20 ± 0.5)h	h	GB/T 31106—2014《家具中挥发性有机化合物的测定》	ISO 16000-9:2006 <Indoor air - Part 9: Determination of the emission of volatile organic compounds from building products and furnishing Emission test chamber method>	第(72 ± 2)h及第(28 ± 2)d	h	ISO 16000-9:2006 <Indoor air - Part 9: Determination of the emission of volatile organic compounds from building products and furnishing Emission test chamber method>	—
118	家具	化学	采样时间点	sampling time point	GB 18584—201x《木家具中挥发性有机物质及重金属迁移限量》	第(20 ± 0.5)h	h	GB/T 31106—2014《家具中挥发性有机化合物的测定》	ASTM E 1333 <Standard Test Method for Determining Formaldehyde Concentra	第16 ~ 20h	h	ASTM E 1333 <Standard Test Method for Determining Formaldehyde Concentrations in Air and Emission Rates from	—

附表1-3（续）

序号	产品类别	产品危害类别	安全指标中文名称	安全指标英文名称	安全指标对应的国家标准				安全指标对应的国际标准或国外标准				安全指标差异情况
					名称、编号	安全指标要求	安全指标单位	检测标准名称、编号	名称、编号	安全指标要求	安全指标单位	安全指标对应的检测标准名称、编号	
									tions in Air and Emission Rates from Wood Products Using a Large Chamber>			Wood Products Using a Large Chamber>	
119	家具	化学	采样时间点	sampling time point	GB 18584—201x《木家具中挥发性有机物质及重金属迁移限量》	第(20 ± 0.5)h	h	GB/T 31106-2014《家具中挥发性有机化合物的测定》	ANSI/BIFMA M7.1-2007 <Standard Test Method For Determining VOC Emissions From Office Furniture Systems, Components And Seating>	第72小时及第168小时	h	ANSI/BIFMA M7.1-2007<Standard Test Method For Determining VOC Emissions From Office Furniture Systems, Components And Seating>	—
120	家具	化学	采样时间点	sampling time point	GB 18584—201x《木家具中挥发性有机物质及重金属迁移限量》	第(20 ± 0.5)h	h	GB/T 31106-2014《家具中挥发性有机化合物的测定》	EN 717-1:2004 <Wood-based panels-determination of formaldehyde release-Part 1: Formaldehyde emission by the chamber method>	至少持续到第10天	h	EN 717-1:2004<Wood-based panels-determination of formaldehyde release-Part 1: Formaldehyde emission by the chamber method>	—

附表1-3（续）

序号	产品类别	产品危害类别	安全指标中文名称	安全指标英文名称	安全指标对应的国家标准				安全指标对应的国际标准或国外标准				安全指标差异情况
					名称、编号	安全指标要求	安全指标单位	检测标准名称、编号	名称、编号	安全指标要求	安全指标单位	安全指标对应的检测标准名称、编号	
121	家具	化学	采样点数量	the number of samples	GB 18584—201x《木家具中挥发性有机物质及重金属迁移限量》	未规定	—	GB/T 31106—2014《家具中挥发性有机化合物的测定》	ISO 16000-9:2006 <Indoor air - Part 9: Determination of the emission of volatile organic compounds from building products and furnishing Emission test chamber method>	2个	—	ISO 16000-9:2006 <Indoor air - Part 9: Determination of the emission of volatile organic compounds from building products and furnishing Emission test chamber method>	严于国标
122	家具	化学	采样点数量	the number of samples	GB 18584—201x《木家具中挥发性有机物质及重金属迁移限量》	未规定	—	GB/T 31106—2014《家具中挥发性有机化合物的测定》	ASTM E 1333 <Standard Test Method for Determining Formaldehyde Concentrations in Air and Emission Rates from Wood Products Using a Large Chamber>	至少2个	—	ASTM E 1333 <Standard Test Method for Determining Formaldehyde Concentrations in Air and Emission Rates from Wood Products Using a Large Chamber>	严于国标
123	家具	化学	采样点数量	the number of samples	GB 18584—201x《木家具中挥发性有机物质及重金属迁移限量》	未规定	—	GB/T 31106—2014《家具中挥发性有机化合物的测定》	ANSI/BIFMA M7.1-2007<Standard Test Method For Determining VOC	2个	—	ANSI/BIFMA M7.1-2007<Standard Test Method For Determining VOC Emissions From Office Furniture Sys	严于国标

附表1-3（续）

序号	产品类别	产品危害类别	安全指标中文名称	安全指标英文名称	安全指标对应的国家标准				安全指标对应的国际标准或国外标准				安全指标差异情况
					名称、编号	安全指标要求	安全指标单位	检测标准名称、编号	名称、编号	安全指标要求	安全指标单位	安全指标对应的检测标准名称、编号	
									Emissions From Office Furniture Systems, Components And Seating>			tems, Components And Seating>	
124	家具	化学	采样点数量	the number of samples	GB 18584—201x《木家具中挥发性有机物质及重金属迁移限量》	未规定	—	GB/T 31106—2014《家具中挥发性有机化合物的测定》	EN 717-1:2004 <Wood-based panels-determination of formaldehyde release-Part 1: Formaldehyde emission by the chamber method>	未要求	—	EN 717-1:2004<Wood-based panels-determination of formaldehyde release-Part 1: Formaldehyde emission by the chamber method>	—
125	家具	化学	采样要求	requirement of sampling	GB 18584—201x《木家具中挥发性有机物质及重金属迁移限量》	在重复性条件下获得的两次独立测试结果的绝对差值不大于这两个测定值的算术平均值的20%	—	GB/T 31106—2014《家具中挥发性有机化合物的测定》	ISO 16000-9:2006 <Indoor air - Part 9: Determination of the emission of volatile organic compounds from building products and furnishing Emission test chamber method>	未要求	—	ISO 16000-9:2006 <Indoor air - Part 9: Determination of the emission of volatile organic compounds from building products and furnishing Emission test chamber method>	宽于国标

附表1-3（续）

序号	产品类别	产品危害类别	安全指标中文名称	安全指标英文名称	安全指标对应的国家标准				安全指标对应的国际标准或国外标准				安全指标差异情况
					名称、编号	安全指标要求	安全指标单位	检测标准名称、编号	名称、编号	安全指标要求	安全指标单位	安全指标对应的检测标准名称、编号	
126	家具	化学	采样要求	requirement of sampling	GB 18584—201x《木家具中挥发性有机物质及重金属迁移限量》	在重复性条件下获得的两次独立测试结果的绝对差值不大于这两个测定值的算术平均值的20%	—	GB/T 31106—2014《家具中挥发性有机化合物的测定》	ASTM E 1333 <Standard Test Method for Determining Formaldehyde Concentrations in Air and Emission Rates from Wood Products Using a Large Chamber>	两采样点间的数据差值不得大于0.03ppm	—	ASTM E 1333 <Standard Test Method for Determining Formaldehyde Concentrations in Air and Emission Rates from Wood Products Using a Large Chamber>	—
127	家具	化学	采样要求	requirement of sampling	GB 18584—201x《木家具中挥发性有机物质及重金属迁移限量》	在重复性条件下获得的两次独立测试结果的绝对差值不大于这两个测定值的算术平均值的20%	—	GB/T 31106—2014《家具中挥发性有机化合物的测定》	ANSI/BIFMA M7.1-2007 <Standard Test Method For Determining VOC Emissions From Office Furniture Systems, Components And Seating>	偏差值大于15%的应该被标示出来，如果差异值大于45%,，这组数据应该被认为无效	—	ANSI/BIFMA M7.1-2007<Standard Test Method For Determining VOC Emissions From Office Furniture Systems, Components And Seating>	宽于国标
128	家具	化学	采样要求	requirement of sampling	GB 18584—201x《木家具中挥发性有机物质及重金属迁移限量》	在重复性条件下获得的两次独立测试结果的绝对差值不大于这两个测	—	GB/T 31106—2014《家具中挥发性有机化合物的测定》	EN 717-1:2004 <Wood-based panels-determination of formaldehyde release-Part 1: Formaldehyde emis-	未要求	—	EN 717-1:2004<Wood-based panels-determination of formaldehyde release-Part 1: Formaldehyde emission by the chamber method>	—

附表1-3（续）

序号	产品类别	产品危害类别	安全指标中文名称	安全指标英文名称	安全指标对应的国家标准				安全指标对应的国际标准或国外标准				安全指标差异情况
					名称、编号	安全指标要求	安全指标单位	检测标准名称、编号	名称、编号	安全指标要求	安全指标单位	安全指标对应的检测标准名称、编号	
						定值的算术平均值的20%			sion by the chamber method>				
129	家具	化学	污染物背景浓度	background concentration	GB 18584—201x《木家具中挥发性有机物质及重金属迁移限量》	TVOC≤0.05mg/m³；单组分VOC≤0.005mg/m³；甲醛≤0.006mg/m³	—	GB 18584—201x《木家具中挥发性有机物质及重金属迁移限量》	ISO 16000-9:2006 <Indoor air - Part 9: Determination of the emission of volatile organic compounds from building products and furnishing Emission test chamber method>	气候舱容积小于20m³时，TVOC≤0.02mg/m³单组分VOC≤0.002mg/m³ 气候舱容积大于20m³时，TVOC≤0.05mg/m³单组分VOC≤0.005mg/m³	—	ISO 16000-9:2006 <Indoor air - Part 9: Determination of the emission of volatile organic compounds from building products and furnishing Emission test chamber method>	严于国标
130	家具	化学	污染物背景浓度	background concentration	GB 18584—201x《木家具中挥发性有机物质及重金属迁移限量》	TVOC≤0.05mg/m³；单组分VOC≤0.005mg/m³；甲醛≤0.006mg/m³	—	GB 18584—201x《木家具中挥发性有机物质及重金属迁移限量》	ASTM E 1333 <Standard Test Method for Determining Formaldehyde Concentrations in Air and Emission Rates from Wood Products Using a Large Chamber>	甲醛- 不超过分析仪器的灵敏度范围	—	ASTM E 1333 <Standard Test Method for Determining Formaldehyde Concentrations in Air and Emission Rates from Wood Products Using a Large Chamber>	—

附表1-3（续）

序号	产品类别	产品危害类别	安全指标中文名称	安全指标英文名称	安全指标对应的国家标准				安全指标对应的国际标准或国外标准				安全指标差异情况
					名称、编号	安全指标要求	安全指标单位	检测标准名称、编号	名称、编号	安全指标要求	安全指标单位	安全指标对应的检测标准名称、编号	
131	家具	化学	污染物背景浓度	background concentration	GB 18584—201x《木家具中挥发性有机物质及重金属迁移限量》	TVOC≤0.05mg/m^3；单组分VOC≤0.005mg/m^3；甲醛≤0.006mg/m^3	—	GB 18584—201x《木家具中挥发性有机物质及重金属迁移限量》	ANSI/BIFMA M7.1-2007 <Standard Test Method For Determining VOC Emissions From Office Furniture Systems, Components And Seating>	TVOC≤0.02mg/m^3，单组分VOC≤0.002mg/m^3	—	ANSI/BIFMA M7.1-2007<Standard Test Method For Determining VOC Emissions From Office Furniture Systems, Components And Seating>	严于国标
132	家具	化学	污染物背景浓度	background concentration	GB 18584—201x《木家具中挥发性有机物质及重金属迁移限量》	TVOC≤0.05mg/m^3；单组分VOC≤0.005mg/m^3；甲醛≤0.006mg/m^3	—	GB 18584—201x《木家具中挥发性有机物质及重金属迁移限量》	EN 717-1:2004 <Wood-based panels-determination of formaldehyde release-Part 1: Formaldehyde emission by the chamber method>	TVOC≤0.02mg/m^3，单组分VOC≤0.002mg/m^3	—	EN 717-1:2004<Wood-based panels-determination of formaldehyde release-Part 1: Formaldehyde emission by the chamber method>	严于国标
133	家具	化学	污染物背景浓度	background concentration	GB 18584—201x《木家具中挥发性有机物质及重金属迁移限量》	TVOC≤0.05mg/m^3；单组分VOC≤0.005mg/m^3；甲醛≤0.006mg/m^3	—	GB 18584—201x《木家具中挥发性有机物质及重金属迁移限量》	ASTM D6670-2001(2007)<Standard Practice for Full-Scale Chamber Determination of Volatile Organic Emissions from Indoor Materials/Products>	TVOC≤0.01mg/m^3，单组分VOC≤0.002mg/m^3	—	ASTM D6670-2001(2007)<Standard Practice for Full-Scale Chamber Determination of Volatile Organic Emissions from Indoor Materials/Products>	严于国标

附表1-3（续）

序号	产品类别	产品危害类别	安全指标中文名称	安全指标英文名称	安全指标对应的国家标准				安全指标对应的国际标准或国外标准				安全指标差异情况
					名称、编号	安全指标要求	安全指标单位	检测标准名称、编号	名称、编号	安全指标要求	安全指标单位	安全指标对应的检测标准名称、编号	
134	家具	物理	座面冲击	seat impact test	GB 28007—2011儿童家具通用技术条件	冲击质量25kg 冲击高度：1级为140mm^2，2级为140mm	—	GB/T 10357.3《家具力学性能试验 椅凳类强度和耐久性》	ASTM_F1838-98 Reapproved_2008 <Children Plastic Chair for Outdoor Use>	1级：冲击质量（27±0.3）kg，冲击高度：（152±2.5）mm 2级：（68±0.7）kg，冲击高度：（203±2.5）mm	—	ASTM_F1838-98_Reapproved_2008_Children_Plastic_Chair_for_Outdoor_Use.pdf	严于国标

第二篇

建筑卫生陶瓷

第1章　现状分析

1　国内外建筑卫生陶瓷产品安全监管体制概况

1.1　ISO

国际标准化组织 ISO/TC 189 陶瓷砖（ceramic tiles）技术委员会，创建于 1985 年，秘书处设在美国 ANSI，截至目前，已经发布的国际标准共 26 项（包括技术勘误）。ISO/TC 189 的标准体系包括以下 3 个部分：

ISO 10545《陶瓷砖　试验方法》系列标准

ISO 13006《陶瓷砖　定义、分类、性能和标记》

ISO 13007《陶瓷砖　填缝剂和胶粘剂》

国际标准化组织中，没有专门的卫生陶瓷和陶瓷片密封水嘴的技术委员会，也没有相应的国际标准。

国际标准在质量安全上的作用体现在：一方面，在国际贸易中，贸易双方通过执行陶瓷砖国际标准，保证陶瓷砖产品的质量安全；另一方面，国际标准被转化为各国各地区的标准，控制陶瓷砖产品质量安全。

1.2　欧　盟

欧盟对产品质量的监管主要依靠法律保证。1992 年欧盟出台了《通用产品安全指令》，2002 年又出台新的安全指令，建筑卫生陶瓷产品依据 Decision96/603/EEC 建筑产品指令进行监管。安全指令通过引用标准条款，间接的将标准变成监管产品安全的文件。陶瓷砖产品的燃烧反应就是按照该指令的要求进行的。

通过 CE 认证制度，是监管建筑卫生陶瓷产品安全的另一个方法。

1.3　美　国

美国对建筑卫生陶瓷产品安全的监管也是依靠法律。在 1972 年美国出台了《消费品安全法》，成立专门的消费者安全委员会（即 CPSC），2008 年又实施了《消费品安全改进法》。到目前，美国消费品安全监管制度已实行 40 多年，CPSC 监管的消费品种类约有 15000 多种。

美国的 UPC 认证制度，严格控制了卫生陶瓷的产品质量。

1.4　日　本

建筑卫生陶瓷在日本的监管同样依照法律《消费品安全法》。日本工业标准（JIS）

是由日本工业标准调查会（JISC）组织制定和审议的，是日本国家级标准中最重要、最权威的标准之一。执行 JIS 标准是监管建筑卫生陶瓷质量安全的重要手段。

1.5 中 国

和其他消费品一样，我国的建筑卫生陶瓷安全监管体制主要体现在以下 3 个层次。

1.5.1 法律法规

现行的《产品质量法》、《消费者权益保护法》、《标准化法》、《侵权责任法》是保障消费品质量安全的基本法律，同样也适用于建筑卫生陶瓷行业。国家按照这些法律法规监管建筑卫生陶瓷的质量安全。

1.5.2 强制性国家标准

制定强制性国家标准是国家监管建筑卫生陶瓷产品质量的另一个重要手段，依据我国《标准化法》，强制性标准必须执行。国家的强制性标准多数都是涉及产品安全的。建筑卫生陶瓷行业中的 GB 6952—2015《卫生陶瓷》、GB 18145—2014《陶瓷片密封水嘴》都是强制性国家标准。

1.5.3 强制性产品认证制度

实行强制性产品认证制度，也是对建筑卫生陶瓷产品安全进行监管的方式之一。我国已开展 10 多年的陶瓷砖放射性 3C 认证，有效地控制了陶瓷砖产品放射性指标，降低了产品的质量风险。

1.6 国内外监管体制差异性分析

我国与对比国在建筑卫生陶瓷监管体制上的差异性见表 1-1。

表 1-1 我国与各国监管体制对比表

监管体制	中 国	欧 盟	美 国	日 本
法律法规	《产品质量法》 《消费者权益保护法》 《标准化法》 《侵权责任法》	《通用产品安全指令》	《消费品安全法》	《消费品安全法》
标准	强制性国家标准	推荐性	推荐性	强制性国家标准
认证	强制性产品认证制度	CE 认证	UPC 认证	无

从表 1-1 中，可以看出，中国、欧盟、美国、日本在建筑卫生陶瓷监管体系上大同小异，而中国还较全面。但是，中国和其他国家最大的不同是：中国尚没有涉及产品安全的专门的法律，而欧盟有《通用产品安全指令》，美国、日本有《消费品安全法》，这可能是我国的一个薄弱环节。

2 标准化工作机制和标准体系建设情况

2.1 ISO

ISO/TC189 的标准体系包括以下 3 个部分：①ISO 10545《陶瓷砖 试验方法》系列标准；②ISO 13006《陶瓷砖 定义、分类、性能和标记》；③ISO 13007《陶瓷砖 填缝剂和胶粘剂》。其中，ISO 10545《陶瓷砖 试验方法》系列标准共 16 项，ISO 13006《陶瓷砖 定义、分类、性能和标记》1 项，ISO 13007《陶瓷砖 填缝剂和胶粘剂》系列标准共 4 项。

ISO 13006 第一版 1998 年发布，2012 年换版；ISO 10545 共 16 项标准，最早发布于 1994 年，其中部分标准进行了修订，ISO10545.1、10545.4、10545.8 最新版本 2014 年发布。

ISO 13006《陶瓷砖 定义、分类、性能和标记》中，陶瓷砖的技术要求包括了尺寸和表面质量、物理性能、化学性能 3 类共 22 项指标。

尺寸和表面质量包括以下 7 项要求：长度和宽度、厚度、边直度、直角度、表面平整度（包括中心弯曲度、边弯曲度、翘曲度）、背纹、表面质量。

物理性能包括以下 14 项要求：吸水率、破坏强度、断裂模数、无釉地砖耐磨损体积、有釉地砖表面耐磨性、线性热膨胀系数、抗热震性、有釉砖抗釉裂性、抗冻性、湿膨胀、小色差、抗冲击性、地砖摩擦系数、抛光砖光泽度。

化学性能包括以下 3 项要求：耐污染性、抗化学腐蚀性、铅和镉的溶出量。

2.2 欧 盟

2.2.1 建筑陶瓷

欧盟标准委员会 CEN/TC 67 陶瓷砖（Ceramic tiles）负责陶瓷砖的标准化工作。已经发布的欧盟标准 EN 14411《陶瓷砖 定义、分类、性能和标记》修改采用了 ISO 13006，技术要求与 ISO 13006 相同，不同之处在于 EN 14411 在 ISO 13006 的基础上，增加了一致性评价和满足欧盟建筑产品指令规定的本欧洲标准的条款。

2.2.2 卫生陶瓷

欧洲作为抽水马桶的发源地，由 CEN/TC 163 卫生设备委员会发布了欧洲标准 EN997《带整体存水弯的坐便器》。CEN 成员国按 CEN/CENELEC 条例，在本国国内将此标准作为国家标准使用，包括奥地利、比利时、保加利亚、克罗地亚、塞浦路斯、捷克共合国、丹麦、爱莎尼亚、芬兰、法国、德国、希腊、匈牙利、冰岛、爱尔兰、意大利、拉脱维亚、立陶宛、卢森堡公国、马耳他、荷兰、挪威、波兰、葡萄牙、罗马尼亚、斯洛伐克、斯洛文尼亚、西班牙、瑞典、瑞士、土耳其和英国 32 个国家。

2012 年修订后的 EN 997，代替了实施近 10 年的 2003 版，旧版标准过渡期至 2013 年

11 月。该标准规定了对带存水弯的用水量为 4L、5L、6L、7L、9L 的坐便器的性能要求，不适用于其他用水量的坐便器、蹲便器及没有整体存水弯的坐便器。本次修订中在原有的技术体系上对 1 类产品的要求进行了完善补充，EN 标准的主要变化如下：

（1）增加对分体坐便器和单体坐便器的要求和测试方法，按 EN 14055 规定调节所用的冲洗水箱，包括对溢流能力和安全界限的规定；

（2）对名词术语进行了较大的修订，取消了 5 个，增加了 20 个名词术语；

（3）增加了按用水量对坐便器的分类评价及幼儿坐便器的冲纸试验；

（4）取消了存水弯最小直径为 43mm 的规定。

2.2.3 陶瓷片密封水嘴

在水嘴方面，主要有欧洲标准 EN 817：2008《卫生洁具—机械混合龙头（PN10）—通用技术要求》、EN 200：2008《卫生洁具—适用于供水系统 1 类和 2 类的单把手和组合龙头（PN10）—通用技术要求》。

2.3 美 国

美国建筑卫生陶瓷领域的标准监管主要有 3 个机构：ANSI、ASME 和 ASTM。

美国国家标准学会（ANSI）是一个准国家式的标准机构，它为那些在特定领域建立标准的组织提供区域许可，如电气电子工程师协会（IEEE）。

美国国家标准学会是非赢利性质的民间标准化组织，是美国国家标准化活动的中心，许多美国标准化协会的标准制修订都同它进行联合，ANSI 批准标准成为美国国家标准，但它本身不制定标准，标准是由相应的标准化团体和技术团体及行业协会和自愿将标准送交给 ANSI 批准的组织来制定，同时 ANSI 起到了联邦政府和民间的标准系统之间的协调作用，指导全国标准化活动。ANSI 遵循自愿性、公开性、透明性、协商一致性的原则，采用 3 种方式制定、审批 ANSI 标准。

美国国家标准学会本身很少制定标准。其 ANSI 标准的编制，主要采取以下 3 种方式：

① 由有关单位负责草拟，邀请专家或专业团体投票，将结果报 ANSI 设立的标准评审会审议批准。此方法称之为投票调查法；

② 由 ANSI 的技术委员会和其他机构组织的委员会的代表拟订标准草案，全体委员投票表决，最后由标准评审会审核批准。此方法称之为委员会法；

③ 从各专业学会、协会团体制定的标准中，将其较成熟的，而且对于全国普遍具有重要意义者，经 ANSI 各技术委员会审核后，提升为国家标准（ANSI）并冠以 ANSI 标准代号及分类号，但同时保留原专业标准代号。

美国国家标准学会的标准，绝大多数来自各专业标准。另一方面，各专业学会、协会团体也可依据已有的国家标准制定某些产品标准。当然，也可不按国家标准来制定自己的协会标准。ANSI 的标准是自愿采用的。美国认为，强制性标准可能限制生产率的提高。但被法律引用和政府部门制定的标准，一般属强制性标准。

美国机械工程师协会（ASME）成立于 1881 年 12 月 24 日，会员约 693000 人。

ASME 主要从事发展机械工程及其有关领域的科学技术，鼓励基础研究，促进学术交流，发展与其他工程学、协会的合作，开展标准化活动，制定机械规范和标准，ASME 是 ANSI 5 个发起单位之一。ANSI 的机械类标准，主要由它协助提出。

美国材料与试验协会（ASTM）是美国最老、最大的非盈利性的标准学术团体之一。经过一个世纪的发展，ASTM 现有 33669 个（个人和团体）会员，其中有 22396 个主要委员会会员在其各个委员会中担任技术专家工作。ASTM 的技术委员会共下设 2004 个技术分委员会。有 105817 个单位参加了 ASTM 标准的制定工作，主要任务是制定材料、产品、系统和服务等领域的特性和性能标准、试验方法和程序标准，促进有关知识的发展和推广。

美国的卫生陶瓷标准主要采用了由美国机械工程师协会（ASME）制定的相关标准，包括：ASME A112.19.2M-1998《瓷质卫生洁具》、ASME A112.19.9M-1991《非瓷质卫生洁具》、ASME A112.6-1995《座便器及小便器冲洗功能》、ASME A 112.19.14-2001《双档冲水的 6 升水便器》。

这些标准已进行了以下两次修订：

（1）第一次修订：ASME A 112.9.2-2003 代替合并了 ASME A112.19.2M-1998 和 ASME A112.19.6-1995，将产品标准和方法标准合并为一个标准。主要变化为：

① 在坐便器冲洗功能要求中增加了（海绵条+牛皮纸）混合介质试验，取消了聚炳烯球试验、污水置换试验和溅水试验。

② 小便器最大用水量由 5.7L 变为 3.8L，增加了小便器水封回复的要求；

③ 取消了水位上升试验。

（2）第二次修订：2008 年 8 月美国和加拿大标准合并，发布了 ASME A112.19.2-2008/CSA B45.1-08《陶瓷卫生洁具》，代替了 ASME A 112.9.2-2003、CAN/CSA-B45.1-02、ASME A112.19.9M-1991《非瓷质卫生洁具》ASME A112.19.13-2001《电子坐便器》4 个标准。随后在 2009 年 8 月和 2011 年 3 月又发布了两个修订单。主要变化为：

① 标准的适用范围涉及 13 类洁具，其中包括浴缸、洗面器、坐便器、小便器、妇洗器、饮水器、淋浴盘、水槽等，进一步明确了标准的适用范围；

② 增加、删除、修改了部分名词术语，其中包括增加双冲坐便器和高效坐便器等定义；

③ 取消了 13L 用水量坐便器，增加了 4.8L 用水量的坐便器，增加了 1.9L 用水量的小便器且稀释率为 17；

④ 增加了排水配件的配套性要求，如尺寸、溢流等；

⑤ 带整体存水弯的洁具不得采用非瓷质；

⑥ 增加了双冲坐便器、电子坐便器、公共饮水器、浴缸和淋浴盘的要求；

⑦ 非瓷质产品吸水率由 8%～15%修订为不大于 15%；

⑧ 将双冲坐便器纳入本标准，引用 ASME A 112.19.14。该标准在此期间进行了一次修订，现为 2006 版。对于双冲水坐便器中的全冲水要求符合 ASME A 112.19.2 的规定；规定半冲水时用水量不大于 4.1L，水封回复不小于 50 ㎜，污水置换稀释率不小于 17 倍，卫生纸团测试；并规定了水箱配件的寿命试验，取消了洗刷试验；

⑨ 将无水小便器纳入本标准，引用 ASME A 19.19，该标准是美国于 2006 年 9 月首次发布的标准，主要规定了无水小便器的材料、尺寸和性能要求，性能要求包括防堵塞性、气密性和氨试验。

跟水嘴有关的标准有，ASME A112.18.1-2012/CSA B125.1-2012《供水管道部件》和 NSF/ANSI 61-2012《饮用水系统组件——对健康的影响》。

2.4 日　本

根据日本工业标准化法的规定，日本工业标准（JIS）对象除对药品、农药、化学肥料、蚕丝、食品以及其他农林产品制定有专门的标准或技术规格外，还涉及各个工业领域。其内容包括：产品标准（产品形状、尺寸、质量、性能等）、方法标准（试验、分析、检测与测量方法和操作标准等）、基础标准（术语、符号、单位、优先数等）。专业包括：建筑、机械、电气、冶金、运输、化工、采矿、纺织、造纸、医疗设备、陶瓷及日用品、信息技术等。

日本建筑卫生陶瓷领域安全方面的标准主要是在机械方面，均为设计方面的标准，而且这些标准均采用了国际标准，标准水平达到了国际水平。

日本标准 JIS A 4422:2011《坐便器淋浴装置》是专门针对智能坐便器制定的，标准规定了智能坐便器的分类、额定电压和额定频率、清洗用水的温度、水量、清洗力、热风温度、热风风量、加热座圈温度、耐高压、水锤效应、防逆流装置和真空断路器、机械强度、寿命测试、电器系统等要求。

2.5 中　国

我国的建筑卫生标准化工作由全国建筑卫生陶瓷标准化技术委员会归口，共有标准 67 项，其中国家标准 36 项，行业标准 31 项。我国的建筑卫生陶瓷标准体系见图 1-1。

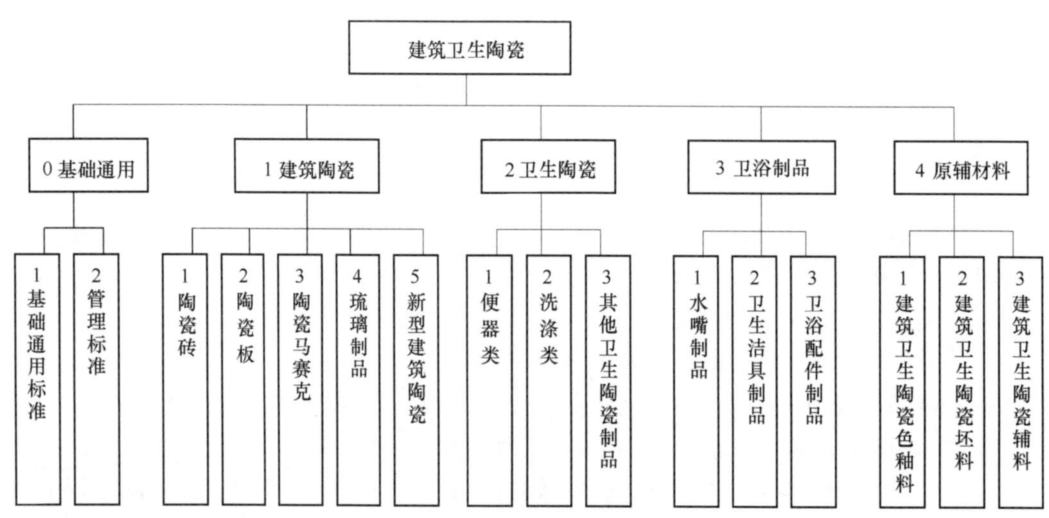

图 1-1　建筑卫生陶瓷标准体系图

建筑陶瓷以陶瓷砖为龙头，包括了陶瓷砖及试验方法、陶瓷板、广场用陶瓷砖、防静电陶瓷砖、干挂空心陶瓷板、陶瓷马赛克、建筑琉璃制品、透水砖、微晶玻璃陶瓷复合砖、树脂装饰砖、轻质陶瓷砖等。主要标准有 GB/T 4100—2015《陶瓷砖》、GB/T 3810.1—16《陶瓷砖试验方法》、GB/T 23266—2009《陶瓷板》、GB/T 26542—2011《陶瓷地砖表面防滑性试验方法》、GB/T 27972—2011《干挂空心陶瓷板》、JC/T 456—2005《陶瓷马赛克》、JC/T 765—2006《建筑琉璃制品》、JC/T 994—2006《微晶玻璃陶瓷复合砖》、JC/T 2194—2013《陶瓷太阳能集热板》、JC/T 2195—2013《薄型陶瓷砖》。

卫生陶瓷以 GB 6952—2015《卫生陶瓷》为主。配套的标准包括 GB 26730—2011《卫生洁具 便器用重力式冲水装置及洁具机架》、GB/T 26750—2011《卫生洁具 便器用压力冲水装置》、GB/T 31436—2015《节水型卫生洁具》、JC/T 694—2008《卫生陶瓷包装》等。

卫生洁具及配件以 GB18145《陶瓷片密封水嘴》为主，形成了卫生洁具系列标准，包括了卫生间配套设备、卫生洁具—淋浴用花洒、卫生洁具—软管、卫生洁具—便器用重力式冲水装置及洁具机架、卫生洁具—便器用压力冲水装置、卫生陶瓷包装、面盆水嘴、浴盆及淋浴水嘴、坐便器塑料坐圈和盖、卫生洁具排水配件、便器水箱配件、水嘴铅析出限量等。相关的标准还有 GB/T 23447—2009《卫生洁具 淋浴用花洒》、GB/T 23448—2009《卫生洁具 软管》、JC/T764—2008《坐便器塑料坐圈和盖》、JC/T 932—2013《卫生洁具排水配件》、JC/T1043—2007《水嘴铅析出限量》、JC/T 2115—2012《非接触感应给水器具》、JC/T 2116—2012《非陶瓷类卫生洁具》等。

陶瓷原料方面的标准有：建筑卫生陶瓷用色釉料 第 1 部分：建筑卫生陶瓷用釉料、建筑卫生陶瓷用色釉料 第 2 部分：建筑卫生陶瓷用色料、陶瓷色料用电熔氧化锆、陶瓷用硅酸锆、陶瓷用复合乳浊剂、建筑卫生陶瓷用添加剂 解胶剂、建筑卫生陶瓷用原料—黏土等。

3　建筑卫生陶瓷领域综合情况分析

建筑卫生陶瓷由建筑陶瓷、卫生陶瓷、卫浴制品、原辅材料组成，属于大众消费品。建筑卫生陶瓷品种繁多。建筑陶瓷分为陶瓷砖、陶瓷板、陶瓷马赛克、建筑琉璃制品、新型建筑陶瓷，包括建筑内墙、外墙、天花板、屋顶、广场及道路上所使用的建筑陶瓷制品。卫生陶瓷包括各类便器（坐便器、蹲便器、小便器）、洗面器、洗涤槽、小件卫生陶瓷等陶瓷制品。卫浴制品由水嘴、卫生洁具、卫生洁具配件组成，包括卫生间和厨房用各种水嘴、冲洗装置、花洒、软管、智能坐便器、淋浴器、厨盆、浴缸、浴室柜等。建筑卫生陶瓷原辅材料包括了建筑卫生陶瓷色釉料、坯料、辅料等。

从标准化工作机制和标准体系建设情况看，我国具有较完整的建筑卫生陶瓷标准化工作机制和标准体系，建筑卫生陶瓷领域的标准化工作由全国建筑卫生陶瓷标准化技术委员会（SAC/TC 249）归口管理，体系完整，便于监管。

第2章　国内外标准对比分析

1　安全标准和相关标准总体情况

分别对陶瓷砖、卫生陶瓷、陶瓷片密封水嘴三大类产品的安全标准情况进行了对比分析。

国内陶瓷砖标准选取了GB/T 4100—2015《陶瓷砖》、GB 6566—2010《建筑材料放射性核素限量》、GB/T 26542—2011《陶瓷地砖表面防滑性试验方法》、《陶瓷砖防滑性等级评价指南》（计划编号：20150494-T-609）等标准，所涉及的安全指标有背纹、地砖摩擦系数、铅和镉的溶出量、放射性内照射指数、放射性外照射指数、陶瓷地砖表面防滑性、陶瓷砖防滑性等级。陶瓷砖的背纹与陶瓷砖的铺贴有直接关系，特别是外墙铺贴时尤其重要，背纹的形状与深度影响到陶瓷砖铺贴后的牢固度。用于铺地的陶瓷砖摩擦系数也是涉及陶瓷砖使用安全的重要指标，和这一指标相关的另一指标就是陶瓷砖的防滑性。陶瓷砖的放射性一直是消费者关心的重要话题，也是直接关系到消费者健康的重要指标。当陶瓷砖与食品接触时，陶瓷砖产品中重金属的析出将直接影响到消费者的安全，陶瓷砖标准中，对铅和镉的溶出量进行了规定。陶瓷砖的背纹、地砖摩擦系数、铅和镉的溶出量、放射性内照射指数、放射性外照射指数、陶瓷地砖表面防滑性、陶瓷砖防滑性等级所采用的标准分别为GB/T 3810.2—2006《陶瓷砖试验方法 第2部分:尺寸和表面质量的检验》、GB/T 4100—2015《陶瓷砖》附录M、GB/T 3810.15—2006陶瓷砖试验方法 第15部分：有釉砖铅和镉溶出量的测定》、GB 6566—2010《建筑材料放射性核素限量》和GB/T 26542—2011《陶瓷地砖表面防滑性试验方法》。

我国陶瓷砖产品的安全的标准信息见附表2-1。

我国的卫生陶瓷产品执行GB 6952—2005《卫生陶瓷》。卫生陶瓷产品涉及安全的重要指标包括耐荷重性、用水量、防虹吸功能、安全水位、水封、水封回复功能。耐荷重性主要考虑到消费者在使用卫生陶瓷时，卫生陶瓷产品所能承载的力，标准中规定：各类产品承受一定的荷重情况下，经耐荷重性测试后，应无变形、无任何可见结构破损。用水量指标虽然和安全没有直接关系，但是坐便器的用水量大小是一项极重要的指标，对节水、保护水资源有重要意义。卫生陶瓷的使用与冲水装置密不可分，没有冲水装置，卫生陶瓷产品就无法使用，冲水装置的防虹吸和重力式水箱安全水位是两个很重要的指标，对于防虹吸的要求，主要目的是为了防止污水的倒流，污染水源，威胁人体健康，安全水位也是一样。水封及水封回复功能的设置，主要目的在于确保卫生陶瓷的冲洗功能，同时也是为了有效防止细菌等的扩散，污染环境。

我国卫生陶瓷产品的安全的标准信息见附表2-2。

陶瓷片密封水嘴产品现行标准为GB 18145—2014《陶瓷片密封水嘴》。涉及安全指标包括物理和化学两个部分，物理指标有防回流性能、抗水压机械性能、密封性能、抗安装负载、抗使用负载。化学指标主要是指金属污染物析出限量，包括了铅等 17 种金属污染物。

防回流性能也就是防虹吸性能，为了防止水的倒流，污染水源，威胁人体健康。水嘴的抗水压机械性能要求水嘴产品的阀芯在承受一定的压力下，阀芯的任何零部件无永久性变形等破坏，这一规定是为了防止水嘴在使用过程中生产漏水等现象，影响人们的正常生活。密封性能要求水嘴的阀芯、开关等在承受一定的压力下，不得出现漏水等现象，影响人们的正常生活。抗安装负载是指水嘴产品的连接管螺纹能经受一定的扭力矩不产生裂纹、松动、损坏等现象，抗使用负载是指水嘴手柄或手轮在开启和关闭方向上施加扭力矩后，无变形或损坏等削弱水嘴功能的情况出现。

重金属对人体健康的危害极大，国外标准对水嘴中金属污染物析出限量分别有不同的规定。随着我国人民生活水平的不断提高，高品质的健康生活也越来越受到重视。GB 18145—2014《陶瓷片密封水嘴》规定铅等 17 种金属污染物的析出限量。

我国陶瓷片密封水嘴产品的安全的标准信息见附表 2-3。

陶瓷砖国际标准 ISO 13006：2012《陶瓷砖　定义、分类、性能和标记》中对陶瓷砖的背纹和铅和镉的溶出量进行了规定。采用的试验方法标准分别为 ISO 10545-2:1995《陶瓷砖　第 2 部分:尺寸和表面质量的检验》和 ISO 10545-15：1995《陶瓷砖　第 15 部分：有釉砖铅和镉溶出量的测定》。德国标准 DIN 51097《潮湿赤足区域的地板防滑特性评估测试　步行法—斜率测试》规定了陶瓷砖防滑性试验方法。

欧盟标准 EN 14411《陶瓷砖　定义、分类、性能和标记》修改采用了 ISO 13006，技术要求与 ISO 13006 相同，不同之处在于 EN 14411 在 ISO 13006 的基础上，增加了一致性评价和满足欧盟建筑产品指令规定的本欧洲标准的条款，具体内容包括防滑性、耐久性、危险物质的释放，严于我国标准。

国外陶瓷砖产品的安全的标准信息见附表 2-4。

国际上，目前尚没有卫生陶瓷的国际标准。美国标准 ASME A112.19.2-2008/CSA B45.1-08《陶瓷卫生洁具》对卫生陶瓷产品涉及安全的指标耐荷重性、用水量、防虹吸功能、安全水位、水封、水封回复功能进行了规定，EN 997：2012 也有规定。ASME A112.19.2-2008/CSA B45.1-08 中有对电器元件的要求，包括水泵电机和叶轮、喷射软管、供电线、线束和电气控制。

日本标准 JIS A 4422：2011《坐便器淋浴装置》是专门针对智能坐便器制定的，标准规定了智能坐便器的分类、额定电压和额定频率、清洗用水的温度、水量、清洗力、热风温度、热风风量、加热座圈温度、耐高压、水锤效应、防逆流装置和真空断路器、机械强度、寿命测试、电器系统等要求。

国外卫生陶瓷产品的安全的标准信息见附表 2-5。

EN 817：2008《卫生洁具—机械混合龙头（PN10）—通用技术要求》和 EN 200：2008《卫生洁具—适用于供水系统 1 类和 2 类的单把手和组合龙头（PN10）—通用技术要求》标准中，对水嘴产品的防回流性能、抗水压机械性能、密封性能、抗安装负载、抗使用负载有相应要求，美国标准 NSF/ANSI 61-2012《饮用水系统组件——对健康的影响》对水嘴产品的重金属析出时作出了严格规定。同卫生陶瓷标准一样，在欧洲EN 817、EN 200是欧盟各国共同认可的水嘴标准。

国外陶瓷片密封水嘴产品的安全的标准信息见附表2-6。

2 国内外建筑卫生陶瓷产品标准对比分析

2.1 ISO与我国标准对比分析

新发布的GB/T 4100—2015《陶瓷砖》修改采用了国际标准ISO 13006：2012《陶瓷砖 定义、分类、性能和标记》，本标准与ISO 13006：2012的主要技术性差异如下：

——增加了瓷质砖、炻瓷砖、细炻砖、炻质砖、陶质砖、摩擦系数、静摩擦系数的定义，便于制造商和消费者使用；

——增加了对抛光砖尺寸的规定，适应我国生产抛光砖的国情；

——增加了对陶瓷砖厚度的规定，引导陶瓷砖向薄型化发展；

——增加了对陶瓷砖摩擦系数的要求，统一摩擦系数的测定方法（见附录M）；

——删除了技术要求较低的挤压陶瓷砖 3%<E≤6% AⅡa类-第2部分（见ISO 13006：2012附录C）；

——删除了技术要求较低的挤压陶瓷砖 6%<E≤10% AⅡb类-第2部分（见ISO 13006：2012附录E）。

ISO 13006：2012共设置了尺寸和表面质量、物理性能、化学性能3大类22项技术要求，包括：长度和宽度、厚度、边直度、直角度、表面平整度（包括中心弯曲度、边弯曲度、翘曲度）、背纹、表面质量、吸水率、破坏强度、断裂模数、无釉地砖耐磨损体积、有釉地砖表面耐磨性、线性热膨胀系数、抗热震性、有釉砖抗釉裂性、抗冻性、湿膨胀、小色差、抗冲击性、耐污染性、抗化学腐蚀性、铅和镉的溶出量。

GB/T 4100—2015《陶瓷砖》修订采用了这些要求，并增加了干压陶瓷砖厚度、地砖摩擦系数、抛光砖光泽度。

上述两个标准所涉及的安全指标有背纹、地砖摩擦系数、铅和镉的溶出量。对于背纹的要求：GB/T 4100—2015《陶瓷砖》规定陶瓷砖的背纹 $h \geq 0.7$mm，试验方法采用GB/T 3810.2—2006《陶瓷砖试验方法 第2部分:尺寸和表面质量的检验》。ISO 13006：2012《陶瓷砖 定义、分类、性能和标记》规定：49cm^2≤面积<60cm^{2}时，h最小0.7mm，h最大3.5mm；面积>60cm^2，h最小1.5mm，h最大3.5mm，试验方法采用ISO 10545-2：1995《陶瓷砖 第2部分:尺寸和表面质量的检验》。两者的试验方法是相同的，指标要求上，ISO较严。这一差异的主要原因是，“十二五”期间我国推行陶瓷砖薄型化，以利于节能减排工作的顺利进行，因此陶瓷砖的厚度大大减少，随着陶瓷砖厚度的减少，我国对于背纹的要求也就减小。

GB/T 4100—2015《陶瓷砖》对地砖的摩擦系数有要求，标准规定陶瓷砖的摩擦系数≥0.50，ISO 13006：2012中没有要求。

GB/T 4100—2015和ISO 13006：2012对于铅和镉的溶出量要求是相同的，要求报告产品的报告溶出量（mg/dm^2）。我国使用的方法为 GB/T 3810.15—2006《陶瓷砖试验方法 第 15 部分：有釉砖铅和镉溶出量的测定》，ISO 的方法为 ISO 10545-15：1995《陶瓷砖 第 15 部分：有釉砖铅和镉溶出量的测定》。两个方法是等同的。

放射性内照射指数、放射性外照射指数是我国特有的对陶瓷砖产品放射性的要求，依据的标准是 GB 6566—2010《建筑材料放射性核素限量》，其中规定：A 类装修材料的内照射指数 I_{Ra}≤1.0，A 类装修材料的外照射指数 I_r≤1.3 。

陶瓷地砖表面防滑性试验我国采用了 GB/T 26542—2011《陶瓷地砖表面防滑性试验方法》。我国的陶瓷板标准 GB/T 23266—2009《陶瓷板》中要求陶瓷板的防滑坡度不小于 12°。德国标准 DIN 51097《潮湿赤足区域的地板防滑特性评估测试 步行法—斜率测试》和我国的方法等同。

陶瓷砖标准指标数据对比表情况见附表 2-7。

2.2 欧盟与我国标准对比分析

2.2.1 建筑陶瓷

欧盟标准 EN 14411《陶瓷砖 定义、分类、性能和标记》修改采用了 ISO 13006，技术要求与 ISO 13006 相同，不同之处在于 EN 14411 在 ISO 13006 的基础上，增加了一致性评价和满足欧盟建筑产品指令规定的本欧洲标准的条款，具体内容包括防滑性、耐久性、危险物质的释放，严于我国标准。欧盟标准 EN 14411 的燃烧反应仅对燃烧反应有要求的陶瓷砖，按照 96/603/EEC 建筑产品指令要求。防滑性能没有明确试验方法，由各成员国自定。对于耐久性，标准中指出：基于至少 50 年的实际经验，室内用的砖和建筑物具有相同的耐久性，因此不考虑耐久性试验。铅和镉的溶出量要求与 ISO 标准相同。陶瓷砖标准指标数据对比表情况见附表 2-7。

2.2.2 卫生陶瓷

我国的卫生陶瓷产品一直执行 GB 6952—2005《卫生陶瓷》，该标准已修订，现处于报批阶段。新修订的 GB 6952《卫生陶瓷》标准中规定，各类产品承受一定的荷重情况下，经耐荷重性测试后，应无变形、无任何可见结构破损。经耐荷重性测试后，应无变形、无任何可见结构破损。各类产品承受的荷重如下：

① 坐便器和净身器应能承受 3.0kN 的荷重；

② 壁挂式洗面器、洗涤槽、洗手盆应能承受 1.1kN 的荷重；

③ 壁挂式小便器应能承受 0.22kN 的荷重；

④ 淋浴盘应承受 1.47kN 的荷重。

试验时间保持 10min。

欧盟标准 EN 997：2012《带整体存水弯的坐便器》规定，坐便器壁挂式承受的荷重≥4kN、时间为 1h。

由于我国人均体重的不断增加，出于安全性将坐便器和净身器的耐荷重性增加至 3.0kN。该项指标低于欧盟的 4.0kN。我国标准中包括落地式坐便器、壁挂式坐便器和净身器，而欧洲标准只规定了壁挂式坐便器。

GB 6952《卫生陶瓷》标准中规定，普通型坐便器用水量≤6.4L，节水型坐便器用水量≤5.0L；欧洲标准 EN 997：2012《带整体存水弯的坐便器》中规定了五种用水量的坐便器 4L、5L、6L、7L、9L。

可以看出，我国的坐便器用水量指标与欧洲相当，稍有差异。

另外，坐便器的水封深度不小于 50mm，水封回复不小于 50mm，这也是标准的相同点。

卫生陶瓷标准指标数据对比表情况见附表 2-8。

2.2.3 陶瓷片密封水嘴

2014 年我国发布了 GB 18145—2014《陶瓷片密封水嘴》强制性国家标准，号称是史上最严的水嘴标准。

防回流性能也就是防虹吸性能，为了防止水的倒流，污染水源，威胁人体健康。GB 18145—2014《陶瓷片密封水嘴》、EN 817：2008《卫生洁具—机械混合龙头（PN10）—通用技术要求》、EN 200：2008《卫生洁具—适用于供水系统 1 类和 2 类的单把手和组合龙头（PN10）—通用技术要求》对防回流性能都有相同的要求，即水嘴要有防回流装置，保证当管网负压时，污水不倒流。

抗水压机械性能主要是考核水嘴阀体的强度。GB18145、EN 817 都用静水压（2.5 ± 0.05）MPa，保压 1min，对阀芯下游（GB 18145 称“上密封”），GB 18145 规定（0.4 ± 0.02）MPa 静水压，与阀芯下游的密封试验重复，与 EN 817 规定的动水压试验条件不同。EN 817 规定混合阀试验分两种情况，对配有流量调节器的，在其入水口施加（0.4 ± 0.02）MPa 动水压；对没有流量调节器的，入水口施加的动水压，是将混合阀的流量调至（0.4 ± 0.04）L/s 时的压力，保持 1min。使用动水压试验是为了观察位于阀芯下游各零配件是否有永久性变形，如使用静水压则观察不到。

密封试验的压力不同、保压时间均为 1min。GB 18145 规定的压力为阀芯上游（1.6 ± 0.05）MPa 静压，阀芯下游（0.4 ± 0.02）MPa 静压、（0.05 ± 0.01）MPa 静压。EN 817 规定的压力为阀芯上游（1.6 ± 0.05）MPa 静压，阀芯下游（0.4 ± 0.02）MPa 静压、（0.02 ± 0.01）MPa 静压。EN 817：2008 的规定和 GB 18145 相同。在抗安装负载是指水嘴产品的连接管螺纹能经受一定的扭力矩不产生裂纹、松动、损坏等现象，抗使用负载是指水嘴手柄或手轮在开启和关闭方向上施加扭力矩后，无变形或损坏等削弱水嘴功能的情况出现。

GB 18145 中抗安装负载规定如下：金属管螺纹扭力矩 DN10，43Nm；DN15，61Nm；DN20，88Nm，塑料管螺纹扭力矩 DN10，29Nm；DN15，43Nm；DN20，61Nm，连接软管螺纹 DN15，20Nm。EN817 抗安装负载（6 ± 0.2）Nm。

GB 18145 中抗使用负载规定如下：手柄扭力矩（6 ± 0.2）Nm，EN 817 抗使用负载（6 ± 0.2）Nm，两个标准要求相同。

陶瓷片密封水嘴标准指标数据对比表情况见附表 2-9。

2.3 美国与我国标准对比分析

2.3.1 卫生陶瓷

美国标准 ASME A112.19.2-2008/CSA B45.1-08《陶瓷卫生洁具》规定，壁挂式坐便器承受的荷重≥2.2kN，时间为 10min。

由于我国人均体重的不断增加，出于安全性将坐便器和净身器的耐荷重性增加至 3.0kN。该项指标高于美国的 2.2kN。我国标准中包括落地式坐便器、壁挂式坐便器和净身器，而美国标准只规定了壁挂式坐便器。

GB 6952《卫生陶瓷》标准中规定，普通型坐便器用水量≤6.4L，节水型坐便器用水量≤5.0L；新修订的美国标准 ASME A112.19.2-2008/CSA B45.1-08《陶瓷卫生洁具》中规定，普通型坐便器用水量≤6.0L，节水型坐便器用水量≤4.8L。

可以看出，我国的坐便器用水量指标与美国相当，稍有差异。

GB 6952《卫生陶瓷》、ASME A112.19.2-2008/CSA B45.1-08《陶瓷卫生洁具》中都规定了，卫生陶瓷所配套的冲水装置应具有防虹吸功能，10≤OL≤38，CL≥25。这一点是相同的。

另外，也都规定坐便器的水封深度不小于 50 ㎜，水封回复不小于 50 ㎜，这也是几个标准的相同点。

所不同的是：ASME A112.19.2-2008/CSA B45.1-08 中有对电器元件的要求，包括水泵电机和叶轮、喷射软管、供电线、线束和电气控制。

指标数据对比表情况见附件 3。

2.3.2 陶瓷片密封水嘴

GB 18145—2014《陶瓷片密封水嘴》和 ASME A112.18.1-2012/CSA B125.1-2012《供水管道部件》对防回流性能都有相同的要求，即水嘴要有防回流装置，保证当管网负压时，污水不倒流。

ASME A112.18.1/ CSA B125.1 螺纹扭矩 3/8 NPT，43N · m；1/2 NPT，61N · m；3/4 NPT，88 N · m；1 NPT，129 N · m，分类多。

GB 18145 和 ASME A112.18.1/ CSA B125.1 的要求基本相同。

GB 18145 中抗使用负载规定如下：手柄扭力矩（6 ± 0.2）N · m。ASME A112.18.1/ CSA B125.1 规定如下：配件（残疾用）20N，所有的其他操作控制器*，45N，1.7N · m，NPS-1/2 和更小，67N，1.7N · m，大于 NPS-1/2，110N，2.8N · m，比 GB 18145 的要求低。

GB 18145—2014《陶瓷片密封水嘴》规定每升水中铅的析出量不大于 5μg，其他 16 种金属每升水的析出限量分别为：锑（0.6μg）、砷（1.0μg）、钡（200.0μg）、铍（0.4μg）、硼（500.0μg）、镉（0.5μg）、铬（10.0μg）、六价铬（2.0μg）、铜（130.0μg）、汞（0.2μg）、硒（5.0μg）、铊（0.2μg）、铋（50.0μg）、镍（20.0μg）、锰（30.0μg）、钼（4.0μg）。

美国标准 NSF/ANSI 61-2012《饮用水系统组件---对健康的影响》对金属污染物的析出要求较严格，除上与我国的 17 种元素要求相同外，还包括了以下 6 种元素：铝（2000μg）、银（10μg）、锶（400μg）、锂（300μg）、钒（3μg）、钨（10μg）。

陶瓷片密封水嘴标准指标数据对比表情况见附表 2-9。

2.4 日本与我国标准对比分析

JIS A 4422:2011《坐便器淋浴装置》规定智能坐便器的额定电压为 100V 或 200V，额定频率为 56Hz 或 60Hz，清洗用水的温度为 35℃～45℃，热风温度为 15℃～40℃，加热座圈温度 35℃～45℃，耐高压 0.75MPa。正在制定的我国国家标准《通知坐便器》采用了日本标准，技术指标与日本标准相同。

指标数据对比表情况见附表 2-8。

第3章 结论建议

1 对比结论

全国建筑卫生陶瓷标准化技术委员会承担了建筑卫生陶瓷领域国内外安全标准比对工作，自 2014 年 10 月至 2015 年 5 月，历时 8 个月，共对比了陶瓷砖、卫生陶瓷、陶瓷片密封水嘴 3 个产品，比对了 ISO、欧盟、美国、德国和日本 5 个国际组织和国家建筑卫生陶瓷领域标准 15 个和安全指标 42 个，涉及 17 个检测方法。我国建筑卫生陶瓷产品相对于国外标准指标比对分析结果见表 2-4。

1.1 整体结论

通过对比，得出以下结论：

（1）从标准的数量和组成来看，我国建筑卫生陶瓷领域的标准发展速度较快，覆盖了建筑卫生陶瓷全部领域。从标准水平来讲，我国建筑卫生陶瓷的 3 个主要产品——陶瓷砖、卫生陶瓷、陶瓷片密封水嘴均不同程度的采用了国际标准和国外先进标准，整体水平达到国际先进水平。

（2）产品质量安全监管制度、标准化工作机制和标准体系

中国、欧盟、美国、日本在建筑卫生陶瓷监管体系上大同小异，而中国还较全面。但是，中国和其他国家最大的不同是：中国尚没有涉及产品安全的专门的法律；而欧盟有《通用产品安全指令》，美国、日本有《消费品安全法》。这可能是我国的一个薄弱环节。

从标准化工作机制和标准体系建设情况看，我国具有较完整的建筑卫生陶瓷标准化工作机制和标准体系，建筑卫生陶瓷领域的标准化工作由政府主导。和美国相比，我国的团体标准尚处于初级阶段，很不成熟。美国建筑卫生陶瓷领域的标准监管主要有 3 个机构：ANSI、ASME、ASTM。

1.2 对比分析

陶瓷砖产品比对所涉及的安全指标有背纹、地砖摩擦系数、铅和镉的溶出量、放射性内照射指数、放射性外照射指数、陶瓷地砖表面防滑性、燃烧反应、耐久性等级，共 8 项。地砖摩擦系数、放射性内照射指数、放射性外照射指数、陶瓷地砖表面防滑性 4 个技术指标高于国际标准，占总体比对指标的 50%；地砖摩擦系数、放射性内照射指数、放射性外照射指数 3 个技术指标高于欧盟标准，占总体比对指标的 37.5%。燃烧反应、耐久性 2 个指标低于欧盟标准，占总体比对指标的 25%。背纹、铅和镉的溶出量 2 个指标与国际标准一致，占总体比对指标的 25%；背纹、铅和镉的溶出量、陶瓷地砖表

面防滑性 3 个指标与欧盟标准一致，占总体比对指标的 37.5%。

卫生陶瓷涉及指标共 12 项：耐荷重性、用水量、防虹吸功能、安全水位、水封、水封回复功能、额定电压、额定频率、清洗性能、干燥性能、加热座圈温度、耐高压。用水量、防虹吸功能、安全水位、水封、水封回复功能 5 个指标与欧盟、美国标准一致，占总体比对指标的 41.7%。额定电压、额定频率、清洗性能、干燥性能、加热座圈温度、耐高压 6 个指标与日本标准一致，占总体比对指标的 50%。耐荷重性 1 个技术指标与欧盟标准、美国标准存在差异，占总体比对指标的 6.25%。

陶瓷片密封水嘴涉及指标 22 项：防回流性能、抗水压机械性能、密封性能、抗安装负载、抗使用负载、铅、锑、砷、钡、铍、硼、镉、铬、六价铬、铜、汞、硒、铊、铋、镍、锰、钼。铅等 17 个技术指标高于欧盟标准，占总体比对指标的 77.3%；防回流性能、抗水压机械性能、密封性能、抗安装负载、抗使用负载 5 个指标与欧盟、美国标准一致，占总体比对指标的 22.7%。铅等 17 个技术指标与美国标准一致，占总体比对指标的 77.3%。

2 建 议

根据对比的结果，提出以下建议：

（1）尽快制定我国建筑卫生陶瓷领域产品安全系列标准：

——陶瓷砖安全技术规范；

——卫生陶瓷安全技术规范；

——卫生产品安全技术规范。

（2）参考美国和日本标准制定我国的智能坐便器标准，将正在制定的《卫生洁具智能坐便器》标准性质调整为强制性。

（3）调整我国强制性标准制修订周期，实施 3 年的强制性标准可启动修订程序。特殊情况，可启动快速程序，随时修订。

（4）我国的 GB/T 4100—2015《陶瓷砖》标准修改采用了国际标准 ISO 13006，因此，建议推进与美国、欧盟的标准互认。

（5）GB 6952《卫生陶瓷》、GB 18145—2014《陶瓷片密封水嘴》达到了国际先进水平，可以推进与各国的标准互认。

（6）在安全指标比对的基础上，开展标准的全面比对，就陶瓷砖、卫生陶瓷、陶瓷片密封水嘴的各项性能指标进行全面的比对研究，为建筑卫生陶瓷标准走出去奠定基础。

附表2

附表2-1 国家标准信息采集表（陶瓷砖）

序号	国家标准名称	标准编号	安全指标中文名称	安全指标英文名称	安全指标单位	适用产品类别（大类）	适用的具体产品名称（小类）	国家标准对应的国际、国外标准（名称、编号）	安全指标对应的检测方法标准（名称、编号）	检测方法标准对应的国际、国外标准（名称、编号）
1	陶瓷砖	GB/T 4100—2015	背纹	back feet	mm	陶瓷砖	陶瓷砖	ISO 13006:2012陶瓷砖—定义、分类、性能和标记	GB/T 3810.2—2006《陶瓷砖试验方法 第2部分:尺寸和表面质量的检验》	ISO10545—2:1995《陶瓷砖 第2部分:尺寸和表面质量的检验》
2	陶瓷砖	GB/T 4100—2015	地砖摩擦系数	Coefficient of friction	—	陶瓷砖	陶瓷砖	ISO 13006:2012陶瓷砖—定义、分类、性能和标记	GB/T 4100—2015《陶瓷砖》	—
3	陶瓷砖	GB/T 4100—2015	铅和镉的溶出量	Lead and cadmium release	mg/dm^2	陶瓷砖	陶瓷砖	ISO 13006:2012陶瓷砖—定义、分类、性能和标记	GB/T 3810.15—2006《陶瓷砖试验方法 第15部分:有釉砖铅和镉溶出量的测定》	ISO 10545-15：1995《陶瓷砖 第15部分:有釉砖铅和镉溶出量的测定》
4	陶瓷砖	GB 6566—2010	内照射指数	Internal exposure index	—	建筑材料	陶瓷砖	—	GB 6566—2010《建筑材料放射性核素限量》	—
5	建筑材料放射性核素限量	GB 6566—2010	放射性外照射指数	external exposure index	—	建筑材料	陶瓷砖	—	GB 6566—2010《建筑材料放射性核素限量》	—
6	陶瓷地砖表面防滑性试验方法	GB/T 26542—2011	陶瓷地砖表面防滑性	anti-slip property of ceramic tile	°	陶瓷砖	陶瓷砖	DIN 51 097《潮湿赤足区域的地板防滑特性评估测试 步行法斜率测试》	GB/T 26542—2011《陶瓷地砖表面防滑性试验方法》	DIN51 097《潮湿赤足区域的地板防滑特性评估测试 步行法—斜率测试》
7	陶瓷砖防滑性等级评价指南	20150494-T-609	陶瓷砖防滑性等级	The grades for slip-resistance ceramic tile	°	陶瓷砖	陶瓷砖	陶瓷砖防滑性等级评价指南	GB/T 26542—2011《陶瓷地砖表面防滑性试验方法》	DIN51 097《潮湿赤足区域的地板防滑特性评估测试 步行法 斜率测试》

附表2-2 国家标准信息采集表（卫生陶瓷）

序号	国家标准名称	标准编号	安全指标中文名称	安全指标英文名称	安全指标单位	适用产品类别（大类）	适用的具体产品名称（小类）	国家标准对应的国际、国外标准（名称、编号）	安全指标对应的检测方法标准（名称、编号）	检测方法标准对应的国际、国外标准（名称、编号）
1	卫生陶瓷	GB 6952—2005	耐荷重性	Loading test	N	卫生陶瓷	卫生陶瓷	ASME A112.19.2-2008/CSA B45.1-08《陶瓷卫生洁具》EN997：2012《带整体存水弯的坐便器》	GB 6952—2005《卫生陶瓷》	ASME A112.19.2-2008/CSA B45.1-08《陶瓷卫生洁具》EN997：2012《带整体存水弯的坐便器》
2	卫生陶瓷	GB 6952—2005	用水量	water consumption	L	坐便器	坐便器	ASME A112.19.2-2008/CSA B45.1-08《陶瓷卫生洁具》EN997：2012《带整体存水弯的坐便器》	GB 6952—2005《卫生陶瓷》	ASME A112.19.2-2008/CSA B45.1-08《陶瓷卫生洁具》EN997：2012《带整体存水弯的坐便器》
3	卫生陶瓷	GB 6952—2005	防虹吸功能	anti-siphon	—	卫生陶瓷	卫生陶瓷	ASME A112.19.2-2008/CSA B45.1-08《陶瓷卫生洁具》EN997：2012《带整体存水弯的坐便器》	GB 6952—2005《卫生陶瓷》	ASME A112.19.2-2008/CSA B45.1-08《陶瓷卫生洁具》EN997：2012《带整体存水弯的坐便器》
4	卫生陶瓷	GB 6952—2005	安全水位	air gap	mm	卫生陶瓷	卫生陶瓷	ASME A112.19.2-2008/CSA B45.1-08《陶瓷卫生洁具》EN997：2012《带整体存水弯的坐便器》	GB 6952—2005《卫生陶瓷》	ASME A112.19.2-2008/CSA B45.1-08《陶瓷卫生洁具》EN997：2012《带整体存水弯的坐便器》
5	卫生陶瓷	GB 6952—2005	水封	water seal	—	卫生陶瓷	卫生陶瓷	ASME A112.19.2-2008/CSA B45.1-08《陶瓷卫生洁具》EN997：2012《带整体存水弯的坐便器》	GB 6952—2005《卫生陶瓷》	ASME A112.19.2-2008/CSA B45.1-08《陶瓷卫生洁具》EN997：2012《带整体存水弯的坐便器》
6	卫生陶瓷	GB 6952—2005	水封回复功能	water seal regeneration	—	卫生陶瓷	卫生陶瓷	ASME A112.19.2-2008/CSA B45.1-08《陶瓷卫生洁具》EN997：2012《带整体存水弯的坐便器》	GB 6952—2005《卫生陶瓷》	ASME A112.19.2-2008/CSA B45.1-08《陶瓷卫生洁具》EN997：2012《带整体存水弯的坐便器》

附表2-3 国家标准信息采集表（陶瓷片密封水嘴）

序号	国家标准名称	标准编号	安全指标中文名称	安全指标英文名称	安全指标单位	适用产品类别（大类）	适用的具体产品名称（小类）	国家标准对应的国际、国外标准（名称、编号）	安全指标对应的检测方法标准（名称、编号）	检测方法标准对应的国际、国外标准（名称、编号）
1	陶瓷片密封水嘴	GB 18145—2014	防回流性能	Backflow prevention	MPa	陶瓷片密封水嘴	陶瓷片密封水嘴	EN 817：2008《卫生洁具—机械混合阀（PN10）—通用技术要求》 EN 200：2008《卫生洁具—适用于供水系统1类和2类的单把手和组合龙头（PN10）—通用技术要求》 ASME A112.18.1-2012/CSA B125.1-2012《供水管道部件》	GB 18145—2014《陶瓷片密封水嘴》	EN 817：2008《卫生洁具—机械混合阀（PN10）—通用技术要求》 EN 200：2008《卫生洁具—适用于供水系统1类和2类的单把手和组合龙头（PN10）—通用技术要求》 ASME A112.18.1-2012/CSA B125.1-2012《供水管道部件》
2	陶瓷片密封水嘴	GB 18145—2014	抗水压机械性能	mechanical properties	MPa	陶瓷片密封水嘴	陶瓷片密封水嘴	EN 817：2008《卫生洁具—机械混合阀（PN10）—通用技术要求》 EN 200：2008《卫生洁具—适用于供水系统1类和2类的单把手和组合龙头（PN10）—通用技术要求》 ASME A112.18.1-2012/CSA B125.1-2012《供水管道部件》	GB 18145—2014《陶瓷片密封水嘴》	EN 817：2008《卫生洁具—机械混合阀（PN10）—通用技术要求》 EN 200：2008《卫生洁具—适用于供水系统1类和2类的单把手和组合龙头（PN10）—通用技术要求》 ASME A112.18.1-2012/CSA B125.1-2012《供水管道部件》
3	陶瓷片密封水嘴	GB 18145—2014	密封性能	seals	MPa	陶瓷片密封水嘴	陶瓷片密封水嘴	EN 817：2008《卫生洁具—机械混合阀（PN10）—通用技术要求》 EN 200：2008《卫生洁具—适用于供水系统1类和2类的单把手和组合龙头（PN10）—通用技术要求》 ASME A112.18.1-2012/CSA B125.1-2012《供水管道部件》	GB 18145—2014《陶瓷片密封水嘴》	EN 817：2008《卫生洁具—机械混合阀（PN10）—通用技术要求》 EN 200：2008《卫生洁具—适用于供水系统1类和2类的单把手和组合龙头（PN10）—通用技术要求》 ASME A112.18.1-2012/CSA B125.1-2012《供水管道部件》
4	陶瓷片密封水嘴	GB 18145—2014	抗安装负载	Resistance to installation loading	N·m	陶瓷片密封水嘴	陶瓷片密封水嘴	EN 817：2008《卫生洁具—机械混合阀（PN10）—通用技术要求》 EN 200：2008《卫生洁具—适用于供水系统1类和2类的单把手和组合龙头（PN10）—通用技术要求》 ASME A112.18.1-2012/CSA B125.1-2012《供水管道部件》	GB 18145—2014《陶瓷片密封水嘴》	EN 817：2008《卫生洁具—机械混合阀（PN10）—通用技术要求》 EN 200：2008《卫生洁具—适用于供水系统1类和2类的单把手和组合龙头（PN10）—通用技术要求》 ASME A112.18.1-2012/CSA B125.1-2012《供水管道部件》

附表2-3（续）

序号	国家标准名称	标准编号	安全指标中文名称	安全指标英文名称	安全指标单位	适用产品类别（大类）	适用的具体产品名称（小类）	国家标准对应的国际、国外标准（名称、编号）	安全指标对应的检测方法标准（名称、编号）	检测方法标准对应的国际、国外标准（名称、编号）
5	陶瓷片密封水嘴	GB 18145—2014	抗使用负载	Resistance to use loading	N·m	陶瓷片密封水嘴	陶瓷片密封水嘴	EN 817：2008《卫生洁具—机械混合阀（PN10）—通用技术要求》 EN 200：2008《卫生洁具—适用于供水系统1类和2类的单把手和组合龙头（PN10）—通用技术要求》 ASME A112.18.1-2012/CSA B125.1-2012《供水管道部件》	GB 18145—2014《陶瓷片密封水嘴》	EN 817：2008《卫生洁具—机械混合阀（PN10）—通用技术要求》 EN 200：2008《卫生洁具—适用于供水系统1类和2类的单把手和组合龙头（PN10）—通用技术要求》 ASME A112.18.1-2012/CSA B125.1-2012《供水管道部件》
6	陶瓷片密封水嘴	GB 18145—2014	金属污染物析出限量	Evaluation of normalized contaminant concentrations	μg/L	陶瓷片密封水嘴	陶瓷片密封水嘴	NSF/ANSI 61 - 2012《饮用水系统组件——对健康的影响》Drinking Water System Components -Health Effects	GB 18145—2014《陶瓷片密封水嘴》	NSF/ANSI 61 - 2012《饮用水系统组件——对健康的影响》Drinking Water System Components -Health Effects

附表2-4　国际标准或国外先进标准信息采集表（陶瓷砖）

序号	国际、国外标准名称	标准编号	安全指标中文名称	安全指标英文名称	安全指标单位	适用产品类别（大类）	适用的具体产品名称（小类）	安全指标对应的检测方法标准（名称、编号）	检测方法标准对应的国家标准（名称、编号）	国际标准对应的国家标准（名称、编号）
1	陶瓷砖—定义、分类、性能和标记	ISO13006:2012	背纹	back feet	mm	陶瓷砖	陶瓷砖	ISO10545-2:1995　陶瓷砖　第2部分:尺寸和表面质量的检验	GB/T 3810.2—2006《陶瓷砖试验方法　第2部分:尺寸和表面质量的检验》	GB/T 4100—2015陶瓷砖

附表2-4（续）

序号	国际、国外标准名称	标准编号	安全指标中文名称	安全指标英文名称	安全指标单位	适用产品类别（大类）	适用的具体产品名称（小类）	安全指标对应的检测方法标准（名称、编号）	检测方法标准对应的国家标准（名称、编号）	国际标准对应的国家标准（名称、编号）
2	陶瓷砖—定义、分类、性能和标记	ISO 13006:2012	铅和镉的溶出量	Lead and cadmium release	mg/dm^2	陶瓷砖	陶瓷砖	ISO 10545-15：1995 陶瓷砖 第15部分:有釉砖铅和镉溶出量的测定	GB/T 3810.15—2006《陶瓷砖试验方法 第15部分:有釉砖铅和镉溶出量的测定》	GB/T 4100—2015陶瓷砖
3	陶瓷砖—定义、分类、性能和标记	EN 14411:2007	燃烧反应（仅对燃烧反应有要求的陶瓷砖）	Reaction to fire	—	陶瓷砖	陶瓷砖	Decision96/603/EEC 建筑产品指令	—	—
4	陶瓷砖—定义、分类、性能和标记	EN 14411:2007	防滑性	Slipperiness	—	陶瓷砖	陶瓷砖	明示的方法 (*)	—	—
5	陶瓷砖—定义、分类、性能和标记	EN 14411:2007	耐久性	Durability	—	陶瓷砖	陶瓷砖	基于至少50年的实际经验，室内用的砖和建筑物具有相同的耐久性，因此不考虑耐久性试验	—	—
6	陶瓷砖—定义、分类、性能和标记	EN 14411:2007	危险物质的释放：铅的溶出、镉的溶出	Lead and cadmium release	mg/dm^2	陶瓷砖	陶瓷砖	EN ISO 10545-15 陶瓷砖 第15部分:有釉砖铅和镉溶出量的测定	GB/T 3810.15—2006《陶瓷砖试验方法 第15部分:有釉砖铅和镉溶出量的测定》	GB/T 4100—2015陶瓷砖
7	潮湿赤足区域的地板防滑特性评估测试 步行法—斜率测试	DIN 51 097	地板防滑特性	anti-slip property of ceramic tile	°	陶瓷砖	陶瓷砖	DIN51 097 潮湿赤足区域的地板防滑特性评估测试 步行法—斜率测试	GB/T 26542—2011《陶瓷地砖表面防滑性试验方法》	GB/T 26542—2011陶瓷地砖表面防滑性试验方法

附表2-5 国际标准或国外先进标准信息采集表（卫生陶瓷）

序号	国际、国外标准名称	标准编号	安全指标中文名称	安全指标英文名称	安全指标单位	适用产品类别（大类）	适用的具体产品名称（小类）	安全指标对应的检测方法标准（名称、编号）	检测方法标准对应的国家标准（名称、编号）	国际标准对应的国家标准（名称、编号）
1	陶瓷卫生洁具	ASME A112.19.2-2008/CSA B45.1-08	耐荷重性	Loading test	N	卫生陶瓷	卫生陶瓷	ASME A112.19.2-2008/CSA B45.1-08《陶瓷卫生洁具》	GB 6952—2005《卫生陶瓷》	GB 6952—2005 卫生陶瓷
2	陶瓷卫生洁具	ASME A112.19.2-2008/CSA B45.1-08	用水量	water consumption	L	卫生陶瓷	卫生陶瓷	ASME A112.19.2-2008/CSA B45.1-08《陶瓷卫生洁具》	GB 6952—2005《卫生陶瓷》	GB 6952—2005 卫生陶瓷
3	陶瓷卫生洁具	ASME A112.19.2-2008/CSA B45.1-08	冲水装置	matching sealing requirements.	—	卫生陶瓷	卫生陶瓷	ASME A112.19.2-2008/CSA B45.1-08《陶瓷卫生洁具》	GB 6952—2005《卫生陶瓷》	GB 6952—2005 卫生陶瓷
4	陶瓷卫生洁具	ASME A112.19.2-2008/CSA B45.1-08	防虹吸功能	anti-siphon	—	卫生陶瓷	卫生陶瓷	ASME A112.19.2-2008/CSA B45.1-08《陶瓷卫生洁具》	GB 6952—2005《卫生陶瓷》	GB 6952—2005 卫生陶瓷
5	陶瓷卫生洁具	ASME A112.19.2-2008/CSA B45.1-08	安全水位	air gap	mm	卫生陶瓷	卫生陶瓷	ASME A112.19.2-2008/CSA B45.1-08《陶瓷卫生洁具》	GB 6952—2005《卫生陶瓷》	GB 6952—2005 卫生陶瓷
6	陶瓷卫生洁具	ASME A112.19.2-2008/CSA B45.1-08	水封	water seal	mm	卫生陶瓷	卫生陶瓷	ASME A112.19.2-2008/CSA B45.1-08《陶瓷卫生洁具》	GB 6952—2005《卫生陶瓷》	GB 6952—2005 卫生陶瓷
7	陶瓷卫生洁具	ASME A112.19.2-2008/CSA B45.1-08	水封回复功能	water seal regeneration	mm	卫生陶瓷	卫生陶瓷	ASME A112.19.2-2008/CSA B45.1-08《陶瓷卫生洁具》	GB 6952—2005《卫生陶瓷》	GB 6952—2005 卫生陶瓷
8	陶瓷卫生洁具	ASME A112.19.2-2008/CSA B45.1-08	水泵电机和叶轮	Pump motor and impeller	—	卫生陶瓷	卫生陶瓷	ASME A112.19.2-2008/CSA B45.1-08《陶瓷卫生洁具》	GB 6952—2005《卫生陶瓷》	GB 6952—2005 卫生陶瓷
9	陶瓷卫生洁具	ASME A112.19.2-2008/CSA B45.1-08	喷射软管	Jet hose	kPa	卫生陶瓷	卫生陶瓷	ASME A112.19.2-2008/CSA B45.1-08《陶瓷卫生洁具》	GB 6952—2005《卫生陶瓷》	GB 6952—2005 卫生陶瓷
10	陶瓷卫生洁具	ASME A112.19.2-2008/CSA B45.1-08	供电线	Electrical supply cords	—	卫生陶瓷	卫生陶瓷	ASME A112.19.2-2008/CSA B45.1-08《陶瓷卫生洁具》	GB 6952—2005《卫生陶瓷》	GB 6952—2005 卫生陶瓷
11	陶瓷卫生洁具	ASME A112.19.2-2008/CSA B45.1-08	线束和电气控制	Wiring harnesses and electrical controls	—	卫生陶瓷	卫生陶瓷	ASME A112.19.2-2008/CSA B45.1-08《陶瓷卫生洁具》	GB 6952—2005《卫生陶瓷》	GB 6952—2005 卫生陶瓷

附表2-5（续）

序号	国际、国外标准名称	标准编号	安全指标中文名称	安全指标英文名称	安全指标单位	适用产品类别（大类）	适用的具体产品名称（小类）	安全指标对应的检测方法标准（名称、编号）	检测方法标准对应的国家标准（名称、编号）	国际标准对应的国家标准（名称、编号）
12	带整体存水弯的坐便器	EN 997：2012	耐荷重性	Loading test	N	卫生陶瓷	卫生陶瓷	EN 997：2012带整体存水弯的坐便器	GB 6952—2005《卫生陶瓷》	GB 6952—2005卫生陶瓷
13	带整体存水弯的坐便器	EN 997：2012	用水量	water consumption	L	卫生陶瓷	卫生陶瓷	EN 997：2012带整体存水弯的坐便器	GB 6952—2005《卫生陶瓷》	GB 6952—2005卫生陶瓷
14	带整体存水弯的坐便器	EN 997：2012	冲水装置	matching sealing requirements.	—	卫生陶瓷	卫生陶瓷	EN 997：2012带整体存水弯的坐便器	GB 6952—2005《卫生陶瓷》	GB 6952—2005卫生陶瓷
15	带整体存水弯的坐便器	EN 997：2012	防虹吸功能	anti-siphon	—	卫生陶瓷	卫生陶瓷	EN 997：2012带整体存水弯的坐便器	GB 6952—2005《卫生陶瓷》	GB 6952—2005卫生陶瓷
16	带整体存水弯的坐便器	EN 997：2012	安全水位	air gap	mm	卫生陶瓷	卫生陶瓷	EN 997：2012带整体存水弯的坐便器	GB 6952—2005《卫生陶瓷》	GB 6952—2005卫生陶瓷
17	带整体存水弯的坐便器	EN 997：2012	水封	water seal	mm	卫生陶瓷	卫生陶瓷	EN 997：2012带整体存水弯的坐便器	GB 6952—2005《卫生陶瓷》	GB 6952—2005卫生陶瓷
18	带整体存水弯的坐便器	EN 997：2012	水封回复功能	water seal regeneration	mm	卫生陶瓷	卫生陶瓷	EN 997：2012带整体存水弯的坐便器	GB 6952—2005《卫生陶瓷》	GB 6952—2005卫生陶瓷
19	座便器淋浴装置	JIS A 4422:2011	额定电压	Rated voltage	V	卫生陶瓷	智能坐便器	JIS A 4422:2011座便器淋浴装置	智能坐便器	智能坐便器
20	座便器淋浴装置	JIS A 4422:2011	额定频率	Rated frequency	Hz	卫生陶瓷	智能坐便器	JIS A 4422:2011座便器淋浴装置	智能坐便器	智能坐便器

附表2-5（续）

序号	国际、国外标准名称	标准编号	安全指标中文名称	安全指标英文名称	安全指标单位	适用产品类别（大类）	适用的具体产品名称（小类）	安全指标对应的检测方法标准（名称、编号）	检测方法标准对应的国家标准（名称、编号）	国际标准对应的国家标准（名称、编号）
21	座便器淋浴装置	JIS A 4422：2011	清洗性能	Cleaning Performance	℃	卫生陶瓷	智能坐便器	JIS A 4422：2011座便器淋浴装置	智能坐便器	智能坐便器
22	座便器淋浴装置	JIS A 4422：2011	干燥性能	Drying Performance	℃	卫生陶瓷	智能坐便器	JIS A 4422：2011座便器淋浴装置	智能坐便器	智能坐便器
23	座便器淋浴装置	JIS A 4422：2011	加热座圈温度	Heated seat temperature	℃	卫生陶瓷	智能坐便器	JIS A 4422：2011座便器淋浴装置	智能坐便器	智能坐便器
24	座便器淋浴装置	JIS A 4422：2011	耐高压	High pressure	MPa	卫生陶瓷	智能坐便器	JIS A 4422：2011座便器淋浴装置	智能坐便器	智能坐便器
25	座便器淋浴装置	JIS A 4422：2011	电器系统	Electrical Syste	—	卫生陶瓷	智能坐便器	JIS A 4422：2011座便器淋浴装置	智能坐便器	智能坐便器

附表2-6　国际标准或国外先进标准信息采集表（陶瓷片密封水嘴）

序号	国际、国外标准名称	标准编号	安全指标中文名称	安全指标英文名称	安全指标单位	适用产品类别（大类）	适用的具体产品名称（小类）	安全指标对应的检测方法标准（名称、编号）	检测方法标准对应的国家标准（名称、编号）	国际标准对应的国家标准（名称、编号）
1	《卫生洁具—机械混合阀（PN10）—通用技术要求》	EN 817：2008	防回流性能	Backflow prevention	MPa	陶瓷片密封水嘴	陶瓷片密封水嘴	EN 817：2008《卫生洁具—机械混合阀（PN10）—通用技术要求》	GB 18145—2014《陶瓷片密封水嘴》	GB 18145—2014《陶瓷片密封水嘴》
2	《卫生洁具—机械混合阀（PN10）—通用技术要求》	EN 817：2008	抗水压机械性能	mechanical properties	MPa	陶瓷片密封水嘴	陶瓷片密封水嘴	EN 817：2008《卫生洁具—机械混合阀（PN10）—通用技术要求》	GB 18145—2014《陶瓷片密封水嘴》	GB 18145—2014《陶瓷片密封水嘴》

附表2-6（续）

序号	国际、国外标准名称	标准编号	安全指标中文名称	安全指标英文名称	安全指标单位	适用产品类别（大类）	适用的具体产品名称（小类）	安全指标对应的检测方法标准（名称、编号）	检测方法标准对应的国家标准（名称、编号）	国际标准对应的国家标准（名称、编号）
3	《卫生洁具—机械混合阀（PN10）—通用技术要求》	EN 817：2008	密封性能	seals	MPa	陶瓷片密封水嘴	陶瓷片密封水嘴	EN 817：2008《卫生洁具—机械混合阀（PN10）—通用技术要求》	GB 18145—2014《陶瓷片密封水嘴》	GB 18145—2014《陶瓷片密封水嘴》
4	《卫生洁具—机械混合阀（PN10）—通用技术要求》	EN 817：2008	抗安装负载	Resistance to installation loading	N·m	陶瓷片密封水嘴	陶瓷片密封水嘴	EN 817：2008《卫生洁具—机械混合阀（PN10）—通用技术要求》	GB 18145—2014《陶瓷片密封水嘴》	GB 18145—2014《陶瓷片密封水嘴》
5	《卫生洁具—机械混合阀（PN10）—通用技术要求》	EN 817：2008	抗使用负载	Resistance to use loading	N·m	陶瓷片密封水嘴	陶瓷片密封水嘴	EN 817：2008《卫生洁具—机械混合阀（PN10）—通用技术要求》	GB 18145—2014《陶瓷片密封水嘴》	GB 18145—2014《陶瓷片密封水嘴》
6	《卫生洁具—适用于供水系统1类和2类的单把手和组合龙头（PN10）—通用技术要求》	EN 200：2008	防回流性能	Backflow prevention	MPa	陶瓷片密封水嘴	陶瓷片密封水嘴	EN 817：2008《卫生洁具—机械混合阀（PN10）—通用技术要求》	GB 18145—2014《陶瓷片密封水嘴》	GB 18145—2014《陶瓷片密封水嘴》
7	《卫生洁具—适用于供水系统1类和2类的单把手和组合龙头（PN10）—通用技术要求》	EN 200：2008	抗水压机械性能	mechanical properties	MPa	陶瓷片密封水嘴	陶瓷片密封水嘴	EN 817：2008《卫生洁具—机械混合阀（PN10）—通用技术要求》	GB 18145—2014《陶瓷片密封水嘴》	GB 18145—2014《陶瓷片密封水嘴》
8	《卫生洁具—适用于供水系统1类和2类的单把手和组合龙头（PN10）—通用技术要求》	EN 200：2008	密封性能	seals	MPa	陶瓷片密封水嘴	陶瓷片密封水嘴	EN 817：2008《卫生洁具—机械混合阀（PN10）—通用技术要求》	GB 18145—2014《陶瓷片密封水嘴》	GB 18145—2014《陶瓷片密封水嘴》

附表2-6（续）

序号	国际、国外标准名称	标准编号	安全指标中文名称	安全指标英文名称	安全指标单位	适用产品类别（大类）	适用的具体产品名称（小类）	安全指标对应的检测方法标准（名称、编号）	检测方法标准对应的国家标准（名称、编号）	国际标准对应的国家标准（名称、编号）
9	《卫生洁具—适用于供水系统1类和2类的单把手和组合龙头（PN10）—通用技术要求》	EN 200：2008	抗安装负载	Resistance to installation loading	N·m	陶瓷片密封水嘴	陶瓷片密封水嘴	EN 817：2008《卫生洁具—机械混合阀（PN10）—通用技术要求》	GB 18145—2014《陶瓷片密封水嘴》	GB 18145—2014《陶瓷片密封水嘴》
10	《卫生洁具—适用于供水系统1类和2类的单把手和组合龙头（PN10）—通用技术要求》	EN 200：2008	抗使用负载	Resistance to use loading	N·m	陶瓷片密封水嘴	陶瓷片密封水嘴	EN 817：2008《卫生洁具—机械混合阀（PN10）—通用技术要求》	GB 18145—2014《陶瓷片密封水嘴》	GB 18145—2014《陶瓷片密封水嘴》
11	《供水管道部件》	ASME A112.18.1-2012/CSA B125.1-12	防回流性能	Backflow prevention	MPa	陶瓷片密封水嘴	陶瓷片密封水嘴	EN 817：2008《卫生洁具—机械混合阀（PN10）—通用技术要求》	GB 18145—2014《陶瓷片密封水嘴》	GB 18145—2014《陶瓷片密封水嘴》
12	《供水管道部件》	ASME A112.18.1-2012/CSA B125.1-12	抗水压机械性能	mechanical properties	MPa	陶瓷片密封水嘴	陶瓷片密封水嘴	EN 817：2008《卫生洁具—机械混合阀（PN10）—通用技术要求》	GB 18145—2014《陶瓷片密封水嘴》	GB 18145—2014《陶瓷片密封水嘴》
13	《供水管道部件》	ASME A112.18.1-2012/CSA B125.1-12	密封性能	seals	MPa	陶瓷片密封水嘴	陶瓷片密封水嘴	EN 817：2008《卫生洁具—机械混合阀（PN10）—通用技术要求》	GB 18145—2014《陶瓷片密封水嘴》	GB 18145—2014《陶瓷片密封水嘴》
14	《供水管道部件》	ASME A112.18.1-2012/CSA B125.1-12	抗安装负载	Resistance to installation loading	N·m	陶瓷片密封水嘴	陶瓷片密封水嘴	EN 817：2008《卫生洁具—机械混合阀（PN10）—通用技术要求》	GB 18145—2014《陶瓷片密封水嘴》	GB 18145—2014《陶瓷片密封水嘴》

附表2-6（续）

序号	国际、国外标准名称	标准编号	安全指标中文名称	安全指标英文名称	安全指标单位	适用产品类别（大类）	适用的具体产品名称（小类）	安全指标对应的检测方法标准（名称、编号）	检测方法标准对应的国家标准（名称、编号）	国际标准对应的国家标准（名称、编号）
15	《供水管道部件》	ASME A112.18.1-2012/CSA B125.1-12	抗使用负载	Resistance to use loading	N·m	陶瓷片密封水嘴	陶瓷片密封水嘴	EN 817：2008《卫生洁具—机械混合阀（PN10）—通用技术要求》	GB 18145—2014《陶瓷片密封水嘴》	GB 18145—2014《陶瓷片密封水嘴》
16	《饮用水系统组件——对健康的影响》	NSF/ANSI 61 - 2012	金属污染物析出限量	Evaluation of normalized contaminant concentrations	μg/L	陶瓷片密封水嘴	陶瓷片密封水嘴	NSF/ANSI 61—2012《饮用水系统组件——对健康的影响》Drinking Water System Components -Health Effects	GB 18145—2014《陶瓷片密封水嘴》	GB 18145—2014《陶瓷片密封水嘴》

附表2-7 标准指标数据对比表（陶瓷砖）

序号	产品类别	产品危害类别	安全指标中文名称	安全指标英文名称	安全指标对应的国家标准				安全指标对应的国际标准或国外标准				安全指标差异情况
					名称、编号	安全指标要求	安全指标单位	检测标准名称、编号	名称、编号	安全指标要求	安全指标单位	安全指标对应的检测标准名称、编号	
1	陶瓷砖	物理	背纹	back feet	GB/T 4100—2015《陶瓷砖》	$h \geqslant 0.7$	mm	GB/T 3810.2—2006《陶瓷砖试验方法 第2部分：尺寸和表面质量的检验》	ISO 13006：2012 陶瓷砖—定义、分类、性能和标记	$49cm^2 \leqslant$ 面积 $<60cm^2$，h最小0.7，h最大3.5；面积$>60cm^2$，h最小1.5，h最大3.5	mm	ISO 10545-2：1995 陶瓷砖 第2部分：尺寸和表面质量的检验	ISO较严

附表2-7（续）

序号	产品类别	产品危害类别	安全指标中文名称	安全指标英文名称	安全指标对应的国家标准				安全指标对应的国际标准或国外标准				安全指标差异情况
					名称、编号	安全指标要求	安全指标单位	检测标准名称、编号	名称、编号	安全指标要求	安全指标单位	安全指标对应的检测标准名称、编号	
2	陶瓷砖	物理	地砖摩擦系数	Coefficient of friction	GB/T 4100—2015《陶瓷砖》	单个值≥0.50（干法）	—	GB/T 4100—2015《陶瓷砖》	ISO 13006：2012 陶瓷砖—定义、分类、性能和标记	—	—	ISO 10545-2：1995 陶瓷砖　第2部分：尺寸和表面质量的检验	GB严，ISO无要求
3	陶瓷砖	物理	陶瓷地砖表面防滑性	anti-slip property of ceramic tile	GB/T 23266—2009《陶瓷板》	不小于12°	°	GB/T 26542—2011《陶瓷地砖表面防滑性试验方法》	EN 14411：2007 陶瓷砖—定义、分类、性能和标记	—	—	明示的方法（*）	相当
4	陶瓷砖	物理	陶瓷地砖表面防滑性	anti-slip property of ceramic tile	GB/T 23266—2009《陶瓷板》	不小于12°	°	GB/T 26542—2011《陶瓷地砖表面防滑性试验方法》	DIN 51 097《潮湿赤足区域的地板防滑特性评估测试　步行法—斜率测试》	—	°	DIN 51 097《潮湿赤足区域的地板防滑特性评估测试　步行法—斜率测试》	等同
5	陶瓷砖	化学	铅和镉的溶出量	Lead and cadmium release	GB/T 4100—2015《陶瓷砖》	报告溶出量	mg/dm²	GB/T 3810.15—2006《陶瓷砖试验方法　第15部分：有釉砖铅和镉溶出量的测定》	ISO 13006：2012 陶瓷砖—定义、分类、性能和标记	报告溶出量	mg/dm²	ISO 10545-15：1995 陶瓷砖　第15部分：有釉砖铅和镉溶出量的测定	等同
6	陶瓷砖	化学	铅和镉的溶出量	Lead and cadmium release	GB/T 4100—2015《陶瓷砖》	报告溶出量	mg/dm²	GB/T 3810.15—2006《陶瓷砖试验方法　第15部分：有釉砖铅和镉溶出量的测定》	EN 14411：2007 陶瓷砖—定义、分类、性能和标记	报告溶出量	mg/dm²	EN ISO 10545-15 陶瓷砖　第15部分：有釉砖铅和镉溶出量的测定	等同

附表2-7（续）

序号	产品类别	产品危害类别	安全指标中文名称	安全指标英文名称	安全指标对应的国家标准				安全指标对应的国际标准或国外标准				安全指标差异情况
					名称、编号	安全指标要求	安全指标单位	检测标准名称、编号	名称、编号	安全指标要求	安全指标单位	安全指标对应的检测标准名称、编号	
7	陶瓷砖	化学	内照射指数	Internal exposure index	GB 6566—2010《建筑材料放射性核素限量》	A类装修材料$I_{Ra}\leq$1.0	—	GB 6566—2010《建筑材料放射性核素限量》	—	—	—	—	GB严，ISO无要求
8	陶瓷砖	化学	放射性外照射指数	external exposure index	GB 6566—2010《建筑材料放射性核素限量》	A类装修材料$I_r\leq$1.3	—	GB 6566—2010《建筑材料放射性核素限量》	—	—	—	—	GB严，ISO无要求
9	陶瓷砖	化学	燃烧反应	Reaction to fire	—	—	—	—	EN 14411：2007《陶瓷砖—定义、分类、性能和标记》	仅对燃烧反应有要求的陶瓷砖	—	Decision 96/603/EEC建筑产品指令	EN严
10	陶瓷砖	化学	耐久性	Durability	—	—	—	—	EN 14411：2007《陶瓷砖—定义、分类、性能和标记》	—	—	基于至少50年的实际经验，室内用的砖和建筑物具有相同的耐久性，因此不考虑耐久性试验	EN严

附表2-8　标准指标数据对比表（卫生陶瓷）

序号	产品类别	产品危害类别	安全指标中文名称	安全指标英文名称	安全指标对应的国家标准				安全指标对应的国际标准或国外标准				安全指标差异情况
					名称、编号	安全指标要求	安全指标单位	检测标准名称、编号	名称、编号	安全指标要求	安全指标单位	安全指标对应的检测标准名称、编号	
1	卫生陶瓷	物理	耐荷重性	Loading test	GB 6952—2005《卫生陶瓷》	坐便器≥3.0，10min	kN	GB 6952—2005《卫生陶瓷》	ASME A112.19.2—2008/CSA B45.1-08《陶瓷卫生洁具》	壁挂式坐便器≥2.2kN、10min	kN	ASME A112.19.2—2008/CSA B45.1-08《陶瓷卫生洁具》	GB严
2	卫生陶瓷	物理	耐荷重性	Loading test	GB 6952—2005《卫生陶瓷》	坐便器≥3.0，10min	kN	GB 6952—2005《卫生陶瓷》	EN 997：2012《带整体存水弯的坐便器》	坐便器壁挂式≥4kN、1h	kN	EN 997：2012《带整体存水弯的坐便器》	EN严
3	卫生陶瓷	物理	用水量	water consumption	GB 6952—2005《卫生陶瓷》	普通型≤8.0 节水型≤5.0	L	GB 6952—2005《卫生陶瓷》	ASME A112.19.2—2008/CSA B45.1-08《陶瓷卫生洁具》	普通型≤6.0 节水型≤4.8	L	ASME A112.19.2—2008/CSA B45.1-08《陶瓷卫生洁具》	ASME严
4	卫生陶瓷	物理	用水量	water consumption	GB 6952—2005《卫生陶瓷》	普通型≤8.0 节水型≤5.0	L	GB 6952—2005《卫生陶瓷》	EN 997：2012《带整体存水弯的坐便器》	五种4L；5L；6L；7L；9L	L	EN 997：2012《带整体存水弯的坐便器》	GB严
5	卫生陶瓷	物理	防虹吸功能	anti-siphon	GB 6952—2005《卫生陶瓷》	所配套的冲水装置应具有防虹吸功能	—	GB 6952—2005《卫生陶瓷》	ASME A112.19.2—2008/CSA B45.1-08《陶瓷卫生洁具》	所配套的冲水装置应具有防虹吸功能	—	ASME A112.19.2—2008/CSA B45.1-08《陶瓷卫生洁具》	相同
6	卫生陶瓷	物理	防虹吸功能	anti-siphon	GB 6952—2005《卫生陶瓷》	所配套的冲水装置应具有防虹吸功能	—	GB 6952—2005《卫生陶瓷》	EN 997：2012《带整体存水弯的坐便器》	所配套的冲水装置应具有防虹吸功能	—	EN 997：2012《带整体存水弯的坐便器》	相同
7	卫生陶瓷	物理	安全水位	air gap	GB 6952—2005《卫生陶瓷》	10≤OL≤38 CL≥25	mm	GB 26730—2011《卫生洁具 便器用重力式冲水装置及洁具机架》	ASME A112.19.2—2008/CSA B45.1-08《陶瓷卫生洁具》	10≤OL≤38；CL≥25	mm	ASME A112.19.2—2008/CSA B45.1-08《陶瓷卫生洁具》	相同

附表2-8（续）

序号	产品类别	产品危害类别	安全指标中文名称	安全指标英文名称	安全指标对应的国家标准				安全指标对应的国际标准或国外标准				安全指标差异情况
					名称、编号	安全指标要求	安全指标单位	检测标准名称、编号	名称、编号	安全指标要求	安全指标单位	安全指标对应的检测标准名称、编号	
8	卫生陶瓷	物理	安全水位	air gap	GB 6952—2005《卫生陶瓷》	10≤OL≤38 CL≥25	mm	GB 26730—2011《卫生洁具 便器用重力式冲水装置及洁具机架》	EN 997：2012《带整体存水弯的坐便器》	10 ≤ OL ≤ 38；CL≥25	mm	EN 997：2012《带整体存水弯的坐便器》	相同
9	卫生陶瓷	物理	水封	water seal	GB 6952—2005《卫生陶瓷》	不小于50	mm	GB 6952—2005《卫生陶瓷》	ASME A112.19.2—2008/CSA B45.1-08《陶瓷卫生洁具》	≥50	mm	ASME A112.19.2—2008/CSA B45.1-08《陶瓷卫生洁具》	相同
10	卫生陶瓷	物理	水封	water seal	GB 6952—2005《卫生陶瓷》	不小于50	mm	GB 6952—2005《卫生陶瓷》	EN 997：2012《带整体存水弯的坐便器》	≥50	mm	EN 997：2012《带整体存水弯的坐便器》	相同
11	卫生陶瓷	物理	水封回复功能	water seal re-generation	GB 6952—2005《卫生陶瓷》	小于50	mm	GB 6952—2005《卫生陶瓷》	ASME A112.19.2—2008/CSA B45.1-08《陶瓷卫生洁具》	≥50	mm	ASME A112.19.2—2008/CSA B45.1-08《陶瓷卫生洁具》	相同
12	卫生陶瓷	物理	水封回复功能	water seal re-generation	GB 6952—2005《卫生陶瓷》	小于50	mm	GB 6952—2005《卫生陶瓷》	EN 997：2012《带整体存水弯的坐便器》	≥50	mm	EN 997：2012《带整体存水弯的坐便器》	相同
13	卫生陶瓷	电气	水泵电机和叶轮	Pump motor and impeller	—	—	—	—	ASME A112.19.2—2008/CSA B45.1-08《陶瓷卫生洁具》	—	—	ASME A112.19.2—2008/CSA B45.1-08《陶瓷卫生洁具》	美标严

附表2-8（续）

序号	产品类别	产品危害类别	安全指标中文名称	安全指标英文名称	安全指标对应的国家标准				安全指标对应的国际标准或国外标准				安全指标差异情况
					名称、编号	安全指标要求	安全指标单位	检测标准名称、编号	名称、编号	安全指标要求	安全指标单位	安全指标对应的检测标准名称、编号	
14	卫生陶瓷	电气	喷射软管	Jet hose	—	—	—	—	ASME A112.19.2—2008/CSA B45.1-08《陶瓷卫生洁具》	—	—	ASME A112.19.2—2008/CSA B45.1-08《陶瓷卫生洁具》	美标严
15	卫生陶瓷	电气	供电线	Electrical supply cords	—	—	—	—	ASME A112.19.2—2008/CSA B45.1-08《陶瓷卫生洁具》	—	—	ASME A112.19.2—2008/CSA B45.1-08《陶瓷卫生洁具》	美标严
16	卫生陶瓷	电气	线束和电气控制	Wiring harnesses and electrical controls	—	—	—	—	ASME A112.19.2—2008/CSA B45.1-08《陶瓷卫生洁具》	—	—	ASME A112.19.2—2008/CSA B45.1-08《陶瓷卫生洁具》	美标严
17	卫生陶瓷	电气	额定电压	Rated voltage	智能坐便器	220	V	智能坐便器	JIS A 4422：2011座便器淋浴装置	100、200	V	JIS A 4422：2011座便器淋浴装置	相同
18	卫生陶瓷	电气	额定频率	Rated frequency	智能坐便器	50、60	Hz	智能坐便器	JIS A 4422：2011座便器淋浴装置	50、60	Hz	JIS A 4422：2011座便器淋浴装置	相同
19	卫生陶瓷	电气	清洗性能	Cleaning Performance	智能坐便器	35℃～45℃	℃	智能坐便器	JIS A 4422：2011座便器淋浴装置	35℃～45℃.	℃	JIS A 4422：2011座便器淋浴装置	相同
20	卫生陶瓷	电气	干燥性能	Drying Performance	智能坐便器	15℃～40℃	℃	智能坐便器	JIS A 4422：2011座便器淋浴装置	15℃～40℃	℃	JIS A 4422：2011座便器淋浴装置	相同
21	卫生陶瓷	电气	加热座圈温度	Heated seat temperature	智能坐便器	35℃～45℃	℃	智能坐便器	JIS A 4422：2011座便器淋浴装置	35℃～45℃	℃	JIS A 4422：2011座便器淋浴装置	相同
22	卫生陶瓷	电气	耐高压	High pressure	智能坐便器	0.75	MPa	智能坐便器	JIS A 4422：2011座便器淋浴装置	0.75	MPa	JIS A 4422：2011座便器淋浴装置	相同

附表2-9 标准指标数据对比表（陶瓷片密封水嘴）

序号	产品类别	产品危害类别	安全指标中文名称	安全指标英文名称	安全指标对应的国家标准				安全指标对应的国际标准或国外标准				安全指标差异情况
					名称、编号	安全指标要求	安全指标单位	检测标准名称、编号	名称、编号	安全指标要求	安全指标单位	安全指标对应的检测标准名称、编号	
1	陶瓷片密封水嘴	物理	防回流性能	Back flow pre-ven-tion	GB 18145—2014《陶瓷片密封水嘴》	应有防回流功能，不应有虹吸现象	MPa	GB 18145—2014《陶瓷片密封水嘴》	EN 817：2008《卫生洁具—机械混合龙头（PN10）—通用技术要求》、EN 200：2008《卫生洁具—适用于供水系统1类和2类的单把手和组合龙头（PN10）—通用技术要求》	应有防回流功能，不应有虹吸现象	MPa	EN 817：2008《卫生洁具—机械混合龙头（PN10）—通用技术要求》、EN 200：2008《卫生洁具—适用于供水系统1类和2类的单把手和组合龙头（PN10）—通用技术要求》	相同
2	陶瓷片密封水嘴	物理	防回流性能	Back flow pre-ven-tion	GB 18145—2014《陶瓷片密封水嘴》	应有防回流功能，不应有虹吸现象	MPa	GB 18145—2014《陶瓷片密封水嘴》	ASME A112.18.1—2012/CSA B125.1—2012《供水管道部件》	应有防回流功能，不应有虹吸现象	MPa	ASME A112.18.1—2012/CSA B125.1—2012《供水管道部件》	相同
3	陶瓷片密封水嘴	物理	抗水压机械性能	me-chanical prop-erties	GB 18145—2014《陶瓷片密封水嘴》	阀芯上游2.5 ± 0.05 阀芯下游0.4 ± 0.02	MPa	GB 18145—2014《陶瓷片密封水嘴》	EN 817：2008《卫生洁具—机械混合龙头（PN10）—通用技术要求》、EN 200：2008《卫生洁具—适用于供水系统1类和2类的单把手和组合龙头（PN10）—通用技术要求》	上游：（2.5 ± 0.05）MPa静压 下游(0.4 ± 0.02) MPa动压	MPa	EN 817：2008《卫生洁具—机械混合龙头（PN10）—通用技术要求》、EN 200：2008《卫生洁具—适用于供水系统1类和2类的单把手和组合龙头（PN10）—通用技术要求》	相同

附表2-9（续）

序号	产品类别	产品危害类别	安全指标中文名称	安全指标英文名称	安全指标对应的国家标准				安全指标对应的国际标准或国外标准				安全指标差异情况
					名称、编号	安全指标要求	安全指标单位	检测标准名称、编号	名称、编号	安全指标要求	安全指标单位	安全指标对应的检测标准名称、编号	
4	陶瓷片密封水嘴	物理	抗水压机械性能	mechanical properties	GB 18145—2014《陶瓷片密封水嘴》	阀芯上游2.5 ± 0.05 阀芯下游0.4 ± 0.02	MPa	GB 18145—2014《陶瓷片密封水嘴》	ASME A112.18.1—2012/CSA B125.1—2012《供水管道部件》	上游：3.45MPa静压，爆裂试验；下游：在密封试验中进行	MPa	ASME A112.18.1—2012/CSA B125.1—2012《供水管道部件》	相同
5	陶瓷片密封水嘴	物理	密封性能	seals	GB 18145—2014《陶瓷片密封水嘴》	阀芯上游1.6 ± 0.05 阀芯下游1.6 ± 0.05，0.05 ± 0.01	MPa	GB 18145—2014《陶瓷片密封水嘴》	EN 817：2008《卫生洁具—机械混合龙头（PN10）—通用技术要求》、EN200：2008《卫生洁具—适用于供水系统1类和2类的单把手和组合龙头（PN10）—通用技术要求》	1.6 ± 0.05静压	MPa	EN 817：2008《卫生洁具—机械混合龙头（PN10）—通用技术要求》、EN200：2008《卫生洁具—适用于供水系统1类和2类的单把手和组合龙头（PN10）—通用技术要求》	相同
6	陶瓷片密封水嘴	物理	密封性能	seals	GB 18145—2014《陶瓷片密封水嘴》	阀芯上游1.6 ± 0.05 阀芯下游1.6 ± 0.05，0.05 ± 0.01	MPa	GB 18145—2014《陶瓷片密封水嘴》	ASME A112.18.1—2012/CSA B125.1—2012《供水管道部件》	阀芯下游：测试温度和压力如下：(140 ± 14)kPa，(10 ± 6)℃；(860 ± 14)kPa，(10 ± 6)℃；(140 ± 14)kPa，(66 ± 6)℃；(860 ± 14)kPa，(66 ± 6)℃	MPa	ASME A112.18.1—2012/CSA B125.1—2012《供水管道部件》	美标详细

附表2-9（续）

序号	产品类别	产品危害类别	安全指标中文名称	安全指标英文名称	安全指标对应的国家标准				安全指标对应的国际标准或国外标准				安全指标差异情况
					名称、编号	安全指标要求	安全指标单位	检测标准名称、编号	名称、编号	安全指标要求	安全指标单位	安全指标对应的检测标准名称、编号	
7	陶瓷片密封水嘴	物理	抗安装负载	Resistance to installation loading	GB 18145—2014《陶瓷片密封水嘴》	金属管螺纹DN10，43；DN15，61；DN20，88；塑料管螺纹DN10，29；DN15，43；DN20，61；连接软管螺纹DN15，20	N·m	GB 18145—2014《陶瓷片密封水嘴》	EN 817：2008《卫生洁具—机械混合龙头（PN10）—通用技术要求》	（6±0.2）Nm	N·m	EN 817：2008《卫生洁具—机械混合龙头（PN10）—通用技术要求》	相同
8	陶瓷片密封水嘴	物理	抗安装负载	Resistance to installation loading	GB 18145—2014《陶瓷片密封水嘴》	金属管螺纹DN10，43；DN15，61；DN20，88；塑料管螺纹DN10，29；DN15，43；DN20，61；连接软管螺纹DN15，20	N·m	GB 18145—2014《陶瓷片密封水嘴》	ASME A112.18.1—2012/CSA B125.1—2012《供水管道部件》	螺纹扭矩强度；3/8 NPT，43；1/2 NPT，61；3/4 NPT，88；1NPT，129	N·m	ASME A112.18.1—2012/CSA B125.1—2012《供水管道部件》	相同
9	陶瓷片密封水嘴	物理	抗使用负载	Resistance to use loading	GB 18145—2014《陶瓷片密封水嘴》	6±0.2	N·m	GB 18145—2014《陶瓷片密封水嘴》	EN 817：2008《卫生洁具—机械混合龙头（PN10）—通用技术要求》	（6±0.2）Nm	N·m	EN 817：2008《卫生洁具—机械混合龙头（PN10）—通用技术要求》	相同

附表2-9（续）

序号	产品类别	产品危害类别	安全指标中文名称	安全指标英文名称	安全指标对应的国家标准				安全指标对应的国际标准或国外标准				安全指标差异情况
					名称、编号	安全指标要求	安全指标单位	检测标准名称、编号	名称、编号	安全指标要求	安全指标单位	安全指标对应的检测标准名称、编号	
10	陶瓷片密封水嘴	物理	抗使用负载	Resistance to use loading	GB 18145—2014《陶瓷片密封水嘴》	6 ± 0.2	N·m	GB 18145—2014《陶瓷片密封水嘴》	ASME A112.18.1—2012/CSA B125.1—2012《供水管道部件》	配件（残疾用）20N；所有的其他操作控制器*，45N，1.7Nm；NPS-1/2和更小，67N，1.7Nm；大于NPS-1/2，110N，2.8Nm	—	ASME A112.18.1—2012/CSA B125.1—2012《供水管道部件》	相同
11	陶瓷片密封水嘴	化学	铅	Pb	GB 18145—2014《陶瓷片密封水嘴》	5	μg/L	GB 18145—2014《陶瓷片密封水嘴》	NSF/ANSI 61—2012《饮用水系统组件——对健康的影响》	5	μg/L	NSF/ANSI 61—2012《饮用水系统组件——对健康的影响》	相同
12	陶瓷片密封水嘴	化学	锑	Sb	GB 18145—2014《陶瓷片密封水嘴》	0.6	μg/L	GB 18145—2014《陶瓷片密封水嘴》	NSF/ANSI 61—2012《饮用水系统组件——对健康的影响》	0.6	μg/L	NSF/ANSI 61—2012《饮用水系统组件——对健康的影响》	相同
13	陶瓷片密封水嘴	化学	砷	As	GB 18145—2014《陶瓷片密封水嘴》	1	μg/L	GB 18145—2014《陶瓷片密封水嘴》	NSF/ANSI 61—2012《饮用水系统组件——对健康的影响》	1	μg/L	NSF/ANSI 61—2012《饮用水系统组件——对健康的影响》	相同
14	陶瓷片密封水嘴	化学	钡	Ba	GB 18145—2014《陶瓷片密封水嘴》	200	μg/L	GB 18145—2014《陶瓷片密封水嘴》	NSF/ANSI 61—2012《饮用水系统组件——对健康的影响》	200	μg/L	NSF/ANSI 61—2012《饮用水系统组件——对健康的影响》	相同
15	陶瓷片密封水嘴	化学	铍	Be	GB 18145—2014《陶瓷片密封水嘴》	0.4	μg/L	GB 18145—2014《陶瓷片密封水嘴》	NSF/ANSI 61—2012《饮用水系统组件——对健康的影响》	0.4	μg/L	NSF/ANSI 61—2012《饮用水系统组件——对健康的影响》	相同

附表2-9（续）

序号	产品类别	产品危害类别	安全指标中文名称	安全指标英文名称	安全指标对应的国家标准				安全指标对应的国际标准或国外标准				安全指标差异情况
					名称、编号	安全指标要求	安全指标单位	检测标准名称、编号	名称、编号	安全指标要求	安全指标单位	安全指标对应的检测标准名称、编号	
16	陶瓷片密封水嘴	化学	硼	B	GB 18145—2014《陶瓷片密封水嘴》	500	μg/L	GB 18145—2014《陶瓷片密封水嘴》	NSF/ANSI 61—2012《饮用水系统组件——对健康的影响》	500	μg/L	NSF/ANSI 61—2012《饮用水系统组件——对健康的影响》	相同
17	陶瓷片密封水嘴	化学	镉	Cd	GB 18145—2014《陶瓷片密封水嘴》	0.5	μg/L	GB 18145—2014《陶瓷片密封水嘴》	NSF/ANSI 61—2012《饮用水系统组件——对健康的影响》	0.5	μg/L	NSF/ANSI 61—2012《饮用水系统组件——对健康的影响》	相同
18	陶瓷片密封水嘴	化学	铬	Cr	GB 18145—2014《陶瓷片密封水嘴》	10	μg/L	GB 18145—2014《陶瓷片密封水嘴》	NSF/ANSI 61—2012《饮用水系统组件——对健康的影响》	10	μg/L	NSF/ANSI 61—2012《饮用水系统组件——对健康的影响》	相同
19	陶瓷片密封水嘴	化学	六价铬	Cr+	GB 18145—2014《陶瓷片密封水嘴》	2	μg/L	GB 18145—2014《陶瓷片密封水嘴》	NSF/ANSI 61—2012《饮用水系统组件——对健康的影响》	2	μg/L	NSF/ANSI 61—2012《饮用水系统组件——对健康的影响》	相同
20	陶瓷片密封水嘴	化学	铜	Cu	GB 18145—2014《陶瓷片密封水嘴》	130	μg/L	GB 18145—2014《陶瓷片密封水嘴》	NSF/ANSI 61—2012《饮用水系统组件——对健康的影响》	130	μg/L	NSF/ANSI 61—2012《饮用水系统组件——对健康的影响》	相同
21	陶瓷片密封水嘴	化学	汞	Hg	GB 18145—2014《陶瓷片密封水嘴》	0.2	μg/L	GB 18145—2014《陶瓷片密封水嘴》	NSF/ANSI 61—2012《饮用水系统组件——对健康的影响》	0.2	μg/L	NSF/ANSI 61—2012《饮用水系统组件——对健康的影响》	相同

附表2-9（续）

序号	产品类别	产品危害类别	安全指标中文名称	安全指标英文名称	安全指标对应的国家标准				安全指标对应的国际标准或国外标准				安全指标差异情况
					名称、编号	安全指标要求	安全指标单位	检测标准名称、编号	名称、编号	安全指标要求	安全指标单位	安全指标对应的检测标准名称、编号	
22	陶瓷片密封水嘴	化学	硒	Se	GB 18145—2014《陶瓷片密封水嘴》	5	μg/L	GB 18145—2014《陶瓷片密封水嘴》	NSF/ANSI 61—2012《饮用水系统组件——对健康的影响》	5	μg/L	NSF/ANSI 61—2012《饮用水系统组件——对健康的影响》	相同
23	陶瓷片密封水嘴	化学	铊	Ti	GB 18145—2014《陶瓷片密封水嘴》	0.2	μg/L	GB 18145—2014《陶瓷片密封水嘴》	NSF/ANSI 61—2012《饮用水系统组件——对健康的影响》	0.2	μg/L	NSF/ANSI 61—2012《饮用水系统组件——对健康的影响》	相同
24	陶瓷片密封水嘴	化学	铋	Bi	GB 18145—2014《陶瓷片密封水嘴》	50	μg/L	GB 18145—2014《陶瓷片密封水嘴》	NSF/ANSI 61—2012《饮用水系统组件——对健康的影响》	50	μg/L	NSF/ANSI 61—2012《饮用水系统组件——对健康的影响》	相同
25	陶瓷片密封水嘴	化学	镍	Ni	GB 18145—2014《陶瓷片密封水嘴》	20	μg/L	GB 18145—2014《陶瓷片密封水嘴》	NSF/ANSI 61—2012《饮用水系统组件——对健康的影响》	20	μg/L	NSF/ANSI 61—2012《饮用水系统组件——对健康的影响》	相同
26	陶瓷片密封水嘴	化学	锰	Mu	GB 18145—2014《陶瓷片密封水嘴》	30	μg/L	GB 18145—2014《陶瓷片密封水嘴》	NSF/ANSI 61—2012《饮用水系统组件——对健康的影响》	30	μg/L	NSF/ANSI 61—2012《饮用水系统组件——对健康的影响》	相同
27	陶瓷片密封水嘴	化学	钼	Mo	GB 18145—2014《陶瓷片密封水嘴》	4	μg/L	GB 18145—2014《陶瓷片密封水嘴》	NSF/ANSI 61—2012《饮用水系统组件——对健康的影响》	4	μg/L	NSF/ANSI 61—2012《饮用水系统组件——对健康的影响》	相同